基于数字孪生的医院建筑智慧运维技术与系统

余芳强　许璟琳　高尚　宋天任　彭阳　著

中国建筑工业出版社

图书在版编目（CIP）数据

基于数字孪生的医院建筑智慧运维技术与系统 / 余芳强等著. -- 北京：中国建筑工业出版社，2024.11.
ISBN 978-7-112-30401-1

Ⅰ. TU246.1

中国国家版本馆 CIP 数据核字第 2024YY0397 号

责任编辑：王雨滢　石枫华　曹丹丹
责任校对：赵　力

基于数字孪生的医院建筑智慧运维技术与系统

余芳强　许璟琳　高尚　宋天任　彭阳　著

*

中国建筑工业出版社出版、发行（北京海淀三里河路9号）
各地新华书店、建筑书店经销
北京建筑工业印刷有限公司制版
北京市密东印刷有限公司印刷

*

开本：787 毫米×1092 毫米　1/16　印张：15½　字数：319 千字
2025 年 1 月第一版　　2025 年 1 月第一次印刷
定价：**90.00 元**
ISBN 978-7-112-30401-1
（43183）

版权所有　翻印必究
如有内容及印装质量问题，请与本社读者服务中心联系
电话：（010）58337283　　QQ：2885381756
（地址：北京海淀三里河路9号中国建筑工业出版社604室　邮政编码：100037）

序　　一

当前建筑行业正面临数字化转型升级，以 BIM 为核心的建筑数字化理论与实践，大幅提升了建筑功能与运营效率。然而在大型公共建筑的数字化运维领域，医院建筑运维仍存在信息孤岛、资源浪费、管理效率低下等亟待解决的问题。本书针对医院建筑运维特点和需求，探索如何融合应用基于 BIM 的数字孪生技术提升医院建筑运维水平，优化医疗环境和就诊体验。在当前数字化背景下，《基于数字孪生的医院建筑智慧运维技术与系统》一书的问世，可谓适逢其时，我受邀为本书作序，深感荣幸。

本书的主编余芳强是我的学生，作为其博士生导师，我目睹了他从青葱少年到领军才俊的成长与蜕变。余芳强本科毕业设计就跟随我参研国家"十一五"科技攻关项目，开始涉足土木工程信息技术研究。博士研究生期间则作为技术骨干承担国家自然基金项目的核心研发工作，对 BIM 模型理论及关键技术进行系统性研究，完成了博士学位论文"面向建筑全生命期的 BIM 构建与应用技术研究"。其研究成果应用于昆明长水国际机场航站楼 BIM 施工与运维项目，专家评价达到国际领先水平。十年清华苦读，为他投身建筑数字化及智慧运维领域奠定了坚实的理论基础、专业技术和科研能力；亲历首个大型建筑——昆明长水国际机场 BIM 运维项目，也为他从事该领域研究与应用积累了实践经验。毕业后余芳强义无反顾选择上海建工到企业一线工作，十年踔厉奋发，他带领团队挑战医院建筑运维的错综复杂，攻克一系列关键技术，自主研发基于 BIM 的医院智慧运维系统，并成功应用在东方医院新建大楼等多个医院运维项目，可谓成就斐然，令人瞩目。这些科技创新与应用实践都是本书撰写的重要基石，我深感欣慰。

本书是上海建工建筑智慧运维团队多年创新研发与应用实践的成果展示，系统地阐述了基于 BIM 的数字孪生技术在医院建筑智慧运维中的应用。首先通过概述医院建筑智慧运维的概念、特点、现状和需求，引导读者认识医院建筑运维的复杂性和实现智慧运维的必要性。继而从建筑数字孪生模型构建、建筑设施设备智慧运维技术、建筑运行节能技术、智慧安防与应急技术等方面，全方位展示了医院建筑智慧运维的技术体系。随后则从应用策划的角度，详细介绍了智慧运维系统建设方法，并以两个详实的医院智慧运维案例，展示了理论与实践相结合的成果，为实际应用提供了指导。最后对未来医院建筑智慧运维的发展进行了展望。本书体现了数字孪生技术与建筑运维的深度融合，也展示了人工智能技术在建筑运维中的创新应用，有理论有实践，有创新有思考，是一部难得的可读之作。

  当前，新一代信息技术和人工智能技术快速发展，我国建筑数字化与智慧运维任重道远，基于数字孪生的建筑智慧运维技术还亟待进一步深入研究和发展，其推广应用还存在标准法规、管理体制、设施装备等方面的诸多瓶颈。我们期待上海建工集团的智慧运维团队能坚守初心，推动建筑数字化与智慧运维向新前行，书写更加绚丽的篇章！

  我诚挚地向各位读者推荐此书，相信它能给建筑建设和运维从业人员提供借鉴和参考。

张建平

清华大学教授

2024 年 10 月于清华园

序　二

在当今这个数字化、智能化飞速发展的时代，建筑行业正站在转型升级的历史交汇点上，既拥有广阔的发展空间，也面临着诸多挑战。行业转型阶段也提出了"打造建筑全生命周期服务商"的战略目标，即推动从设计、施工至运维的技术革新与行业转型升级。在此背景下，我有幸为本书作序。

本书主编团队依托工作中丰富的医院工程实践经验，深耕智慧运维管理领域，针对我国医院建筑智慧运维的实际需求，精心撰写了这部理论与实践并重的专著。书中全面阐述了医院建筑智慧运维的概念、特点、现状及关键技术，为医院建筑智慧运维提供了系统性的解决方案。特别是在建筑数字孪生模型的构建方法上，本书进行了深入探讨，为智慧运维奠定了坚实基础。然后还详细介绍了多项智慧运维技术，为医院建筑的全方位管理提供了有力的技术支撑。值得一提的是，书中对建筑智慧运维的应用策划与系统建设方法进行了详尽阐述，为实际操作提供了明确指导。通过东方医院新大楼和新华医院全院区的案例，生动展示了智慧运维技术的实践成果。

本书的出版有力推进了行业转型的"建筑全生命周期服务商"战略。公共建筑智慧运维是我们实现建筑生命周期管理的关键所在，它将极大提升我们的服务智能化水平和客户满意度。本书全面展示了建筑施工总承包企业在数字化运维领域的创新成果、实践案例和服务模式，有利于我们更好地为医院、疗养院等医疗客户提供建筑全生命期服务。

本书还将推动建筑业全生命期BIM技术应用模式的创新，有助于促进建筑业的数字化转型升级。通过深入研究基于BIM的建筑数字孪生构建方法，为施工总承包单位在施工全过程管理、完善BIM应用及与智能化系统的数据融合提供了宝贵经验，对提高运维效率、降低运营成本、实现节能减排和绿色环保具有积极作用。

本书不仅是过去经验的总结，更是对未来发展的展望。它将激励我们继续深耕建筑智慧运维领域，探索新技术、新方法，为建筑行业的可持续发展贡献力量。最后衷心祝愿本书的出版能够为广大读者带来启示，为我国建筑智慧运维事业注入新的活力！

上海建工集团股份有限公司总工程师

2024 年 11 月于上海北外滩

序 三

在新型城镇化与健康中国战略的协同推进下，我国医院建筑规模持续增加，大体量医院综合体已不鲜见。医院建筑自投入使用起便进入 24 小时不间断运营状态，而且由于医院的特性，对设施运行的可靠性要求很高；同时我们看到，从医患个体角度对环境舒适性要求越来越高，而从医院角度对节能降耗也有着不断提升的要求，这就对医院建筑的智慧运维提出了需求。在国家推动数字经济与实体经济深度融合的背景下，医院建筑智慧运维不仅关乎医疗资源利用效率，更成为智慧城市建设的战略性支点。本书正是基于这一时代命题，系统性构建从理论到实践的完整解决方案。

当我们的团队首次提出将数字孪生技术引入医院运维体系时，行业尚处于概念验证阶段。我们组建了跨学科的攻坚团队，选择以东方医院新大楼为试点，历经三年技术迭代，成功实现从 BIM 静态模型到多源数据动态孪生体的跨越，还进行了完整的建筑智慧运维的应用策划与系统建设，为实际操作提供了明确指导，取得了令人欣慰的应用效果，这些突破让我深刻认识到，智慧运维不是简单的技术叠加，而是通过新的数字化智能化模式，来重构医疗空间的服务逻辑。

本书立足行业痛点，系统介绍了从理论、技术、系统至案例应用的研究与实践的情况；首先从医院建筑运维的特殊性切入，揭示传统模式的局限性；然后聚焦数字孪生核心技术，提出医院数字孪生建模体系，攻克医疗设备异构数据融合、设备运行优化等技术瓶颈；接着阐述了医院智慧运维系统策划与建设方法，提供可复制的实施路径；最后系统介绍全套技术体系在东方医院、新华医院等案例的应用情况。

展望未来，医院建筑的智慧化进程方兴未艾。随着物联网、元宇宙、大语言模型等技术的持续渗透，数字孪生必将从工具升级为生态系统，从单院区应用扩展为城市级医疗资源协同网络，目前的按钮式运维软件也将在 AI 蓬勃发展的春风里，蝶化为融合大模型和智能体集群的新一代智慧生态。期待本书能成为行业转型的启明灯，也期待更多同仁加入这场关乎生命质量与城市未来的变革，共同构建起守护健康的数字生命线。

上海建工四建集团有限公司总工程师

2024 年 11 月于上海

序 四

医院是保障人民群众健康的重要公共场所，随着医疗技术发展，医院建筑后勤运维管理的难度也越来越高。作为新华医院的管理者，我深深感到医院建筑运维对于提高医疗服务质量、保障患者安全、提升医院整体运营效率至关重要。本人从2018年开始与本书作者团队合作，研究基于数字孪生的医院建筑运维技术和系统，并在新华医院本部院区应用示范。我十分荣幸为本书作序，推荐大家阅读本书，了解数字孪生技术对医院建筑智慧运维的价值。

本书全面系统地阐述了医院建筑智慧运维的关键技术、系统建设和应用案例，为我国医院后勤运维管理提供了理论指导和实践借鉴。从医院建筑运维的概念、特点、现状，到建筑数字孪生模型构建、设施设备智慧运维技术、智慧节能技术，再到空间智慧运维、智慧安防与应急技术，本书为我们呈现了一个全方位、多角度的智慧运维体系。

本书还详细展示了新华医院的智慧运维案例，供大家参考。新华医院在使用智慧运维系统之前，后勤运维管理面临着诸多挑战，如能耗高、报修问题处理不及时、设备维保不到位等问题。智慧运维系统有效支撑医院后勤管理团队解决这些问题。譬如，通过数字孪生进行建筑设备管理，实现了对医院建筑设施设备的实时监控，提高了运维管理的精细化程度；利用人工智能技术，实现设备运行故障预测和主动式维护，减少了重要设备的故障；通过对能耗监测数据的大分析，实现精准化的节能，助力医院绿色发展。展望未来，新华医院将不断推进医院建筑智慧运维技术的应用，助力智慧医院建设。

最后，衷心祝愿本书能够为广大医院后勤运维人员提供有益的启示，推动绿色化、智慧化医院的发展。

上海交通大学医学院附属新华医院副院长
2025年3月于上海

前　言

2011年，国务院发布的《国民经济和社会发展第十二个五年规划纲要》明确提出加快医疗卫生事业改革发展，这带来了全国各地新建医院建筑的浪潮，也给医院建筑运维管理带来了新的挑战。医院建筑是保障医疗服务的重要基础设施，具有系统复杂、持续运行等特点，运维难度较高；并且，医院建筑内人员聚集，空间舒适性、安全性要求较高。因此，随着医院建筑规模的急剧增加，传统"出现问题、解决问题"的被动运维模式已难以满足现代化医院运维要求，急需精细化、智慧化的运行管控手段。但建筑业长期"重建设、轻运维"，公共建筑运维数字化、智能化水平普遍较低，为此，在智慧城市和智慧医院等国家战略驱动下，医院开始探索建筑智慧运维模式。

医院建筑智慧运维本质是将新一代信息技术与建筑运维技术融合，提升建筑运维效率、可靠性和低碳性，最终为医院内各类人员提供安全、舒适的医疗空间。智慧运维关键技术具体包括应用智能感知等技术对建筑的系统、空间和人员进行全面、实时感知；应用BIM、数字孪生等技术对建筑运维状态和机理进行精准描述；应用人工智能和数字仿真等技术进行建筑运行状态智能分析、预测与控制，辅助运维管理决策。

在上海建设"亚洲医学中心"的大背景下，上海建工四建集团"十三五"和"十四五"期间先后承担了同济大学附属东方医院新大楼、上海交大医学院附属新华医院儿科综合楼、上海交大医学院附属瑞金医院北院等20多个医院建筑建设工程，积累了丰富的医院建设经验。在建设过程中，四建集团深度应用建筑信息模型(BIM)技术，实现在交付高品质建筑的同时，交付高质量的竣工BIM。但由于缺乏相关技术和系统支持，大部分医院难以将竣工BIM用于运维管理中。因此，四建集团从2015年开始探索基于BIM的建筑运维技术，希望通过数字技术赋能打造建筑运维能力，助力企业从工程总承包商向建筑全生命期服务商转型。

2016年，在东方医院新大楼建设过程中，医院管理者也意识到BIM对医院运维的巨大价值,因此决定联合四建集团研究基于 BIM 的建筑智慧运维技术。无独有偶,2017 年初,新华医院也提出希望将 BIM 应用到既有儿外科楼、新建儿科综合楼运维中。以此为契机,四建集团开始结合实际工程,研发医院建筑智慧运维技术和系统,并先后在东方医院、新华医院、浙江平湖二院、青岛胶州医院、深圳南山医院、上海市浦东人民医院等项目成功应用;推动了面向全生命期的 BIM 应用,助力了建筑业数字化转型。应用表明,医院建筑智慧运维技术应用应由医院运维管理者牵头,协调智慧运维系统建设方、建筑施工总承包方、智能化系统供应商等参与方共同完成。智慧运维技术应用难度大,目前成功应用案例较少。为此,本书面向医院建筑管理者,深入浅出地介绍建筑智慧运维的关键技术、系统建设和应用案例,推动建筑智慧运维更广泛地应用。

本书共分为 10 章,包括关键技术、系统建设和应用案例等内容。第 1 章是医院建筑智慧运维概述,主要介绍医院建筑运维的概念、特点、现状和关键技术。第 2 章主要介绍建筑数字孪生模型构建方法,包括建筑几何和物理模型构建、运维机理模型构建、动态数据采集和融合等内容。第 3 章主要介绍建筑设施设备智慧运维技术,包括基于数字孪生的智慧运行方法、故障预测和主动式维护、移动式设备智慧监管等内容。第 4 章主要介绍医院建筑运行智慧节能技术,包括碳排放计算和能耗异常识别等内容。第 5 章主要介绍医院建筑空间智慧运维技术,包括空间资产管理、空间环境运维和空间优化技术等。第 6 章主要介绍医院智慧安防与应急管理技术,包括智能安防和应急管理等内容。第 7 章主要介绍医院建筑智慧运维系统应用策划,包括目标确立、组织架构设计、工作分工和保障措施等内容。第 8 章介绍医院建筑智慧运维系统建设,包括需求分析、系统架构设计、核心算法研发和系统部署与调试等内容。第 9 章为应用案例,主要介绍东方医院新大楼和新华医院全院区的智慧运维案例。第 10 章是展望。非常感谢新华医院、东方医院等医院管理者为本书撰写提供的详实数据。

余芳强,许璟琳,高尚,彭阳,张铭,程明,黄轶,赵国林,宋天任,谈骏杰,欧金武,叶聪,张淳毅,江凯,左锋,程子伟,项兴彬,仇春华,高健,周官斌,吴友,陈芊茹,关林皓,崔蒙蒙,邵正达参与了本书的撰写工作。

目　录

第1章　医院建筑智慧运维概述 ··· 001

 1.1　概念与范畴 ··· 001

  1.1.1　医院建筑运维 ·· 001

  1.1.2　面向运维的建筑数字孪生 ······································· 002

  1.1.3　基于数字孪生的医院建筑智慧运维 ···························· 003

 1.2　医院建筑运维特点与难点 ··· 004

  1.2.1　医院建筑运维特点 ··· 004

  1.2.2　医院建筑运维难点 ··· 006

 1.3　医院建筑智慧运维发展需求与现状 ·································· 008

  1.3.1　医院建筑智慧运维发展需求 ···································· 008

  1.3.2　医院建筑智慧运维发展现状 ···································· 010

第2章　建筑数字孪生模型构建方法 ·· 012

 2.1　概述 ·· 012

 2.2　基于BIM的建筑几何与物理模型快速构建方法 ················· 013

  2.2.1　运维模型建模标准制定 ··· 013

  2.2.2　几何模型审核与完善方法 ······································ 014

  2.2.3　物理信息审核方法 ··· 016

 2.3　基于BIM的建筑运维机理模型构建方法 ·························· 017

  2.3.1　人员流线建模 ·· 017

  2.3.2　室内空间拓扑关系建模 ··· 021

  2.3.3　机电系统运维机理模型构建 ··································· 022

 2.4　基于智能化系统的建筑运行状态感知技术 ······················· 025

  2.4.1　室内人员监测系统 ··· 025

  2.4.2　室内空间环境监测系统 ··· 028

  2.4.3　建筑空间安全监控系统 ··· 030

        2.4.4 建筑机电设备监控系统 ·· 033
        2.4.5 移动式设备监测系统 ·· 038
        2.4.6 建筑能耗监测系统 ··· 041
    2.5 基于大数据平台的多源异构数据融合技术 ·· 042
        2.5.1 基于数据管道的多源数据集成方法 ··· 043
        2.5.2 "低代码"的异构数据转化方法 ·· 045
        2.5.3 多源异构数据自动映射方法 ··· 046

第3章 建筑设施设备智慧运维技术 ·· 048
    3.1 基于数字孪生的设施设备智慧运维方法 ··· 048
        3.1.1 集成化设备运行监测与管控 ··· 049
        3.1.2 设施设备预防性维保管理 ··· 052
        3.1.3 故障智能识别与主动式维修 ··· 056
    3.2 维保计划智能优化与维保质量评价方法 ··· 061
        3.2.1 设备运行状态评估与维保计划优化 ··· 061
        3.2.2 维保工作质量量化评价 ··· 063
    3.3 故障维修数据分析与大修改造决策技术 ··· 065
        3.3.1 故障描述语义分词 ··· 065
        3.3.2 反复故障报修智能识别 ··· 067
        3.3.3 故障数据多维度统计分析 ··· 068
    3.4 建筑设备故障预测技术 ·· 070
        3.4.1 设备故障预测基本原理 ··· 070
        3.4.2 设备故障预测算法 ··· 070
    3.5 移动式设备智慧运维技术 ·· 074
        3.5.1 移动式设备定位与智能盘点 ··· 074
        3.5.2 异常状态识别与智能调配 ··· 077

第4章 医院建筑运行智慧节能技术 ·· 079
    4.1 建筑耗能系统运行策略优化与智能运行控制技术 ··· 079
        4.1.1 基于强化学习的舒适和节能综合优化方法 ······································ 080
        4.1.2 基于规则的建筑耗能系统运行控制方法 ··· 081
    4.2 医院建筑用能行为异常识别 ··· 083
        4.2.1 建筑能耗监测与碳排放计算 ··· 084
        4.2.2 基于数据挖掘的用电行为异常识别 ··· 087

4.2.3 基于规则的异常用电行为识别 ·· 092

第5章 医院建筑空间智慧运维技术 ·· 094

5.1 建筑空间资产管理 ·· 094
5.1.1 建筑空间使用分配管理 ·· 094
5.1.2 空间使用效率分析 ·· 095

5.2 建筑空间环境智能维护技术 ·· 096
5.2.1 室内环境舒适性监测与分析 ·· 096
5.2.2 室内环境舒适性仿真 ·· 097
5.2.3 室内环境舒适性智能调节 ·· 098

5.3 建筑空间优化决策技术 ·· 099
5.3.1 基于人流仿真的空间布局优化 ·· 099
5.3.2 基于模型的空间优化决策分析 ·· 101

第6章 医院智慧安防与应急管理技术 ·· 104

6.1 医院智慧安防管理 ·· 104
6.1.1 网格化安防管理方法 ·· 104
6.1.2 基于模型仿真的风险源识别方法 ·· 108
6.1.3 基于智能感知的安全事件预警 ·· 110
6.1.4 安全事件网格化处理 ·· 113

6.2 医院智慧应急管理 ·· 114
6.2.1 数字化应急管理方法 ·· 115
6.2.2 特殊人员应急定位与追踪 ·· 118
6.2.3 应急疏散智能指引方法 ·· 119

第7章 医院建筑智慧运维系统应用策划 ·· 124

7.1 目标确定 ·· 124
7.2 组织架构设计 ·· 125
7.3 工作分工 ·· 126
7.4 保障措施 ·· 129
7.4.1 设计阶段保障措施 ·· 129
7.4.2 施工阶段保障措施 ·· 129
7.4.3 竣工阶段保障措施 ·· 130
7.4.4 运维阶段保障措施 ·· 131

第8章 医院建筑智慧运维系统建设 ·· 132

8.1 需求分析 ·· 132
- 8.1.1 需求调研 ··· 132
- 8.1.2 系统功能需求分析 ··· 133
- 8.1.3 系统性能需求分析 ··· 135
- 8.1.4 数据存储需求分析 ··· 136
- 8.1.5 数据安全需求分析 ··· 136

8.2 系统建设方案设计 ··· 136
- 8.2.1 系统总体架构设计 ··· 136
- 8.2.2 系统物理架构设计 ··· 138
- 8.2.3 系统功能架构设计 ··· 140
- 8.2.4 数据库设计 ··· 141

8.3 数字孪生模型快速构建算法研发 ·· 143
- 8.3.1 机电系统物理连接自动修复算法 ·· 143
- 8.3.2 机电系统运行机理模型自动构建算法 ··· 147
- 8.3.3 数字孪生模型轻量化处理方法 ··· 153

8.4 设施设备智慧运维算法研发 ··· 161
- 8.4.1 反复故障报修智能识别算法 ·· 162
- 8.4.2 建筑设备故障预测算法 ·· 166
- 8.4.3 设备性能智能评估算法 ·· 172
- 8.4.4 维保质量量化评价算法 ·· 175

8.5 建筑运行智慧节能算法研发 ··· 178
- 8.5.1 建筑耗能系统运行策略优化算法 ·· 178
- 8.5.2 基于能耗数据的用能异常智能识别算法 ······································· 186

8.6 智慧安防与应急算法研发 ·· 188

8.7 系统部署与交付 ·· 191
- 8.7.1 系统部署 ··· 191
- 8.7.2 系统测试 ··· 194
- 8.7.3 系统交付 ··· 194

第9章 应用案例 ·· 195

9.1 上海市东方医院应用案例 ·· 195
- 9.1.1 医院建筑概况 ·· 195

  9.1.2 建筑智慧运维应用内容 ·········· 196
  9.1.3 应用效果 ·········· 203
  9.1.4 应用推广 ·········· 206
 9.2 上海新华医院应用案例 ·········· 208
  9.2.1 医院建筑概况 ·········· 208
  9.2.2 建筑智慧运维应用内容 ·········· 210
  9.2.3 应用效果 ·········· 223

第 10 章 展望 ·········· 226

参考文献 ·········· 228

第1章 医院建筑智慧运维概述

1.1 概念与范畴

1.1.1 医院建筑运维

国际设施管理协会（IFMA）和ISO标准将建筑运维管理（Facility Management，FM）定义为"通过整合人、空间、技术和流程来确保建筑的功能性、舒适性、安全性和运行效率"[1]。在建筑学中，建筑运维管理被定义为"在建筑竣工验收完成并投入使用后，整合建筑内人员、空间、设施设备及技术等关键资源，充分提高建筑的使用率、降低成本、增加收益，并尽可能延长建筑使用寿命的综合管理。"郑展鹏[2]提出，建筑运维管理包括设施设备管理、空间管理、能源与环境管理和安防与应急管理四个方面。

关于医院建筑运维，住房和城乡建设部发布的《医院建筑运行维护技术标准》GB/T 51454—2023[3]将其定义为"建筑相关系统、设备设施和建筑空间的日常运行和维护维修管理"。医院建筑运维的最终目标是为医护人员和患者及家属营造健康舒适、安全高效、绿色低碳的医疗环境[3]。与普通建筑运维不同，医院建筑相关系统除了暖通与动力系统、电气系统、给水排水系统、建筑智能化系统等通用系统外，还包括医用气体系统和医院物流系统等医院专用系统。建筑空间除了行政办公、科研教学等常规空间外，还包括对运维有特殊要求的医疗空间。国家卫生健康委发布的《医院智慧管理分级评价标准体系（试行）》（以下简称《智慧管理评价标准》）[4]对建筑运维内容做了进一步细分，包括楼宇管控管理、后勤服务管理、安全保卫管理等方面。其中，楼宇管控管理又细分为房屋使用分配与记录、设备设施监控、能耗与资源管理等；后勤服务管理又细分为工程维修、物流运送、医疗废弃物处理等；安全保卫管理又细分为视频监控、入侵报警等安防管理和应急管理等。

本书所述的医院建筑运维的范畴是指医院管理人员通过对建筑设施设备的运行、维护、维修和节能管理，保障建筑空间的舒适、安全和使用功能，最终为医护、病患和管理人员等提供健康和有序的医疗环境，如图1.1所示。结合相关文献和实践经验，医院建筑运维管理内容主要包括建筑设施设备运维管理和运行节能管理，以及建筑空间使用与优化管理、安防与应急管理等内容。

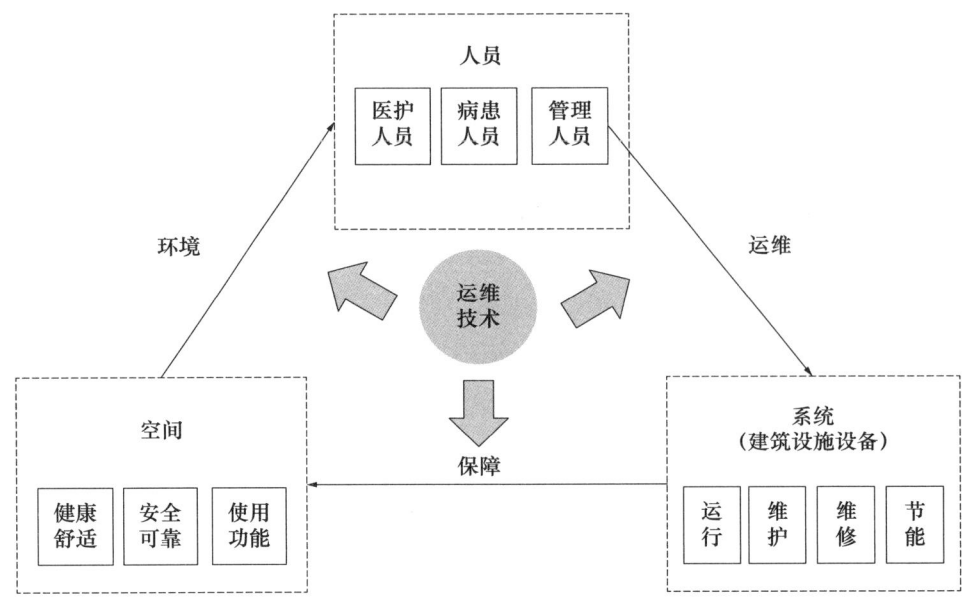

图 1.1　医院建筑运维管理范畴

1.1.2　面向运维的建筑数字孪生

数字孪生（Digital Twin）技术是利用信息模型、传感器感知、运行管理等数据，在计算机中创建物理实体的虚拟模型[5]，并基于模型模拟、预测、控制物理实体的技术。该技术最早由美国国防部提出，用于航空航天飞行器的健康维护与保障[6]。Michael Grieves 教授[7]提出数字孪生由物理空间的实体、虚拟空间的虚拟模型以及实体和模型之间的数据交互接口三部分组成。陶飞[8]等提出数字孪生的五维模型，包括物理实体、虚拟模型、动态数据、服务和连接，并把数字孪生应用成熟度分为"以虚仿实（L0）、以虚映实（L1）、以虚控实（L2）、以虚预实（L3）、以虚优实（L4）、虚实共生（L5）"六个等级[9]。随着成熟度提升，模型与实体的一致性（即保真度）也逐级提高，应用功能和价值也逐步提升。刘占省[10]等提出基于数字孪生的智能运维理论体系与实现方法，认为数字孪生模型应包括几何、物理、运行机理和动态数据等信息。金明堂[11]认为数字孪生技术在建筑运维中的应用将实现被动式运维向主动式维护的转型升级。

本书所述的面向运维的建筑数字孪生（以下简称建筑数字孪生）如图 1.2 所示，包括物理世界的建筑实体、虚拟空间的数字孪生模型以及它们之间的交互行为。其中，数字孪生模型包括几何、物理、机理和运行状态数据，智慧运维系统是数字孪生模型与建筑实体之间实现数据连接和交互行为的载体。建筑数字孪生模型的几何和物理信息可使用建筑信息模型（BIM）描述[12]；建筑运维机理信息主要包括机电系统的运维逻辑关系、建筑空间拓扑关系和建筑内人员流线等；建筑实时运行状态主要是机电系统运行状态、室内环境与安全监测数据以及室内人员分布等。

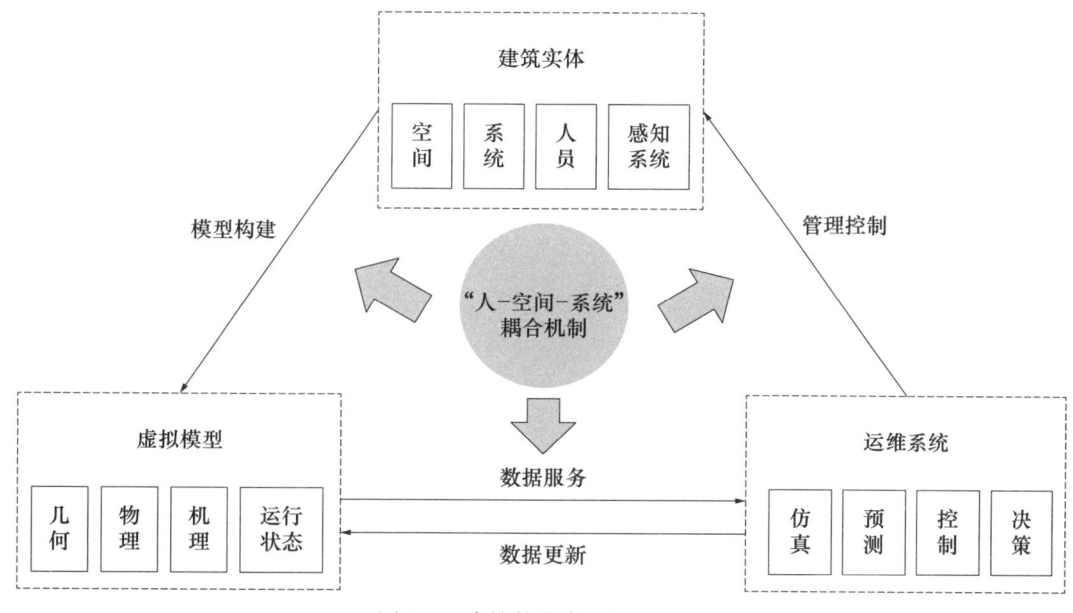

图 1.2　建筑数字孪生技术架构

1.1.3　基于数字孪生的医院建筑智慧运维

大百科全书将土木工程智慧运维定义为"在土木工程数字化基础上，充分融合云计算、大数据、物联网、5G、人工智能等新一代信息技术、自动控制技术，集成人员、技术、装备、数据、管理等要素，通过全面感知、深度识别、智能评估、科学决策，实现土木工程性能保持、提升和寿命延长的维护方式。"[13] 陈兴海[14]等提出基于 BIM 和物联网技术构建城市生命线智慧运维系统，支持智慧安全管理。张玉彬[15]、李晨[16]、石苗[17]、程子伟[18]、严玉朋[19]等医院管理者提出了基于竣工的 BIM 模型，整合了建筑智能化系统与医院运维管理信息系统，构建医院建筑智慧运维系统[20]，将分散的设备集中统一管理，用于建筑设备和医用气体等专用设备的运行监管、故障预测与分析决策等工作[18, 20, 21]，从而提高运维安全和效率，降低运行成本。

本书所述的基于数字孪生的医院建筑智慧运维（以下简称建筑智慧运维）是指应用新一代信息技术，全面采集建筑系统、空间和人员信息，构建包括几何、物理、机理和动态数据的高保真数字孪生模型，研发运行状态仿真、预测、决策和控制等关键技术和智慧运维系统，实现可靠、高效、低碳的建筑运行、维护和维修管理，最终为医护、病患和管理人员提供健康舒适、安全可靠的医疗空间。相对于可视化、信息化、数字化和智能化运维等已有技术，建筑智慧运维技术具有以下特征。

（1）精准化映射：建筑数字孪生模型应是仿照建筑实体创建的，在几何、物理和运维机理等方面与实体高度一致，并能实时、全面感知建筑中人员、空间和系统状态，从而在虚拟空间形成对实体建筑的精准表达和实时映射，支持运维管理人员精准掌握建筑运行状态，达到"以虚拟实"。本书第 2 章将重点阐述。

（2）预测性维护：使用数字孪生模型能够预测系统设备潜在故障预测，科学评估建筑性能和维护维修质量，并提供合理运维建议和优化改造方案，实现主动维护维修，提升建筑可靠性和运维效率，达到"以虚预实"。本书第 3 章将重点阐述。

（3）精细化运行：基于数字孪生模型，能够模拟建筑人员、空间和系统的相互作用机理，并根据各个空间的状态和用户需求动态优化系统运行策略，实现"一房一策"精细化、智慧化的运行控制；能够精准识别异常的空间和系统，识别人员聚集区域，支持通过精细化运行管理，提升建筑舒适性和安全性，达到"以虚控实"。本书第 4 章和第 6 章将重点阐述。

（4）数据驱动优化决策：基于数字孪生模型记录的运行大数据，在空间优化、设备更新优化等决策时，对各个方案进行仿真推演，预测各种方案的人员流线、系统能耗等情况，识别就医排队过长、人员高度聚集、通风不畅等风险，辅助医院建筑优化决策，有效缓解患者排队、建筑能耗过高等问题。本书第 5 章将重点阐述。

1.2 医院建筑运维特点与难点

1.2.1 医院建筑运维特点

由于功能的特殊性，医院建筑运维具有人员类型多、环境要求高、系统运维难度高和节能压力大等特点，这给智慧运维技术研发和应用带来了巨大挑战。

（1）医院人员类型多、密度高

按照类型划分，医院内人员包括病患与家属、医护人员、行政与后勤管理人员三大类。按照就医流线划分，病患又分为门诊、急诊、住院等不同类型。另外，医院中老、幼、病、残等特殊人员也较多。总体而言，医院人员类型较多，对建筑环境的要求差异较大；并且调研表明，医院内门急诊、医技等空间的人员密度普遍较高，特别是就医高峰期，过高的人员密度容易对就医秩序和病患的健康舒适产生不良影响，急需改善[22]。

（2）医院空间环境要求高

根据住房和城乡建设部发布的《综合医院建设标准》（建标 110-2021）[23]，医院建筑空间分为门诊、急诊、住院、医技科室、保障系统、业务管理和院内生活七大项。不同功能空间的运行运维需求具有一定的差异。如门诊和急诊是医院面向病患的窗口，人流密集、环境舒适性要求高；医技科室空间，特别是手术空间，对洁净度、通风换气频率、停电恢复时间等要求较高；而保障系统、业务管理和院内生活等空间属于医院内部空间，私密性要求较高，并且为保障医疗功能，避免医疗事故，医院建筑运维的可靠性、舒适性要求比一般公共建筑高。而手术室、ICU、消防泵房等空间供电等级高，停电恢复时间要求短，因此在双路市电供电基础上，还需要配置柴油发电机。中心供应室、食堂、病房等空间需要 24 小时热水供应。

（3）机电系统运维难度高

医院机电系统是保障医院空间使用功能、健康舒适和安全可靠的基础设施。医院机电系统分为建筑通用机电系统和医院专用系统。通用机电系统包括暖通空调、电气、给水排水、智能化和电梯等系统。由于医院人流多、功能要求多样，医院的通用机电系统一般比常规公共建筑复杂。如暖通空调方面，除了常规空调外，手术部、中心供应和 ICU 会采用功能更复杂的净化空调系统，正电子发射计算机断层显像仪（PET-MR）等大型医院专用设备机房需要采用精密空调系统；感染病房需要采用负压通风系统。再比如为了避免交叉感染，医院电梯除了有常规的垂直客梯、手扶梯、货物电梯，还有治疗电梯、手术电梯、职工电梯、药梯、污物电梯和餐梯等。另外，医院还包括医用气体、污水处理、气动物流、轨道物流、被服回收等专用系统[24]。近几年来，随着人力成本越来越高，医院专用系统在现代化医院中应用越来越广泛，污水处理系统对保障医院环境舒适至关重要；医用气体系统对医疗服务至关重要。另外，医院建筑中有大量挂号机、打印机、收费机、呼吸机、心电监护仪等移动式设备，它们的布置和使用对建筑空间人员流线、电气系统安全都有一定影响，也属于建筑运维范畴。可见，医院建筑机电系统运维工作量大、专业性强、复杂性高。

（4）医院建筑节能压力大

由于医院建筑系统耗能多、人员密度大、运行时间长、冷热负荷高[25]，因此医院建筑能耗普遍较高。调研表明，医院建筑能耗是一般公共建筑的 1.6~2 倍[26]，是住宅建筑的 3~4 倍[27]。在我国"碳达峰碳中和"的战略背景下，上海、北京[28]等大城市已将单位建筑面积能耗逐年降低作为医院院长的考核指标[29]，医院建筑节能压力越来越大。医院能耗系统主要是暖通空调系统、动力系统和照明系统，而医院节能主要依靠医院建筑精细化运维管理[30]，因此建筑节能也逐渐成为建筑运维的重要内容。

（5）外包服务人员监管难度高

考虑到医院建筑运维等后勤管理工作越来越多，医院编制内的人员已普遍无法满足医院发展要求，国务院办公厅 2017 年发布了《国务院办公厅关于建立现代化医院管理制度的指导意见》（国办发〔2017〕67 号），明确提出探索医院"后勤一站式"服务模式，推进医院后勤服务社会化。为此，越来越多医院采用后勤社会化服务的模式。社会化服务模式下的医院建筑运维常见的组织架构如图 1.3 所示，在医院后勤副院长领导下，设置后勤保障、安防管理和基础建设等管理部门。管理部门人员一般为医院编制内人员，各管理部门再通过后勤部签订服务合同，引进和管理多个驻场服务的外包团队和不定期来医院的外包团队。各个外包团队根据合同要求配置服务班组，负责医院建筑运行、维护和维修等后勤工作。

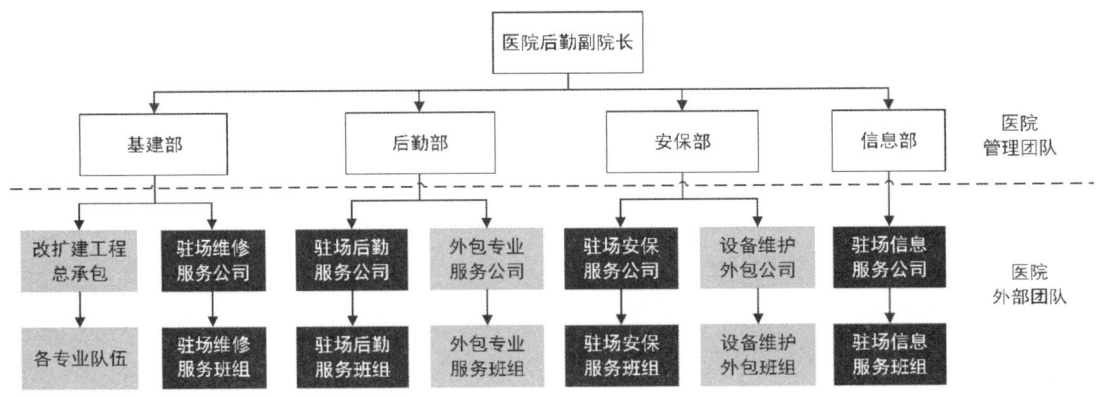

图 1.3　常见的医院建筑运维管理组织架构

由于医院建筑运维工作种类多,医院的外包团队也较多。以后勤部为例,包括空调通风系统、变配电系统、医用气体系统、智能化系统、电梯系统等专业外包团队。医院不同楼宇由于建设时间不一样,系统的供应商可能也不一样,因此同类型系统的专业外包团队也可能有多个。相对于医院编制内员工,外包团队的人员流动性大,对医院情况了解不充分,运维水平参差不齐。因此,医院需要对外包运维人员进行技术培训、过程监管和绩效评价等管理工作。其中,对服务质量进行科学、有效的绩效评价至关重要,否则难以保障维保质量。[22]

（6）医院建筑连片成群

近 10 年来,随着国家对卫生健康事业的大力投入,全国各地的医院都在新建或改扩建建筑,改善医院环境。不少医院内的建筑不少于 10 栋,连片成群,院区规模不断扩大。院区内的道路交通、市政管网、绿化设施也越来复杂。另外,不少医院由于本部院区用地紧张,纷纷选择异地扩建新院区,从而形成"一院多址"的格局。以上海市的 38 家市级医院为例,2019 年在建工程超过 10 个,新增建筑面积超过 50 万 m^2。其中,多家医院本部院区有近 20 栋楼,总建筑面积超过 20 万 m^2,并且正在"五大新城"新建分院区。随着建筑规模快速扩大,医院建筑运维工作量和压力也成倍增加,因此医院急切需要更高效、更智慧的建筑运维管理手段。

1.2.2　医院建筑运维难点

随着医院建筑规模不断扩大和服务模式不断向社会化发展,传统医院建筑运维技术已难以适应新的需求,医院建筑运维出现了运维状态掌握不全面、运行调控不精细、维护维修效率不高、舒适性有待优化和安全应急效率不高等问题。

（1）建筑运维状态掌握不全面

医院建筑运行状态包括建筑内人员分布、室内环境舒适性和安全态势以及机电系统设备开度和状态等数据。根据住房和城乡建设部发布的《智能建筑设计标准》

GB 50314—2015[31]，新建医院一般采用室内环境监测系统、智能安防系统、智能消防系统等监测空间状态，大多采用楼宇自控（Building Automation System，BA）、能耗监测等系统监测机电设备运行状态。根据上海市地方标准《医院后勤设备智能化管理系统建设技术规范》DB 31/T 984—2016 的要求，医院建筑运行状态感知以智能化系统的传感器实时监测为主，以运行人员定期巡查录入为辅。

但是医院管理者仍难以全面掌握建筑运行状态[32]，主要原因有以下几方面：① 智能化系统中楼宇自控、智能安防、智能消防等各子系统相对独立，并且一般本地化部署，系统不联网，数据难以集成到运维管理信息系统，管理人员难以实时查看；② 智能化系统稳定性普遍不够，数据正常率不超过60%[33]，需要定期维护；③ 监测医院人员分布的技术、设备和系统不成熟，应用较少；④ 用户使用需求反馈途径不畅，管理人员与用户之间缺乏有效的交互方式。因此，医院急切希望整合已有智能化系统数据，形成数字孪生模型，监测和提升智能化系统数据稳定性，支持运维人员全面掌握建筑运行状态，辅助运维管理和决策[33]。

（2）机电系统运行调控不精细

中国建筑科学研究院发表的《2021建筑智能化应用现状调研白皮书》[33]研究表明，虽然我国建筑智能化系统配置较高，但我国建筑智能化系统使用水平整体偏低。这主要体现在管理人员没有精力根据不同建筑空间的人员和环境状态动态调整建筑智能化系统的控制策略和运行参数，难以根据用户反馈及时优化环境舒适性。导致这一现状的主要原因是智能化系统缺乏环境监测、能耗监测、客流监测等数据[33]，从而难以实现"人员 - 空间 - 系统"协同优化，无法保障空间舒适性前提下提升建筑节能效果[34]。

（3）设施设备维护维修效率不高

为保障设施设备平稳、高效运行，医院每年会针对空调机组、送排风机、动力泵、电梯、自动门等设施设备，制定维保计划。根据维保计划，医院委托各个专业维保单位进行设备预防性维保。如空调机组每半年维保一次，包括过滤网清洁、皮带润滑等工作。但预防性维保工作一般针对同一类设备，并采用相对固定的维保频率和策略，难以根据设备的使用年限、使用频率和历史故障等情况，动态优化维保频率和策略，从而导致维保效率低；另外，目前医院很难对设备维保工作质量进行量化评价，因此存在维保质量不高的现象，甚至出现设备维保完成1天或2天后，又出现故障的情况。

此外，很多医院建筑使用年限较长，设施设备退化快，工程故障维修任务量大。以某建筑面积25万 m^2 的三甲医院为例，每年维修任务超过2万个[35]。因此，医院大多会建立维修服务中心，统一接收医生、护士和管理人员提交的建筑设施设备故障报修；再由运维管理人员将故障维修任务分配给相应的维修班组；然后维修班组到现场勘察和维修；最后，运维管理人员对维修任务进行评价和关闭，实现闭环管理[36]。但研究表明，工程维修中仍存在不少反复坏、反复修的现象，这不但耗费了运维资源[37]，而且不可避免地会对医疗环境造成不良影响。因此，不少医院管理者十分希望主动识别建筑性能劣化严重的区域或系统，辅助建筑大中修决策[36]，提升建筑性能，减少设备故障。

（4）建筑空间舒适性有待优化

新建医院建筑投入使用后，随着就医人员越来越多，建筑的冷热、通风和供电等负荷会逐步增加。竣工交付阶段调试的机电系统运行参数可能只适用于低负荷状态，难以满足高负荷运行的需求。因此，通过运行阶段的建筑机电系统调试提升空间舒适性成为医院建筑运维的普遍需求。如随着门急诊人数增多，需要提升门急诊大厅新风风速和空调档位，可能需要提早开启通风空调系统。而对于使用率不高的空间，可以适当调低空调档位，达到节能目的。总体而言，随着医院建筑环境负荷的变化和建筑空间功能的变化，医院需要及时调整机电系统运行策略，提升空间舒适性[38]，但目前调适工作仍需要专业团队完成，及时性较低，应用不广泛。

（5）建筑安防与应急效率不高

根据《安全防范工程技术标准》GB 50348—2018等标准规范的要求，医院建筑安防等级较高。因此，医院建筑中往往部署了大量视频监控、安防报警等智能安防系统。但现有安防系统大都以平面矩阵方式展示重点区域的视频监控画面，以文字命名方式建立视频监控与空间的关系。当突发事件发生时，定位和查找视频监控的时间较久，如当有小孩在医院内走失时，需要安保人员平均花费近1个小时才能找到，安防与应急效率有待提升。特别是在人员密度动态变化的医疗空间，如何快速掌握空间安全态势和预防突发事故已经成为医院安防管理的普遍需求。

1.3 医院建筑智慧运维发展需求与现状

1.3.1 医院建筑智慧运维发展需求

面向医院建筑运维难点和特点，在智慧医院建设背景下，不少医院提出医院建筑智慧运维技术的发展需求，主要包括以下三个方面。

（1）智慧医院建设对建筑智慧运维的需求

当前，国家卫生健康委大力推进智慧医院建设。智慧医院分为面向医生的智慧医疗、面向病人的智慧服务和面向管理者的智慧管理三部分。《智慧管理评价标准》旨在引导医院充分利用智慧管理工具，提升医院管理精细化、智能化水平。《智慧管理评价标准》针对各个运行保障管理项目制定了智慧化管理0~5级的评价标准，引导医院探索智慧运维模式。以楼宇管控的5级标准为例，要求达到以下内容：

1)能够直接从信息系统中获取综合能耗(水、电、气、热等)量和费用,并以此计算单位建筑面积能耗量、费用、床日能耗量等数据;

2)有全院统一的综合智能楼宇信息系统,针对房屋面积、维修、空调、管线、弱电、强电、燃气、水、消防、监控、医用气体等至少 5 项的运行数据能够进行管理,档案及时更新;

3)能够充分利用综合智能楼宇信息系统中已有的数据,如能耗管理、建设项目管理、维修管理、房屋使用分配与记录、设备设施监控、成本记录与分配等。

可见,医院智慧管理 5 级标准主要要求实现医院各个系统的融合数据,形成大数据,并通过大数据分析辅助运维和决策,提升医院管理水平。

(2)智慧城市建设对建筑智慧运维的需求

在智慧城市建设需求驱动下,住房和城乡建设部正在大力推进智慧建筑建设,着力把建筑打造成为智慧城市的智慧细胞。医院是城市运行的重要保障,医院建筑智慧化管理是智慧城市建设的重要基础,并且,医院建筑大都由政府投资建设,适合先行先试。因此,上海、北京、深圳等多地政府大力推进医院建筑智慧化管理。如上海市政府于 2020 年发布的《关于全面推进上海城市数字化转型的意见》,明确提出要"打造智慧医院等数字化示范场景"[39],2021 年上海市政府发布的《上海市全面推进城市数字化转型"十四五"规划》,明确提出"深化 BIM 技术在建筑运维等方面应用,实现医院等公共建筑的运行安防管理"。总体而言,智慧城市建设对医院建筑智慧运维的需求在于保障医院安全运行,并为城市数字化转型提供基础数据。

(3)医院管理者对建筑智慧运维的需求

大量医院管理者在新建医院建筑时,体验到 BIM 技术对建筑建设过程精细化管控的价值,开始思考如何将 BIM 应用于医院运维管理中,特别是将已有的建筑智能化系统和运维管理信息系统与 BIM 融合,实现可视化、智慧化运维管理,从而改善就医环境,降低建筑能耗,全面提升医院管理水平。具体包括以下几个方面。

1)通过精细化调节机电系统运行和优化空间布局与流线,缓解人员聚集情况,提升室内空间舒适性和安全性,最终改善病患就医体验,是医院管理者对建筑智慧运维的核心需求。

2)在"碳达峰碳中和"背景下,对建筑耗能系统进行精准化节能管理,及时发现和解决能耗异常行为,在保障舒适性的前提下减少机电系统的能耗,达到政府考核要求,是医院管理者对建筑智慧运维的迫切需求。

3)在医院建筑规模不断扩大的情况下,通过数字化技术支撑医院管理者精准掌握医院建筑空间、系统和人员的实时情况,提升运行、维护管理精细化水平,达到降本增效、安全可靠的目标,是医院管理者对建筑智慧运维的基本需求。

1.3.2 医院建筑智慧运维发展现状

医院建筑智慧运维是在可视化、信息化和智能化运维基础上发展而来，是对BIM、建筑智能化系统和运维管理信息系统等的技术集成和融合创新[18]。文献调研发现，从2015年开始[40]就有医院应用BIM运维技术，包括上海第一人民医院[41]、上海新华医院[42]、江苏省苏北人民医院[43]、福建省妇幼保健院[44]等，主要应用点如表1.1所示。但分析发现，目前医院BIM运维应用仍局限于信息集成、多系统数据联动和可视化管理等方面，在仿真推演、故障预测等智慧化应用方面仍较少。在智能化运维方面，不少发达城市从2016年开始推广医院设备智能化管理系统，实现对医院配电系统、通风空调系统、给水排水系统、电梯系统、医用气体系统的智能感知和远程管控[45]；但主要是设备级的监测与管理，未能通过BIM融合多系统数据，实现人员－空间－系统多维协同的分析、决策与管理[46]。

医院建筑BIM运维案例　　　　表1.1

序号	案例名称	完成时间	主要应用点
1	上海第一人民医院[41]	2018年	基于BIM的可视化空间、设备、安防和维修管理，集成BA系统
2	上海东方医院[47]	2018年	可视化空间、设备、安防、电梯、医用气体管理，设备故障预测、能耗异常挖掘
3	上海新华医院[42]	2019年	可视化院区空间、设备、安防管理，维保质量智能评价、反复故障智能识别等
4	江苏省苏北人民医院[43]	2020年	可视化设备运维
5	福建省妇幼保健院[44]	2021年	可视化设施维护、安防、能耗和应急管理
6	南京南部新城医疗中心[44]	2021年	可视化安防安保、设备、能耗和人员管理
7	上海第六人民医院[48]	2020年	可视化设施维护、安防、能耗和应急管理

从2019年开始[49]有基于数字孪生的医院建筑智慧运维研究[50, 51]，但文献总体数量较少[52]。胡振中[53]提出了基于BIM和数据驱动的智能运维管理方法，结合聚类、频繁模式挖掘与神经网络等多种机器学习方法，实现对BIM、机电逻辑关系、运行状态等运维数据的挖掘分析，辅助智能运维决策。Liu Zhansheng[54]提出一种基于知识库和空间算法库智能判断建筑是否需要进行维护的方法。Lin Min[55]等提出一种数据驱动的建筑运维能耗影响因素分析方法，使用建筑设计参数、设备能耗、保养频率等运维数据，分析发现设备清洁频率和设备维修频率是运维可靠性的关键因素。Yang Chunsheng[56]等提出基于机器学习的供暖设备故障分析方法，即使用一段时间的运行和维护记录，基于回归树模型生成故障出现的规律。总体而言，目前医院建筑智慧运维仍处于起步阶段，成功案例仍较少[42, 52]。

结合相关研究分析，医院建筑智慧运维仍需要解决以下核心问题。

（1）医院建筑高保真数字孪生模型的高效构建问题

高保真的医院建筑数字孪生模型以 BIM 为基础，融合了人员、空间和系统的运维机理和实时状态等多维度数据。虽然竣工 BIM 提供了建筑的几何和物理信息，但面向运维的 BIM 审核、修正和转化的工作量仍不容忽视[15]。另外，机电系统、空间和人员流线等的动态数据，难以通过有限的传感器实时、全面感知[57]，还需要结合感知数据和运行机理仿真推演全系统、全空间的运行状态，如根据关键出入口人流信息和室内人员流线设计，模拟各空间的人流分布。此外，将来源于各种系统的异构数据与 BIM 融合也是一个难点问题。本书第 2 章将重点介绍。

（2）资源有限条件下的医院建筑故障预测与主动式维护维修问题

通过主动式维护保障建筑可靠运行，需要精准识别具有潜在故障的设备和具有安全隐患的空间，从而在运维资源有限条件下，有针对性地提前采取维护维修措施，保障就医环境安全舒适。但目前缺乏高效、准确的医院建筑设施设备故障预测和安全风险识别方法[20]，因此医院普遍采用被动维修和固定计划的维保模式，效率较低。如何根据空调系统的出风温度、回风温度、过滤网压差、设定温度、环境温度等实测数据智能识别故障概率大的空调机组，提前进行维护；如何根据报修工单数据分析，识别设施老化的空间，提前进行大修改造，确保有限的资源投入到最需要的项目，本书第 3 章将重点介绍。

（3）考虑多样化需求和节能目标的医院建筑运行策略优化问题

通过优化医院建筑机电系统运行参数，实现在保障舒适性前提下减少能耗，是降低建筑运行碳排放的重要手段。但医院建筑不同类型空间的冷热负荷和舒适性要求差异大[17]，智能优化算法需要根据各个空间的人员密度和环境参数快速计算系统能耗和环境舒适性，从而不断优化运行策略；这就需要建立描述"系统状态－环境参数－人员舒适性－系统能耗"之间耦合关系的数学模型。如工作日 7：00—13：00，门急诊空间人流量从少到多再到少，需要精确计算新风空调系统不同时刻的风速和设定温度等参数，达到舒适性和节能综合最优。本书第 4 章将重点介绍。

第2章 建筑数字孪生模型构建方法

2.1 概述

面向智慧运维的建筑数字孪生模型包括建筑几何、物理、运维机理和动态数据等信息。因此，数字孪生模型的构建方法可以分为建筑几何与物理模型构建、建筑运维机理模型构建、建筑运行状态感知与数据融合等步骤。为了充分利用已有的建筑模型和数据，高效构建数字孪生模型，首先需要分析常见的竣工模型、运维模型、运维机理模型与数字孪生模型的关系。

（1）竣工模型（As-Built BIM）是建筑项目竣工后生成的建筑信息模型，包含建筑中空间和系统的几何形状、物理属性以及施工过程等信息。竣工模型描述了建筑竣工时的最终物理状态，是运维模型的基础模型。

（2）运维模型（Operations and Maintenance BIM）是在竣工模型基础上，根据运维需求添加设备维护维修和空间分配等运维信息，用于支持建筑的运行维护管理。运维模型不包括建筑设备运行机理和设备状态监测等动态信息，但可为数字孪生模型提供建筑几何和物理信息。

（3）运维机理模型（Physics-based Model）是在运维模型基础上，添加描述建筑运维中人员、空间和系统的行为规则的数字模型。如机电系统中各设备之间的逻辑控制关系，各空间之间的拓扑关系，各类人员的空间流线等。

（4）数字孪生模型（Digital Twin Model）是通过融合竣工模型、运维模型、运维机理模型以及建筑动态运行数据，对建筑实体实时映射的数字模型，能够反映建筑的实时运行情况。同时，在运维过程中，也会不断给模型添加新的运维信息。因此数字孪生模型的构建是一个动态过程。若无特殊说明，本书的"模型"指的是数字孪生模型。

综上所述，本书提出的建筑数字孪生模型构建方法包括基于BIM的建筑几何与物理模型快速构建方法、基于BIM的建筑运维机理模型快速构建方法、基于智能化系统的建筑运行状态感知技术和基于大数据平台的多源异构数据融合技术等。

2.2 基于BIM的建筑几何与物理模型快速构建方法

由于竣工模型中已有建筑几何与物理信息,因此可以通过对竣工模型的审核和完善快速形成运维模型,即数字孪生模型的几何和物理模型。具体工作包括运维模型标准制定、几何模型审核与完善、物理信息审核与完善等工作。

2.2.1 运维模型建模标准制定

建立运维模型前,首先需要根据运维需求制定建模标准,明确几何模型精度和物理属性深度。医院管理者也可以参考现行团体标准《医院运维建筑信息模型应用标准》T/CECS 1096 的要求,简单介绍如下。

(1)几何模型精度

为兼顾运维需求和运行效率,应针对不同类型的构件采用合适的建模精度,支持数字孪生模型高效、真实地展现建筑实体的信息。将运维中需要重点监测、定期维保、运行控制的设施设备等,标记为运维对象,其他模型元素标记为非运维对象。针对运维对象和非运维对象,制定不同的几何模型精度。如图 2.1 所示,对于运维对象,需采用 G4 级精度(满足制造加工等高精度识别需求的几何表达精度),包含准确的外形尺寸、形状、材质、参数信息。对于装饰、结构等非运维对象,采用 G3 级精度(满足建造、安装流程、采购等精细识别需求的几何表达精度)。G3 级精度与竣工模型精度一致,仅需准确反映外部 10cm 以上的几何构造,省略细节,内部无几何模型要求。因此,在构建运维模型时,需要在竣工模型基础上,对运维对象进行细化建模,将几何模型精度升级到 G4 级。

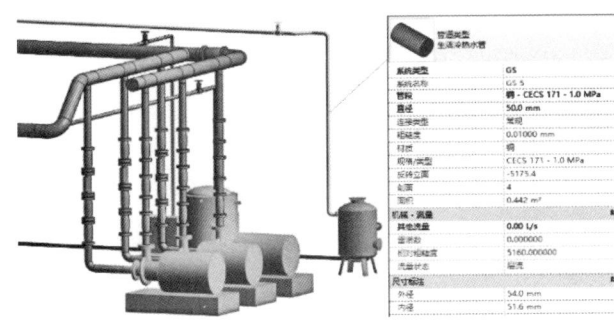
(a)采用 G4 级精度的空调管道

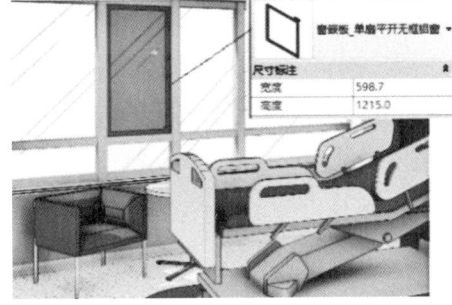
(b)采用 G3 级精度的病房门窗

图 2.1 模型建模精度

(2)属性信息深度

运维模型的信息深度包括以下内容:

1)构件基本属性:模型元素的 ID、名称、材料、材质等基本属性。

2）类型信息：同一类构件的统一信息，如风机盘管的型号、功率等信息。

3）空间信息：楼层、房间、大厅等建筑空间的名称、编号、功能等信息。

4）系统信息：暖通空调系统、电力系统、照明系统等系统的名称、规格、参数和连接关系。

5）运维信息：建筑物的运维管理数据，如设备维护记录、维修计划、设备使用寿命等。

可见，在构建运维模型时，需要在竣工模型基础上，添加运维信息。

2.2.2 几何模型审核与完善方法

在构建运维模型时，需要重点审核竣工模型的几何信息与建筑实体的一致性。审核过程应在各个分项工程验收和竣工接管等多个环节进行。在分项工程隐蔽之前进行审核，可以及早发现和解决模型问题，提高模型的质量。

针对机电系统较为简单的区域，可以采用 iPad 将模型带到现场进行审核，也可以采用全景相机定期采集现场实际情况，并在电脑中比对模型与现场画面进行审核，然后再使用 BIM 软件对发现的问题进行修改完善。针对精度要求较高、机电系统复杂的机房，可以采用基于全景相机（MR）的审核方法。具体介绍如下。

2.2.2.1 基于全景相机的审核方法

基于全景相机的几何模型与实体一致性审核的技术路线主要包含了前期准备、数据采集、数据处理、模型审核四个技术步骤，如图 2.2 所示。

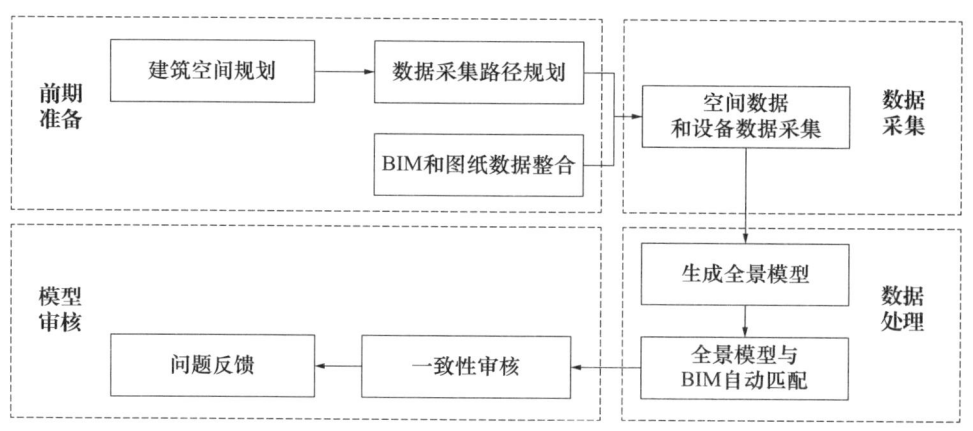

图 2.2 基于全景相机的几何模型与实体一致性审核方法

（1）前期准备

首先根据模型确定空间布局概况，以房间为最小单位，基于房间位置信息和单次数据采集时间，将建筑划分为多个区域。然后以最短路线原则分区域规划数据采集路线，提升数据采集的效率。最后将建筑平面图纸和 BIM 导入至全景球平台，完成前期准备工作。

（2）数据采集

首先将 360°全景相机设备安装在头戴式安全帽上或者直接安装在手持设备上。接着，在每个数据采集路线起点处标定起点位置，并在项目现场中走动式采集房间图像数据。在采集每个房间数据时，设备在行径过程中会自动记录行径路线，并在建筑图纸上自动绘制行径路线。最后基于规划好的分区域最短路线，完成所有房间内的几何数据的采集。

（3）数据处理

首先将采集的数据上传至全景球平台中，自动将采集的图像数据拼接成为全景图像。然后根据数据采集时标定的路线起点位置，将采集到的三维数据的位置信息匹配到建筑图纸中。最后基于数据采集时的图像，自动动态的生成全景模型，快速还原工程实体各个房间的现场画面。

（4）模型审核

基于全景模型的三维位置与模型的自动匹配，审核人员可快速对比项目现场与模型的空间和设备几何信息。针对发现的模型与工程实体不一致的问题，在模型中的具体位置标注问题，方便建模人员快速修改完善模型，如图 2.3 所示。

（a）全景模型与 BIM 对比分析　　　　　　（b）模型审核问题记录

图 2.3　基于全景相机的几何模型审核应用实践

2.2.2.2　基于 MR 的几何模型审核方法

针对精度要求较高、机电系统复杂的机房，可以采用基于 MR 的审核方法。该方法采用微软 HoloLens 等混合现实设备，将模型 1:1 投射至现场，直观对比和测量模型与实体的差距；并通过模型视图截图标记问题位置，描述问题类型，支持后续模型的修改完善。如在机房管线布置完成后、装饰施工前，可使用 MR 设备检查模型中机电管线排布以及开关、阀门位置与建筑实体的一致性，如图2.4所示。在审核过程中，如果发现模型与实体不一致，可应用MR设备直接测量模型到模型或模型到实体的距离，如图2.5所示；也可以借用智能测距仪测量实体到实体的距离，并根据测量结果修改几何模型。

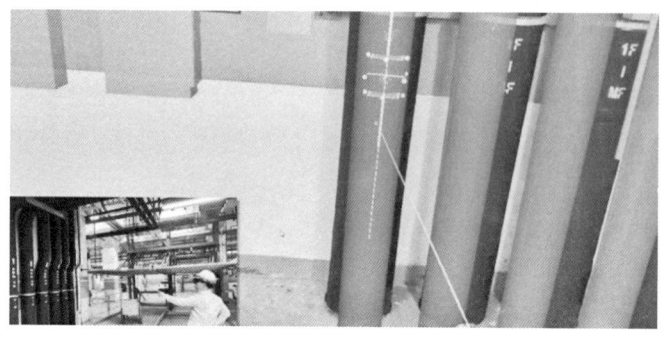

图2.4 基于混合现实的模型和实体一致性审核

图2.5 基于MR设备的模型与实体误差测量

2.2.3 物理信息审核方法

模型中物理信息审核一般在竣工接管阶段由医院或施工总承包单位完成。一般采用iPad等移动式设备将模型带到实体中，根据运维需求逐一核对实体属性信息与模型的一致性。如发现不一致，应直接在模型中修改属性信息，确保模型中的属性信息准确、完整。

物理信息审核一般包括空间信息审核和设施设备信息审核两方面。通常空间信息审核主要是确认空间位置、编号、建筑面积、建筑内设施设备等信息一致性。设施设备信息审核主要包括设施设备的编号、厂家、型号等参数的一致性。物理信息审核的常见步骤如下：

1）审核范围确定：根据项目需求和标准要求，明确需要审核的属性信息范围，例如建筑元素、构件参数、设备属性等。

2）审核标准和规则制定：制定审核标准和规则，包括数据格式、取值范围、编号约定等方面的要求。

3）数据抽取：从竣工模型中提取相关的属性数据，以列表等数据格式进行展示，以便进行审核和比对。

4）数据比对：在建筑实体中进行模型数据与实体数据对比分析，以确保属性数据的一致性和准确性。

5）错误修正和补充：根据审核结果，对发现的错误或不符合标准的属性数据进行修正或补充，对模型中的属性字段进行编辑和更新。

6）审核追溯和审查：确保审核过程的可追溯性和可审查性，以便在需要时进行审查和验证。保留相关的审核记录和文档，并建立管理机制。

2.3 基于 BIM 的建筑运维机理模型构建方法

建筑运维机理模型包括描述建筑内人员动向与分布的人员流线信息，描述建筑空间连通关系的空间拓扑信息和描述设施设备上、下游控制关系的机电系统机理信息，分别从人、空间和系统三个维度描述建筑运维机理。

2.3.1 人员流线建模

2.3.1.1 医院人员流线特征分析

医院人员流线（以下简称人流）按空间层次分为院区级人流、建筑级人流和楼层级人流三级；按照人流特征还可以分为门诊就医流线、急诊就医流线、医护人员流线、后勤流线等。一些以儿科为特色的综合医院，医院门急诊人流还分为成人人流和儿科人流等。

院区级人流主要关注各类人员在建筑物外部的行动路线，包括从院区入口到某楼宇入口，以及楼宇之间的路线等。以如图 2.6 所示的某医院园区为例，该院区包括 4 个院区出入口，28 栋楼宇，院区级人流见表 2.1。其中，门诊人流可从北 1 门、北 2 门、东门、南门步行进入，进入医院后可到成人区门诊综合楼或者儿科综合楼就诊。一般医院的住院人流也是一个涉及多个建筑的院区级流线，一般包括从门口到住院楼的入院登记和入住病房、从住院楼到门诊楼的诊疗、从住院楼到医技楼的治疗，以及从住院楼到出口的出院等流程。

建筑级人流主要关注在一个楼宇中的人员流线，如门诊大楼中的门诊流线、专病医疗中心大量的就诊流线等。如门诊就诊流线包括在门诊大厅的预检、挂号，在各楼层科室的就诊、缴费，在医技楼层的检查和抽血等，在各楼层科室的回诊、缴费，在门诊大厅的取药和离院等步骤。以上流程是步骤最全面的流程，部分人员可能会跨越一些步骤，如门诊流程中部分人员无需检查和回诊，直接从就诊到缴费、取药和离院。

楼层级人流是指一个楼层内的人员流线。如急诊流线包括急诊楼层内的挂号、就诊、缴费、检查、应急处理、领药和离院；一个楼层内的门诊流线包括等候、就诊、缴费、检查等。

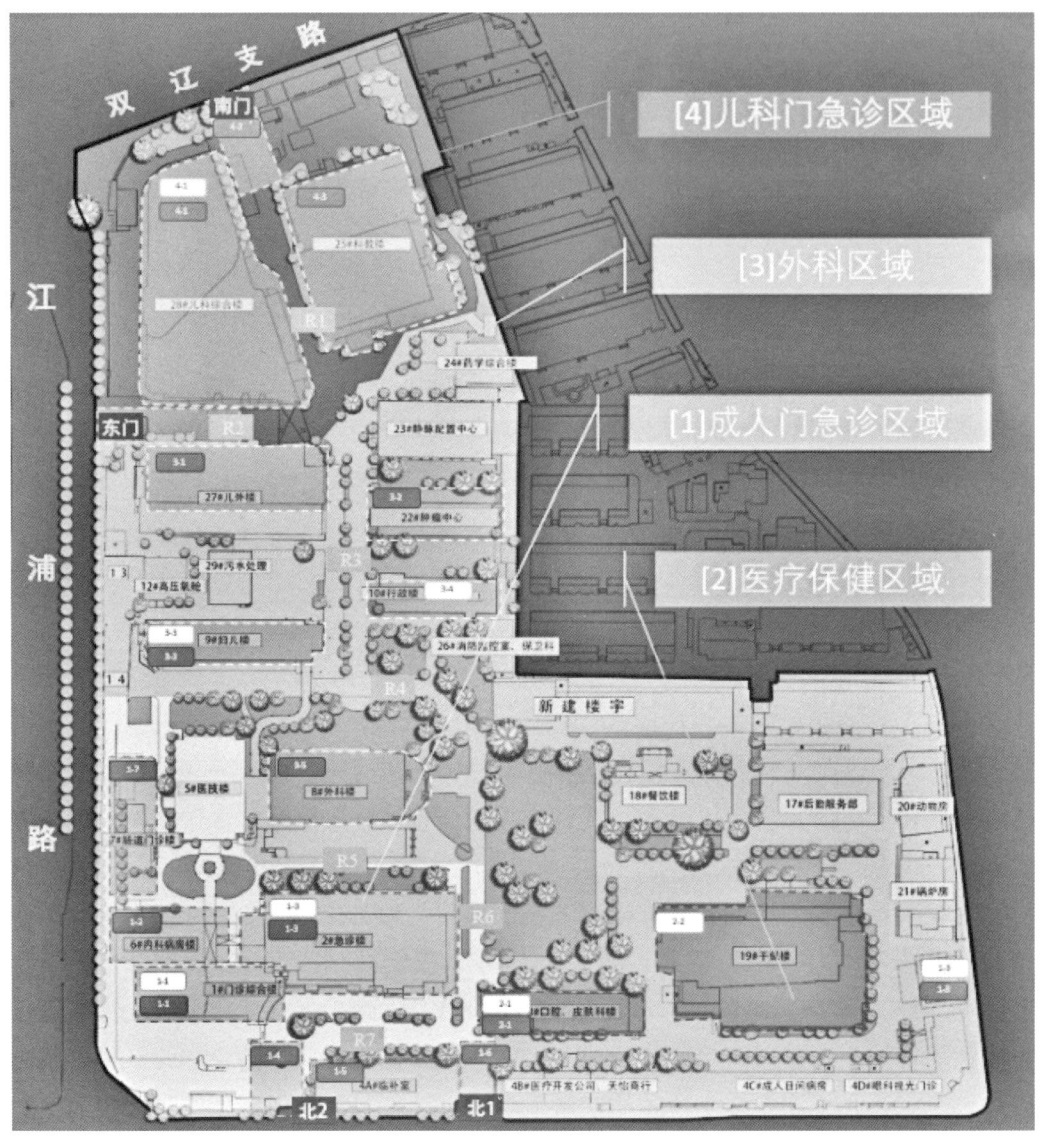

图 2.6　院区平面图

人流定义　　　　　　　　　　　　　　　　　　表 2.1

人流定义	人流入口	院内行为	人流出口
成人－北入	北1门、北2门	门、急诊－成人区就诊－（门诊大厅）－急诊楼出口	北1门
成人－东入	东门	穿过儿科区，到门急诊楼	所有出口

续表

人流定义	人流入口	院内行为	人流出口
儿科－东入	东门	儿科综合楼就诊	东门、南门
儿科－北入	北1门	穿过门急诊楼，通过急诊楼，一路绕至儿科综合楼	东门、南门
干保就诊	北2门	干保楼就诊	北2门
发热门诊	东门	7号楼发热门诊就诊	东门
保障区病患	北2门	临补室、成人日间病房或眼科门诊	北2门
自驾就诊	东门	儿科综合楼出来到各区就诊	南门

2.3.1.2 人员流线建模方法

建模是利用数字模型对真实的或预期的人员流动行为进行动态模拟的方法，一般采用基于多智能体的流线仿真建模方法。在医院各级、各类人流统计分析的基础上，在模型中添加各类人群在建筑空间中的流线信息，完成人员流线建模。人员流线建模具体方法包括以下步骤。

（1）院区空间建模

基于数字孪生模型可在流线仿真软件中完成空间建模。将出入口转化为行人库中的 targetLine，即行人进入或离开的位置；将楼宇转化为 polygonArea，即行人停留的位置；将墙体转化为 wall，用于限制行人行动。空间建模部分定义了仿真运行的空间约束、边界条件等。

（2）人流行为建模

使用行人库控件建立各类人流的行走流程，模拟人流在院区内行动的全过程。如图 2.7 所示，以 PedSoure 控件模拟人员到达医院，到达地点即为某个 targetLine 对象；以 PedGoTo 模拟人流从 targetLine 到某个楼宇的行动过程，其目标区域即某个 polygonArea 对象；以 PedWait 模拟人流在楼宇内接受就医服务的过程；最后用 PedSink 模拟人流正确离开医院。以表 2.1 中成人－北入人流为例，建立的人员流线模型如图 2.7 所示，以两个 PedSoure（S16S14、S14S16）分别模拟人流从北1门与北2门到达；之后人流进入 PedWait（pedWait5）模拟挂号分诊的过程；分诊后人流进入到医技楼、妇儿楼等不同的楼宇空间（pedGoTo17、pedGoTo18、pedGoTo19、pedGoTo21）接受医疗服务；再经"分流5"将人流分为需要取药和无需取药两种，无需取药的人流通过控件（pedGoTo26、pedGoTo23）行动到相应出口，最终离开（pedSink1）医院。需要取药的人流，建立其到取药点（pedGoTo22）的过程，之后通过控件（pedGoTo24、pedGoTo25）行动到相应出口，最终离开（pedSink1）医院。

（3）实时人流数据导入

基于数字孪生模型，接入医院建筑中布设的人流统计和门禁系统等智能化系统的数据。使用各出入口的实时人员进出统计数据,可以更真实地模拟各区域的人员分布密度。人员进出数据包括出入口编号、进入人次、外出人次、时间区间等信息。另外,还可以通过与医院信息系统对接,获取各个科室的就诊数据和各个住院区域的住院人数,用于标定人流的分流比例及人流在楼宇内停留的时长。

以上述院区仿真模型为例,通过对接该院区的各类监测数据,可以模拟正常工作日,该院区的人员流线和人员分布情况,如图2.8所示。

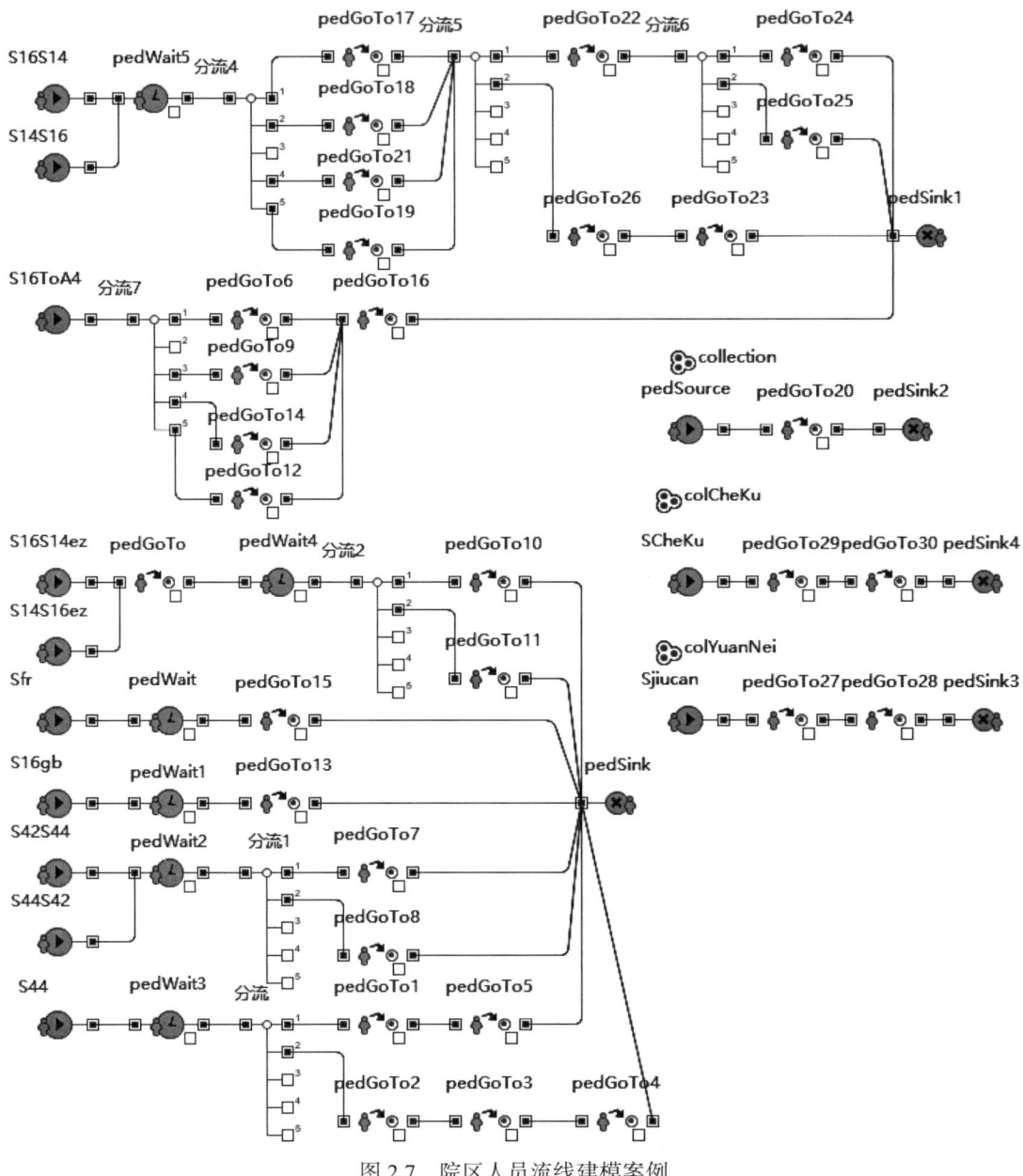

图 2.7　院区人员流线建模案例

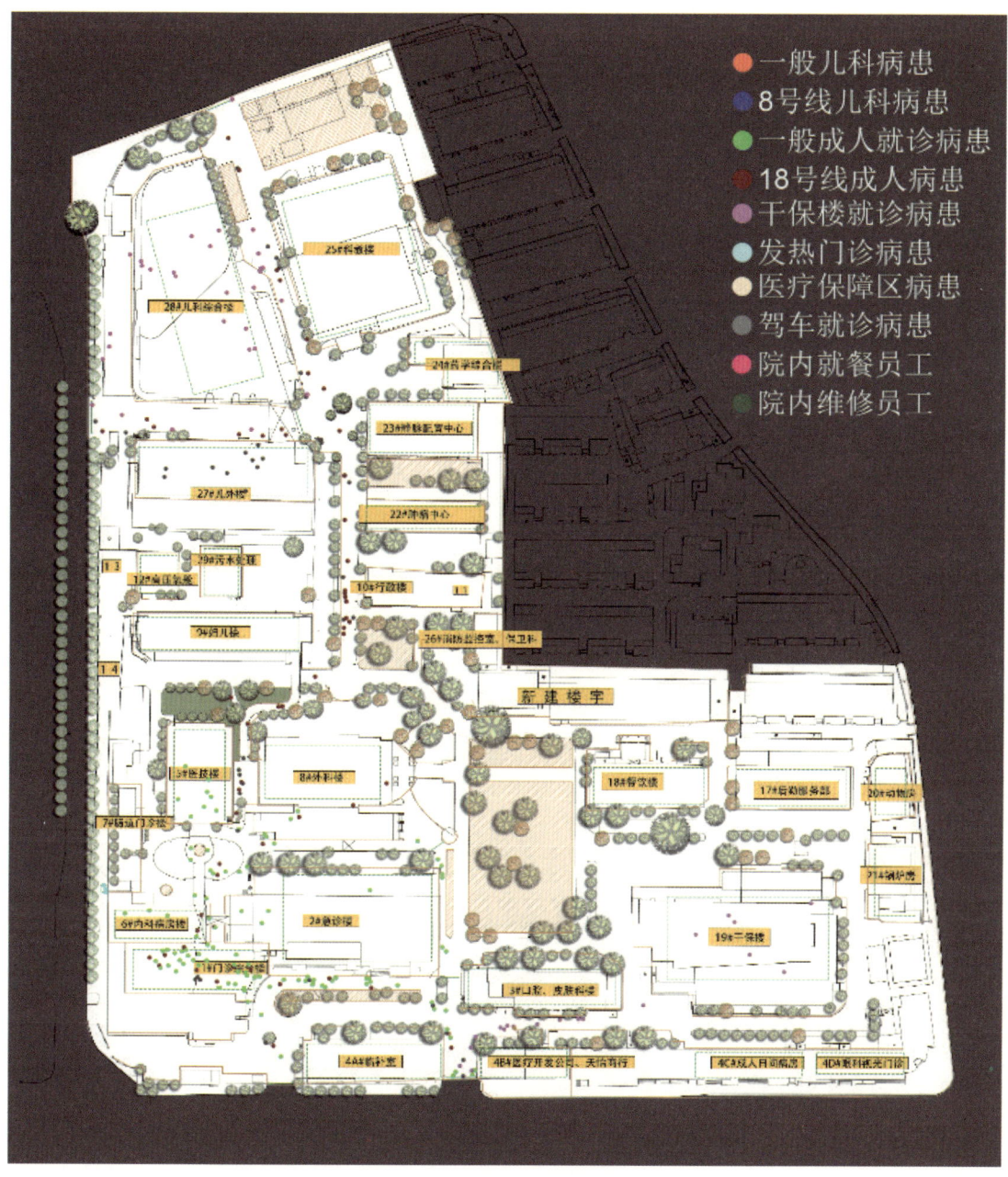

图 2.8 人员流线建模与仿真案例

2.3.2 室内空间拓扑关系建模

空间拓扑关系模型主要描述建筑内各个空间的连通关系，用于计算建筑内各个空间之间的连通路线，用于运维中的人员路线规划、应急人员疏散和人流模拟等。数字孪生模型将墙围合形成的封闭空间划分为自然房间。空间的门构件指示了房间之间的连通关系；因此以房间为图节点，以门为线连接两个空间，形成空间拓扑图是最为常见的建模方法[58, 59]。但是医院的门急诊大厅、输液室、洁净手术区等房间的面积较大，且连接到多个出口，直接用自然房间为图的节点误差大。

为了提高空间拓扑图的精度，一种方式是将室内空间划分为等间距的网格点，间距可以根据定位精度进行选择；另一种方式是引入建筑轴线，把大型空间拆分为多个小空间。由于轴线一般与建筑墙体重合，该方法可以最大程度规避对小房间的拆分，避免空间拓扑图的节点过多。轴线划分的医院建筑空间拓扑图构建方法包括以下步骤[60]：1）提取自然房间边界点和门实体，如图 2.9（a）所示；2）沿建筑平面图的轴线剖切边界，形成子房间；计算子房间的中心点，作为拓扑图的节点；3）在剖切处和门内外建立连通关系，如图 2.9（b）所示，作为拓扑图的边；4）以子空间中心为代表坐标，连接相邻子空间，如图 2.9（c）所示，形成拓扑图；5）将建筑各个楼层的安全疏散口和楼梯出口作为上下层的连接路线；6）形成一个高精度的建筑空间疏散地图；7）在模型中加入各个门的允许进出方向、允许进出人群、路线长度等信息。该方法最大特点是利用了建筑平面图的轴线信息提升室内拓扑关系的精度，同时避免了节点数过多。

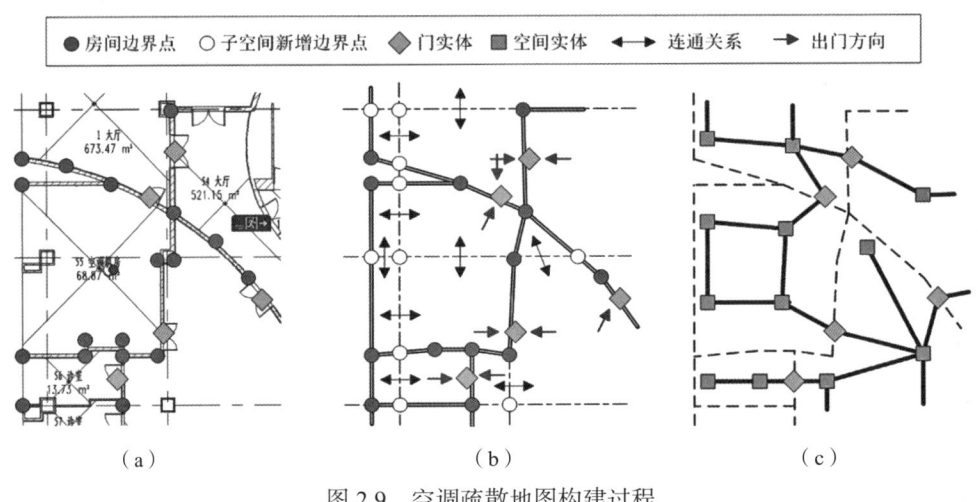

图 2.9 空调疏散地图构建过程

2.3.3 机电系统运维机理模型构建

一个机电系统是能够完成一定功能的机电设备和管件的有序组合。以空调水系统为例，电能或者燃气通过溴化锂机组进行反应将热量交换给冷（热）水，冷（热）水通过水泵的提升传送给大楼的空调机组和风机盘管，实现建筑内的制冷和制热。图 2.10 是一个空调水系统模型的局部，通常包含机电设备（如溴化锂机组、提升泵、阀门等）和管件（如管道、弯头、三通、变径等）以及连接设备与管件的连接器。通常将连接器的介质流源头称为宿主，连接器的介质流末端称为目标。连接器包括位置、介质流动方向、关联的宿主和目标构件等信息。

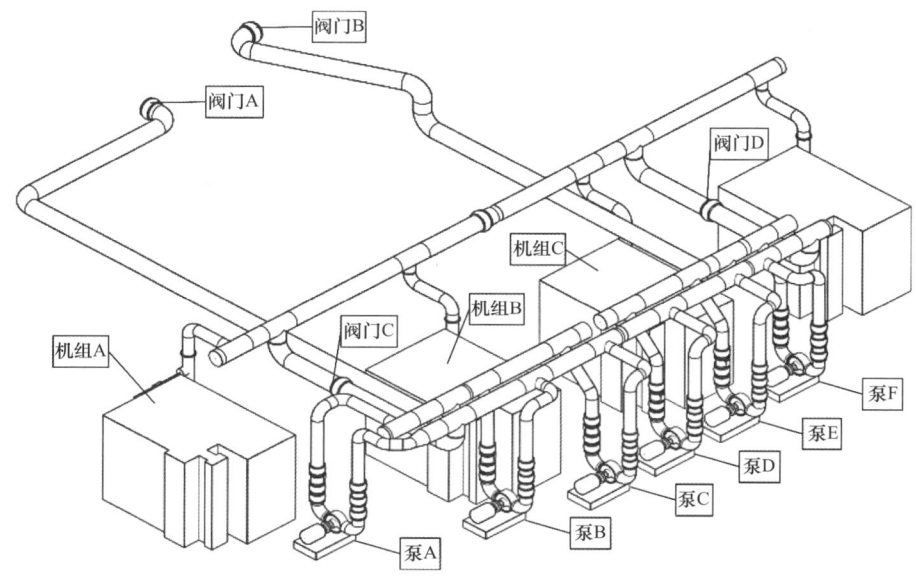

图 2.10　一个典型的机电系统模型构成

机电系统运维机理模型主要描述系统中各个设备之间的逻辑控制关系，辅助故障分析和运行维护，而竣工模型中一般不包含机电系统中的设备、管件等元素之间的逻辑关系，因此需要在竣工模型基础上创建。由于医院机电系统的设备、管件数量可达数十万个，人工手动创建机电系统运行机理的工作量较大，需要采用自动或半自动构建的方法，提高效率。

模型的物理连接修复完成后，即可支持运维管理人员在三维视图中查询机电系统的上下游关系，快速定位发生故障的源头设备，锁定受影响的下游设备。但实际上，由于机电系统所含的设备和管线数量巨大，连接关系十分复杂，直接应用物理连接关系进行运维管理查询效率低。如查询某冷冻机的上游设备，通过物理连接查询需要遍历数十个管道才能查询到与其关联的冷却塔。因此，需要根据机电系统的物理连接关系提取其逻辑关系，简化上、下游设备查找路线。

基于 BIM 的机电系统运行机理自动构建方法的总体流程如图 2.11 所示，包括以下步骤。

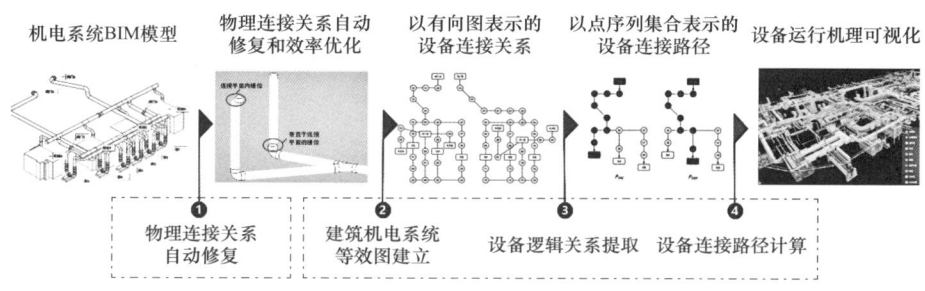

图 2.11　机电系统机理智能构建方法

（1）物理连接关系自动修复

调研发现，竣工模型中普遍存在设备、管线之间的物理连接关系错误或缺漏，难以通过人力逐个查找和修复，严重影响机电系统的逻辑关系计算。因此，首先要从竣工模型中提取机电系统的物理连接关系进行修复，处理分层建模导致的跨楼层管线断开等物理连接问题。机电系统连接自动修复方法包括跨文件连接断点修复方法、错位连接修复方法和方向错误修复方法等，可以快速解决现有模型中常见的物理连接问题。本书8.3.1节详细描述了物理连接修复算法。

（2）建筑机电系统等效图建立

图是表示现实中事物之间的关联关系的一种数据结构，一般使用顶点表示现实的事物，使用顶点之间的边表示事物间的关联。因此，可以使用图表示建筑机电设备之间的连接关系。将模型中机电设备、管道、管道附件等抽象为图的节点，连接设备管线的连接器抽象为图的边，建立描述机电系统物理关系的等效连接图。如图2.12（b），采用一个等效图描述了图2.12（a）中阀门与管道、弯头、三通和泵之间的连接关系。

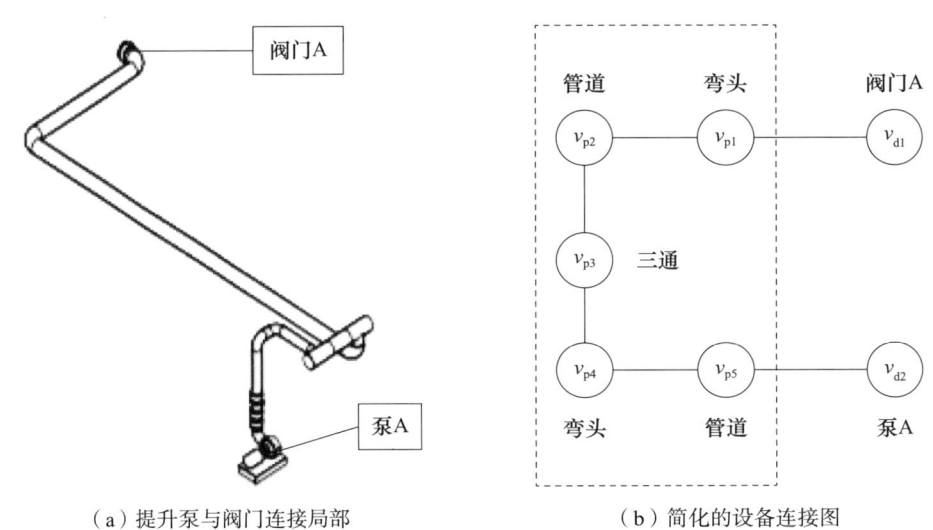

（a）提升泵与阀门连接局部　　　　（b）简化的设备连接图

图2.12　使用图表示设备连接关系

（3）设备逻辑关系提取

将物理连接图中运维对象之间的一组非运维对象节点抽象为管道团，将设备与大量管道的复杂连接转换为设备到几个管道团的简单连接。采用连接图求解算法计算运维对象之间的逻辑关系。

（4）设备连接路径计算

使用图拓扑算法根据设备节点之间的管道节点计算设备连接路径，将路径上的所有管道、三通等添加到上、下设备之间的连接路径。

本书8.3.2节详细描述了机电系统逻辑关系计算方法。

2.4 基于智能化系统的建筑运行状态感知技术

医院建筑一般采用各种智能化系统监测医院内建筑设备、空间环境和人流的运行状态。本书简单介绍常用的室内人员监测系统、室内空间环境监测系统、建筑空间安全监控系统、建筑机电设备监控系统、移动式设备监测系统和建筑能耗监测系统等智能化系统主要功能，以及相应的数据互用要求，方便医院管理者选用和验收。

2.4.1 室内人员监测系统

医院建筑内的人员监测是医院管理的重点工作之一。针对不同需求，常见的人员监测技术包括人员活动监测、出入口人数监测、人员密度监测和人脸识别技术。其中人员活动监测系统主要监测特定区域是否有人，但无法统计人数，主要用于联动控制机电系统；出入口人数监测系统主要监测出入口的人员出入数量，用于计算某个封闭区域的人数；人员密度监测系统主要监测开放区域的人员密度；人脸识别系统主要用于识别重点人员的行动轨迹。

2.4.1.1 人员活动监测系统

当前的人员活动监测系统多使用红外人体感应技术，它采用热释电红外感应原理，通过收集红外能量变化监测当前空间是否有人；然后联动触发相关动作，如开启照明，如图 2.13 所示。红外感应相较于超声波感应和雷达感应虽然灵敏度较低，但性价比高，被广泛用于医院建筑内。如在大厅、走廊、会议室、诊室、楼梯间、卫生间等人员活动频繁的区域，通过安装人体感应装置，可联动控制空间内空调和照明等设备的开关。人员活动监测系统上传的数据包括监测点位、人员活动实时监测等数据，见表 2.2 和表 2.3。

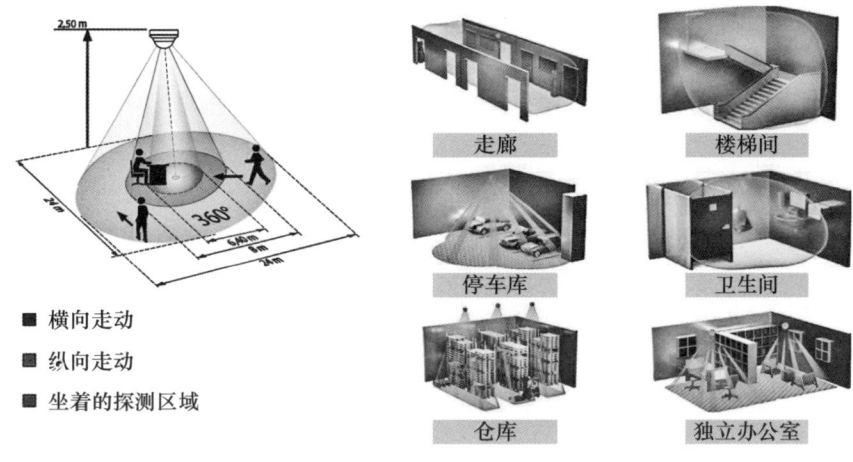

图 2.13　人员感应区域设备

人员活动监测点位表　　　　　　　　　　　　　表 2.2

人员活动监测点 ID	所在房间 ID
34	132

人员活动监测表　　　　　　　　　　　　　表 2.3

人员活动监测点 ID	人员活动	监测时间
34	TRUE	2022-11-27 10：44：36

2.4.1.2　出入口人数监测系统

每个建筑内的人员数量是医院运行管控的主要数据，可以用于分析建筑冷热负荷和通风需求。出入口人数统计通常采用在出入口安装具有视频图像智能识别功能的设备进行采集，一般由前端监控摄像机和监控服务器组成。前端监控摄像机包括人肩或人头识别算法，能够实时分析摄像机捕捉的视频画面，计算进出的人员数量。人数监测设备如图 2.14 所示，一般采用双目立体视觉技术，基于双镜头的立体摄像，获取目标的立体信息，并结合智能算法分析行人的行为轨迹，从而计算出人数及行走方向。设备算法基于深度学习算法对目标进行复核，对非人体目标进行过滤，保障了人流计数的准确率。监控服务器支持分类统计人员进入、离开情况，实时数据上传等功能。

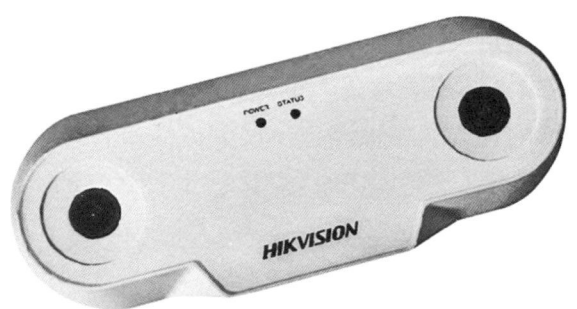

图 2.14　基于双目相机的出入口人数监测设备

由于医院建筑出入口较多，一般根据实际需要在重要出入口安装人数监测摄像头，如门急诊主要出入口、污物出入口等区域，如图 2.15 所示。出入口人数监测系统提供的监测数据包含出入口点位、人数监测数据，主要内容见表 2.4 和表 2.5。其出入口类型包括：进出双向通道、只进不出、只出不进、内部通道、污物通道等。

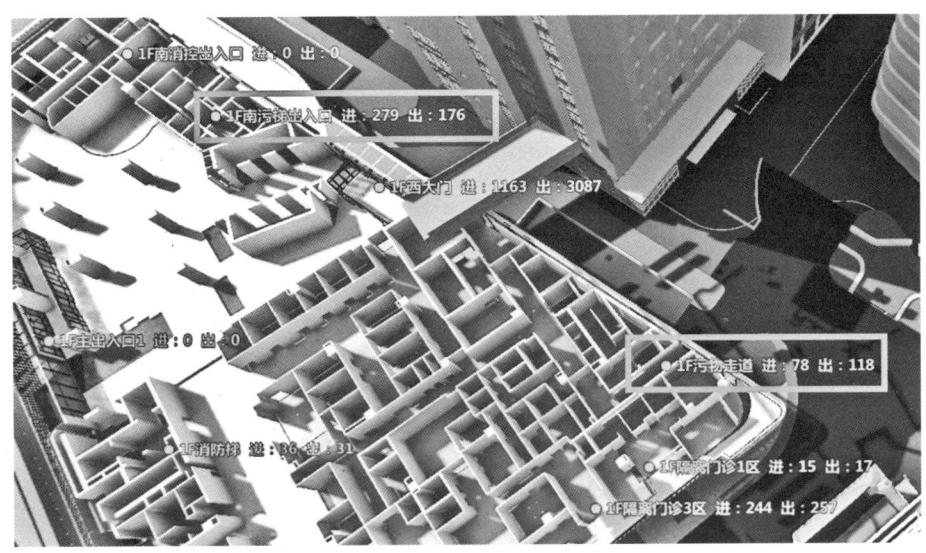

图 2.15　某医院建筑出入口人数监测案例

人数监测点位表　　　　　　　　　　　　　　　　　表 2.4

人数监测点 ID	点位名称	出入口类型	出入人员阈值1	出入人员阈值2	出入人员阈值3
82	4楼西安全通道	双向	1	5	10

人数监测表　　　　　　　　　　　　　　　　　表 2.5

人数监测点 ID	进入人数	出来人数	开始时间	结束时间
82	3	0	2022-09-08 10：41：03	2022-09-08 10：51：11

2.4.1.3　人员密度监测系统

针对门急诊大厅、输液大厅、就诊等候厅等人流聚集的开放式区域，出入口较多，可以采用智能视频监控摄像机监测开放区域人员密度。该技术实际上是将事先训练好的图形识别 AI 模型部署在摄像头内，在边缘侧计算监控区域的人员数量，效率和准确度较高。该技术主要方法包括：① 基于模型划定需要监控的开放区域，并计算区域面积；② 在该区域高处布置人员密度监测摄像机，监控开放区域全貌；③ 应用人肩识别算法，实时统计监控区域的人数；④ 根据区域面积和实时人数自动计算监控区域人员密度。人员密度监测系统提供的监测数据应包含监测点位、监测实时数据等，见表 2.6、表 2.7。

人员密度监测点位表　　　　　　　　　　　　　　　　　表 2.6

人员密度监测点 ID	名称	房间 ID	人员密度阈值1（人/m²）	人员密度阈值2（人/m²）
13	3楼茶水间	Room_37	1	1.5

人员密度监测表　　　　　　　　　表 2.7

人员密度监测点 ID	人员数量	监测时间
13	30	2022-09-08 10∶41∶02

2.4.1.4　人脸识别系统

人脸识别系统是基于人的脸部特征信息进行身份识别的一种生物识别技术，利用前端摄像头传回的光学画面，分析和识别人脸。人脸识别系统具有人脸图像采集、人脸定位、身份确认及查找等功能。人脸识别系统目前有两种结构，一种是在前端摄像头部署人脸识别 AI 模型（前端模式）；一种是前端采用通用摄像头，后端部署 AI 模型进行人脸识别。前端模式具有速度快、成本高的特点，适用于在少数重点区域部署；后端模式具有性价比高的特点，适用于对建筑内大量摄像头进行人脸识别和处理。

通过人脸识别系统，可监测某段时间特定人员的行动轨迹和实景画面。通过人脸识别系统可以将医护人员与就医人员进行自动区分，准确记录医患聚集区域，辅助科学分配运维人员分布，提高就医体验；同时，可以通过快速识别医闹人员等特殊人员，实现提前防范、快速响应，提高安全管控水平。

医院人脸识别系统提供的数据包含摄像头点位表、人脸库表和实时抓拍数据表等，见表 2.8～表 2.10。

摄像头点位表　　　　　　　　　表 2.8

摄像头 ID	摄像头名称	相对地面高度	水平坐标	方向	焦距
59	B1 电梯厅	2.51	（11021.035，39970.968，−1200）	37	2.8

人脸库表　　　　　　　　　表 2.9

人脸 ID	人脸照片	人员类型（白名单、黑名单）
412	/upload/personpic/236.jpg	白名单

实时抓拍数据表　　　　　　　　　表 2.10

摄像头 ID	监测时间	人脸 ID	抓拍照片
59	2023-01-04 14∶32∶28	412	/upload/catch/42013.jpg

2.4.2　室内空间环境监测系统

保障医院建筑室内空间的健康舒适是建筑运维的主要任务，不合格的环境质量会影响患者就医体验和康复效果。因此，对医院室内环境质量进行监测是十分必要的，特别是医院的门急诊大厅、候诊区域和病房等人员密集区域。根据现行国家标准《室内空气质量标准》GB/T 18883，室内空气质量（Indoor Air Quality，IAQ）是评价环境健康和舒适的重要指标，主要包括温湿度、甲醛含量、PM_{10}、$PM_{2.5}$、TVOC浓度等，见表2.11。

室内空气质量指标　　　　　　　　　　　　　　　　　　　表 2.11

监测项目	测量范围	准确度
温度	0～50℃	±1℃（at 25℃ and 50% RH）
相对湿度	0～100% RH	±5%（at 25℃ and 50% RH）
CO_2	350×10^{-6}～10000×10^{-6}	$±30\times10^{-6}$，±3%
$PM_{2.5}$	0～1000ug/m³	0～100ug/m³，±10ug/m³，100～1000ug/m³，±10%
PM_{10}	0～1000ug/m³	±10%
TVOC	0～60000ug/m³	±15%（in lab test）（Ethanol）

室内环境监测系统架构分为环境监测传感器和监测软件两部分。室内环境监测传感器一般由多种传感器组合而成，如图2.16所示。传感器的监测项目、测量范围和准确度如表2.12所示。室内环境监测系统一般安装于墙面，高度一般为1～1.8m。医院室内环境监测系统提供的数据包含点位表和实时监测数据等，见表2.12、表2.13。

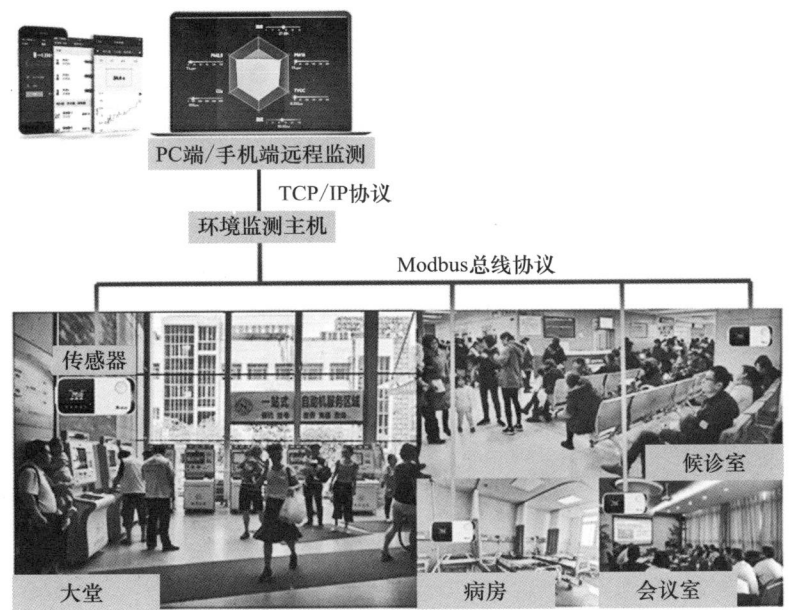

图 2.16　空气监测系统架构

室内环境监测点位表　　　　　　　　　　　　　　　　　　表 2.12

点位 ID	所在房间 ID
102	475

室内环境监测数据　　　　表2.13

点位 ID	监测时间	温度	湿度	CO_2 浓度	$PM_{2.5}$ 浓度	PM_{10} 浓度	TVOC 浓度
102	2022-08-11 12：00：17	27.45	52.75	433	14	14	0.278

2.4.3 建筑空间安全监控系统

为保障医患在医院建筑内的安全,医院建筑一般会配置视频监控、安防报警、门禁等安防系统。烟感、喷淋等消防系统是保障建筑在火灾状态下安全的重要措施,建筑日常运行中一般不涉及,本书不作详细描述。

2.4.3.1 视频监控系统

视频监控系统是建筑安防管理的重要工具。视频监控系统主要包括摄像机、云台、解码器等前端设备,通信电缆、供电等传输设备,以及画面分割器、监测器、控制设备、录像存储设备等后台设备。根据现行国家标准《医院安全技术防范系统要求》GB/T 31458,医院建筑的视频监控点位一般安装在出入口、走廊、门急诊大厅、收费台等公共区域,以及氧气站等危险区域,如图2.17所示。为支持智慧运维管理,建议在变配电机房、冷热源机房、消控机房、生活水泵房、楼层空调机房(图2.18)等重点机房内部安装视频监控。一般需要根据不同点位的监控需求和安装高度等情况,部署不同类型的监控设备。

视频监控系统的总体架构如图2.19所示。第一层为设备接入层,主要是前端设备;第二层为监控服务器、磁盘阵列等基础设施层;第三层为应用层,是通过将智慧运维服务器与视频监控服务器连通,获取视频流数据,支持在运维场景中查看视频监控。

医院视频监控系统提供的数据主要包含摄像头点位表、实时监控视频信息,各数据主要内容见表2.14和表2.15。

广场/周界

出入口

门诊、挂号大厅、公共输液室

走廊

收费大厅/财务室

护士站/咨询台

调解室/谈话室

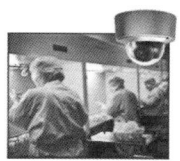
科室库房

氧气站

图 2.17　医院安防点位布点

图 2.18　部署在空调机房内部的视频监控

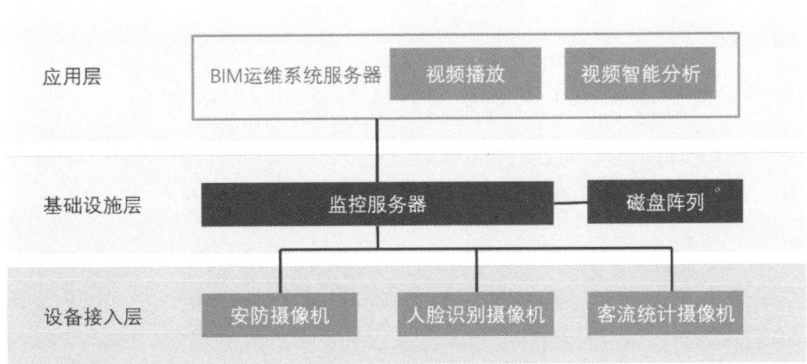

图 2.19　视频监控系统的总体架构

摄像头点位表　　　　　　　　　　表 2.14

摄像头 ID	摄像头名称	相对地面高度	坐标	方向	焦距
59	B1 电梯厅	2.51	（11021.035，39970.968，−1200）	37	2.8

实时监控视频信息表（示意）　　　　　表 2.15

摄像头 ID	视频流加密地址	时间	截图照片
59	http://xxxx:xx/hC3u8M0/live.	2023-03-09 11：00：01	https://xxxx:xx/pic?5d2381143e0do-8el*61-a62523c-f6192e2b3*1a4s=**312==*p817=7t8968024=8l9*6*8031=8o862c-2pi11eo

2.4.3.2　安防报警系统

安防报警系统由前端探测器、报警主机、管理中心三部分组成。系统前端采用探测器探测非法入侵行为，并将入侵信号传给报警主机。报警主机接收数据后，立即传给报警灯,并发出声响。报警主机通过网络或串口方式与应用层服务器进行联网,实现数据互通,支持在电子地图上迅速查询相应地址,分析情况,做出反应。安防报警系统提供的监测数据包含安防报警点位表、报警事件,主要内容见表2.16和表2.17。

安防报警点位表　　　　　　　　　　　　　　　　表2.16

安防报警点 ID	点位名称	点位所在房间名称
798	五楼－自动扶梯旁卫生间手报	无障碍卫生间

报警事件表　　　　　　　　　　　　　　　　　　表2.17

安防报警点 ID	报警事件内容	记录时间
798	TRUE	2022-12-27 09:34:55

2.4.3.3 门禁系统

门禁系统是对建筑出入口进行安防管理的信息系统。常用的门禁管理系统由识别卡、读卡器、电动门锁、门磁开关、控制器、控制系统软件和后台管理软件组成。医院门禁管理系统一般会在库房、诊室、护士站、贵重药品库、办公室、手术区域出入口等重要部位安装,通过刷卡进行身份识别。门禁系统只允许合法用户自由进出,记录进出的时间,并将非法人员隔离在防线外。通过后台管理软件可对出入口进行24小时监测、控制和管理。

结合医院门禁系统的特点,医院门禁系统提供的监测数据包含门禁点位表、门禁卡表、门禁监测实时数据,主要内容见表2.18～表2.20。

门禁点位表　　　　　　　　　　　　　　　　　　表2.18

门禁点 ID	点位名称	点位所在房间名称
463	MJ-11F-06_11楼会议室	2号会议室

门禁卡表　　　　　　　　　　　　　　　　　　　表2.19

门禁卡 ID	人员 ID	人员类型
45788	59	成员卡

门禁监测实时数据　　　　　　　　　　　　　　　表2.20

门禁点 ID	刷卡 ID	进出状态	是否非法	记录时间
463	45788	出	FALSE	2022-5-19 17:04:13

2.4.4 建筑机电设备监控系统

医院建筑主要使用楼宇自控（BA）系统对建筑机电设备运行状态进行监测和控制。BA 系统主要监控冷热源系统、暖通空调系统、给水排水系统、供配电系统、公共照明系统等机电系统。BA 系统的系统架构如图 2.20 所示，包括监测对象、传感器、执行器和控制器等设备。

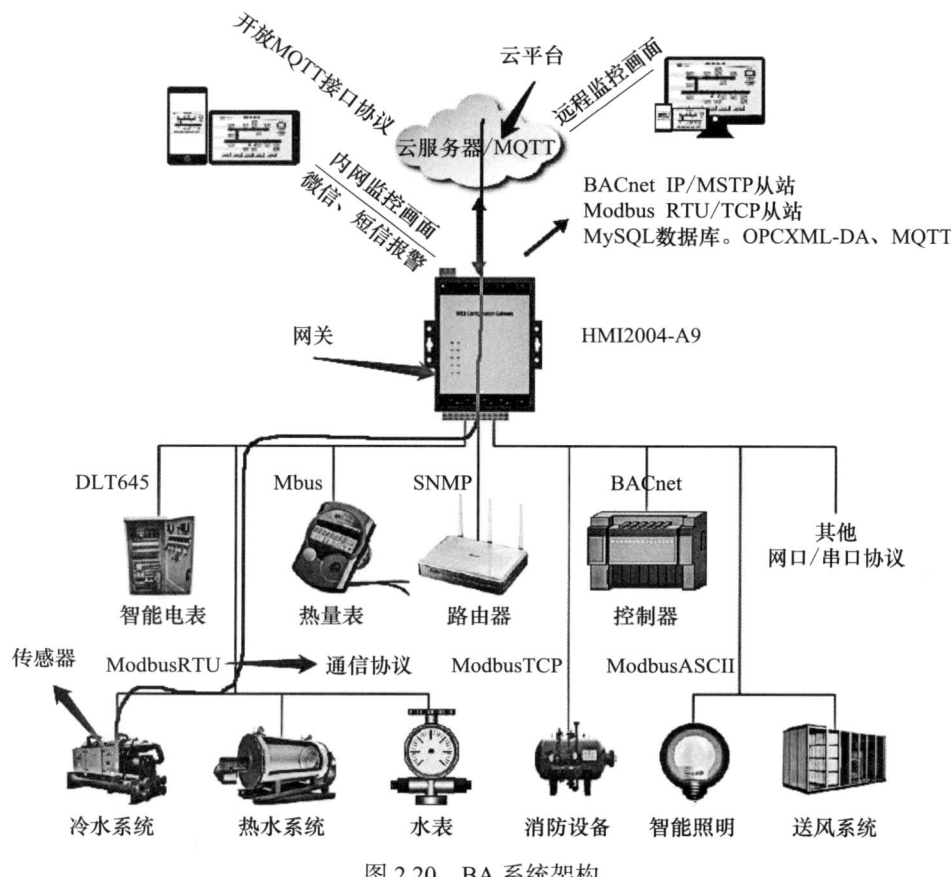

图 2.20 BA 系统架构

（1）传感器

传感器是 BA 系统中的基础设备，它直接部署在对象上。传感器包括用于监测风口、水管温湿度的温湿度传感器，监测风速、水流速度的速度传感器，监测开度的开关传感器，监测过滤网压差的压力传感器，监测液位的位置传感器，以及监测电压、电流、功率的电流互感器。

（2）控制器

直接数字控制器（DDC）是用于计算分析监测数据，并根据分析结果和预定策略对机电设备进行控制的设备。如图 2.21 所示，DDC 的输入是传感器，输出是执行器。

DDC 是一个完整的计算设备，能完成独立运行。由于控制器的输入输出点位数量和计算能力有限，一个楼宇的 BA 系统会有大量 DDC 模块。DDC 也支持通过网络将监测和控制数据上传到上级服务器。

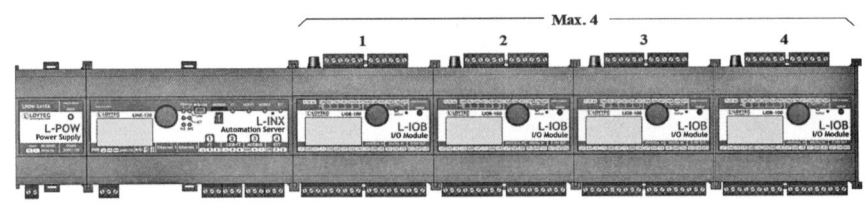

图 2.21　BA 系统控制器及其 4 个 I/O 模块

（3）执行器

执行器负责接收控制器输出的控制信号，并转换成直线位移或角位移，来改变设备参数，或通过设备的接口控制设备的运行参数。如电动节阀可以改变管道介质的流通截面积，从而控制冷热水流速和室内温度；通过 DALI 协议接口控制灯光的照度。BA 系统使用的常见执行器如图 2.22 所示。

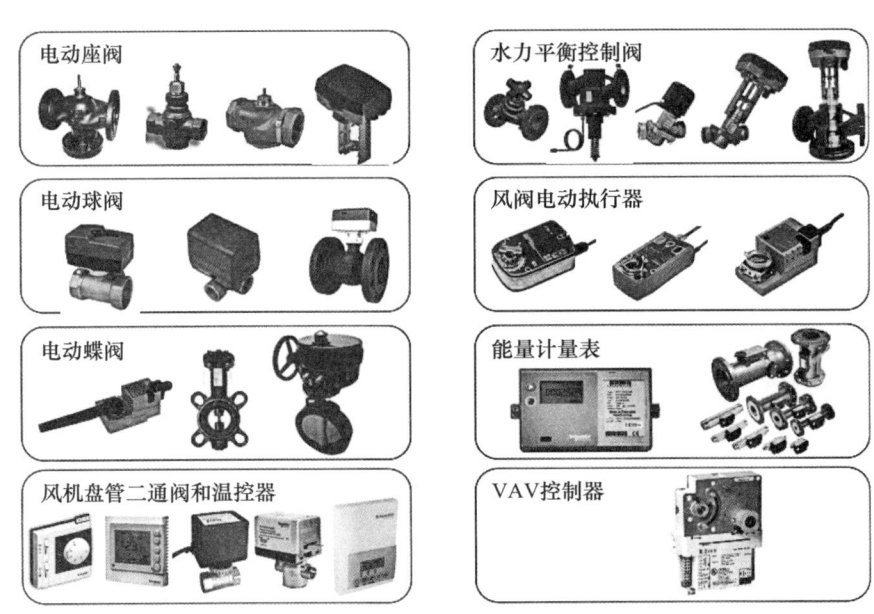

图 2.22　BA 系统执行器

BA 系统针对不同的设备，会采用多种不同类型的传感器进行监测和控制，监测数据也有差异。医院建筑 BA 系统常见的监测内容包括：

（1）冷热源系统监测内容

冷热源系统分为冷冻水系统和冷却水系统，BA 系统对冷冻水系统的主要监测内容见表 2.21。BA 系统对冷却水系统的主要监测内容见表 2.22。

冷冻水系统监测内容 表 2.21

监测内容	具体描述
开关方式	手动/自动
冷冻水供水参数	监测冷冻水一次供水温度、压力及流量
冷冻水回水参数	监测冷冻水回水温度、压力
冷冻水旁通阀控制	根据冷冻供回水压力差和设定值（可调整）的差值，采用PID方式调节压差旁通电动阀开度，实现冷冻供回水压力差恒定；监测压差旁通阀开度反馈信号，当超出设定时间（可调整）和控制信号数据不一致时发出"电动阀故障"报警
水流状态参数	监测冷冻水水流状态
液位参数	监测空调膨胀水箱高、低液位
泵状态参数	冷冻水循环泵、运行状态反馈、故障状态反馈、手/自动状态反馈
阀门反馈	冷水机组冷冻水侧电动蝶阀的控制及状态反馈
设备运行时间均衡	累计各个被控设备的运行时间，除非维护等原因时间归零

冷却水系统监测内容 表 2.22

监测内容	具体描述
开关方式	手动/自动
冷却塔进出水温度	监测冷却塔进出水总管温度
冷却供、回水流量	监测冷却水供水总管流量，当超出设定范围（可调整）时发出报警信号
冷却泵进、出口压力	监测冷却水供回水总管压力（差），当超出设定范围（可调整）时发出报警信号
冷却水系统状态	冷却水循环变频泵的启/停控制、运行状态反馈、故障状态反馈、手/自动状态反馈、转速反馈、转速控制及变频器故障反馈
膨胀水箱高、低液位	监测膨胀水箱水位，当超出设定范围（可调整）时发出报警信号
设备运行时间均衡	累计各个被控设备的运行时间，除非维护等原因时间归零

（2）空调机组系统监测内容

空调机组是与冷热源系统连接，对室内空气进行温湿度调节、净化的重要设备。BA系统对空调机组的主要监测内容见表2.23。

空调机组监测内容 表 2.23

监测内容	具体描述
开关方式	使用者可以通过三种方式进行空调箱设备开关
过滤网堵塞报警	监测过滤网两端压差（ON/OFF），当超出设定范围（可调整）时发出报警信号
回风温湿度监控	监测回风温湿度信号，当超出设定范围（可调整）时发出报警信号

续表

监测内容	具体描述
送风温度监控	监测送风温度信号,当超出设定范围(可调整)时发出报警信号
主要场所的环境控制	在重要场所设温湿度测点,根据其温湿度,直接调节空调机组的冷热水阀,确保重要场所的温湿度为设定值;在重要场所设二氧化碳测点,根据其浓度调节新风比
连锁保护控制	连锁:风机停止后,新风风门、电动调节阀、电磁阀自动关闭;保护:风机启动后,其前后压差过低时故障报警,并连锁停机;防冻保护:当温度过低时,开启热水阀,关闭风门,停风机
运行时间累计	运行状态符合要求,开始累计设备的运行时间

(3)新风机组系统

医院新风机组一般采用组合式新风机。BA系统对医院新风机组的主要监测内容见表2.24。

新风机组系统监测内容 表2.24

监测内容	具体描述
开关方式	使用者可以通过三种方式进行空调箱设备开关
过滤网堵塞报警	监测过滤网两端压差(ON/OFF),当超出设定范围(可调整)时发出报警信号
回风温湿度参数	监测回风温湿度信号,当超出设定范围(可调整)时发出报警信号
送风温度参数	监测送风温度信号,当超出设定范围(可调整)时发出报警信号
运行时间累计	运行状态符合要求,开始累计设备的运行时间

(4)送排风机系统

BA系统对整个楼宇内的送风机、排风机、双速排风排烟机进行监测和控制,主要监控内容见表2.25。

送排风系统监测内容 表2.25

监测内容	具体描述
送风状态参数	监测送风机的运行状态、故障状态、手动/自动状态反馈
排风状态参数	监测排风排烟机的高、低速运行状态,故障状态,手动/自动状态反馈
启停控制	控制送、排风机的启停;控制排风排烟机的低速启停
运行时间的累计	运行状态符合要求,开始累计设备的运行时间

(5)给水排水系统

BA系统对医院内的给水排水系统主要监测水箱的高、低液位报警和水泵状态等参数,具体见表2.26。

给水排水系统监测内容 表 2.26

监测内容	具体描述
液位报警	监测集水井、生活水箱等中高液位报警差（ON/OFF），超出设定高度（可调整）时发出报警信号
排污泵状态	监测排污泵状态及故障信号，经逻辑判断发出报警信号
污水泵状态	监测污水泵状态及故障信号，经逻辑判断发出报警信号
运行时间的累计	水泵运行状态符合要求，开始累计水泵运行时间

（6）照明系统

BA系统对照明系统主要监控公共区域照明、景观照明，主要监测和控制参数见表2.27。

照明系统监测内容 表 2.27

监测内容	具体描述
开关状态	监测照明灯具是否处于运行状态（ON/OFF）
手/自动状态	监测照明系统当前属于手动状态还是自动状态
故障报警	监测照明状态及故障信号，经逻辑判断发出报警信号
照度参数	监测沿窗环境照度，若照度超过设定阈值，可联动控制照明关闭

（7）电梯系统

BA系统也可以与电梯的控制系统进行对接，监测电梯的运行状态，包括电梯的运行状态与方向、楼层位置、故障报警、运行时间等，具体见表2.28。

电梯系统监测内容 表 2.28

监测内容	具体描述
运行状态与方向	监测电梯是否处于运行状态（ON/OFF），运行正处于上升或下降状态
楼层位置	监测电梯当前所处的楼层位置
故障报警	监测电梯状态及故障信号，经逻辑判断发出报警信号
累计运行时间	统计电梯运行时间

（8）医用气体系统

医用气体系统一般包括医用氧气、真空负压吸引系统等，是医院的重要系统。BA系统可以通过与医用气体系统对接，监测系统运行状态、输送的氧气浓度等参数，见表2.29。

医用气体系统监测内容 表 2.29

监测内容	具体描述
运行状态	监测系统是否处于运行状态
氧气浓度	监测氧气输送系统各节点的氧气浓度，经逻辑判断发送报警信号
氧气压力	监测氧气输送系统各节点压力，经逻辑判断发送报警信号
终端氧气流量	监测终端氧气输送流量，经逻辑判断发出报警信号
氧气累积量	统计间隔时间段内的氧气输送量

（9）智能物流系统

医院的智能物流系统用于医疗物品在楼宇内各科室间快速输送，减少人工搬运的时间和劳动成本。常见的物流系统有气动物流系统、轨道小车系统。

气动物流系统是一种通过气流推动物品在管道中输送的智能物流系统，一般应用于运送体积较小的药品、检验样本等。BA 系统对气动物流的监测内容见表 2.30。

气动物流系统监测内容 表 2.30

监测内容	具体描述
运行状态	监测气动传送设备是否处于运行状态（ON/OFF）
气流压力	监测管道网络内的气流压力，经逻辑判断发出报警信号
流速	监测管道内气体流速，经逻辑判断发出报警信号
故障报警	监测气泵设备是否正常运行

医用轨道小车系统是一种通过轨道导引载物小车在不同站点之间进行物品运输的智能物流系统，一般用于体积较大的病历、药品等。轨道车辆是医用轨道小车系统的核心组成部分，用于将物资和样本沿着轨道进行输送。BA 系统对轨道小车系统的监测内容见表 2.31。

医用轨道小车系统监测内容 表 2.31

监测内容	具体描述
小车运行状态	监测小车是否处于运行状态（ON/OFF）
小车位置	监测小车当前位置，处于车库或哪一段轨道中
小车状态	监测小车是否处于故障状态，并发出报警信号
满箱报警	监测小车是否满箱，发出报警信号及时清理
运行次数的累计	统计小车运行次数，联动维保工作

2.4.5 移动式设备监测系统

移动式设备一般指的是质量小于或等于 18kg 且未固定的设备，或者装有滚轮、小脚轮或移动装置，便于操作人员根据需要移动的设备。医院的移动式设备包括转运床等转运设备，呼吸机、心电监护仪等医疗电器设备，以及打印机、挂号机、收费机等配套的电子设备。总体而言，医院建筑内设备数量多、价值高、分布散，常用的人工盘点方法，存在费时费力、易出错等问题[61]；同时医院移动式设备会在各部门之间流转共用，若缺乏监管会导致设备使用率低等问题[62]。因此，移动式设备的高效监管一直是医院运维管理部门迫切需要解决的难题。

对部署在建筑内的移动式设备进行位置监测可有效支持设备监管。一般室外常用的 GPS 或北斗卫星定位的信号在建筑内会发生衰减、折射等现象，基本无法用于室内定位。因此需要在室内部署一套专门的定位系统来实现设备定位。常见的室内定位技术包括 Wi-Fi、RFID、蓝牙 4.2、UWB 以及新兴的 5G，vSLAM 等，各有优劣，具体分析见表 2.32。

室内定位技术对比　　　　　　　　　　表 2.32

	Wi-Fi	RFID	蓝牙 4.2	UWB	5G	vSLAM
定位精度	米级	米级	米级	分米级	分米级	分米级
定位时延	百毫秒级	百毫秒级	百毫秒级	百毫秒级	十毫秒级	毫秒级
并发容量（上行）	百级	百级	百级	百级	百级	—
同步性能	—	—	—	纳秒级	纳秒级	—
单站距离（半径）	20m	10m	7m	10m	20m	—
基站功耗	十瓦级	十瓦级	瓦级	瓦级	十瓦级	—
终端功耗	瓦级	毫瓦级	毫瓦级	百毫瓦级	瓦级	瓦级
基站成本	百元级	千元级	百元级	千元级	千元级	—
终端成本	十元级	十元级	十元级	百元级	十元级	千元级

由于医院移动式设备定位只需要知道设备所在的房间，定位的精度需求是米级，因此，Wi-Fi、UWB、蓝牙 4.2 和蓝牙 5.1 等都可以满足需求。其中 Wi-Fi 定位技术的终端功耗高，续航时间短，不适合安装在移动式设备上。UWB 技术的成本较高，且受墙体遮挡干扰大，也不适用。综合比较各项技术，蓝牙 4.2 的定位方式具有功耗低、传输距离远、价格低、部署方便等优势，适合此场景。

蓝牙 4.2 定位方案技术是以 iBeacon 协议为基础搭建的。其定位原理是依靠蓝牙信号的强度值 RSSI（Received Signal Strength Indication）结合三角定位算法实现定位。通过在空间内布置多个 iBeacon 信标，定位标签以接收到信标信号的强度来计算到附近各个 iBeacon 信标的距离，并以 iBeacon 信标为圆心、定位标签到各信标距离为半径形成圆，多个圆的交点就是标签的位置，如图 2.23 所示。

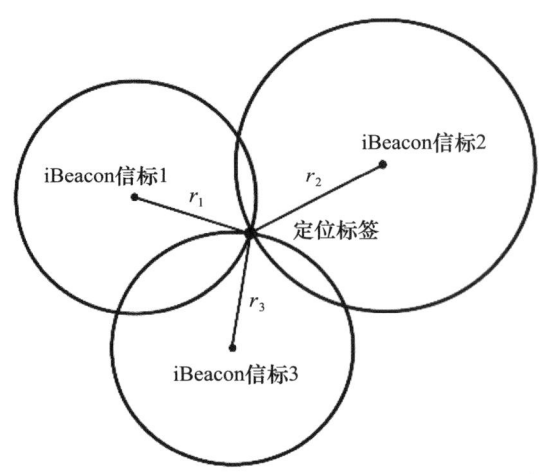

图 2.23 基于信号强度的三角定位技术原理

基于蓝牙 4.2 的移动式设备室内定位系统的架构图如图 2.24 所示。定位标签将采集到的距离各个定位信标的强度值统一发送给蓝牙基站，基站转发至定位服务器快速解析、计算位置坐标值，并传送给运维服务器。因此，蓝牙定位系统由三部分组成：① 安装在定位区域顶部的有源蓝牙信标（图 2.25-a）；② 固定在移动式设备上的有源定位标签（即终端）（图 2.25-b）；③ 安装在楼层弱电间的通信基站（图 2.25-c）。

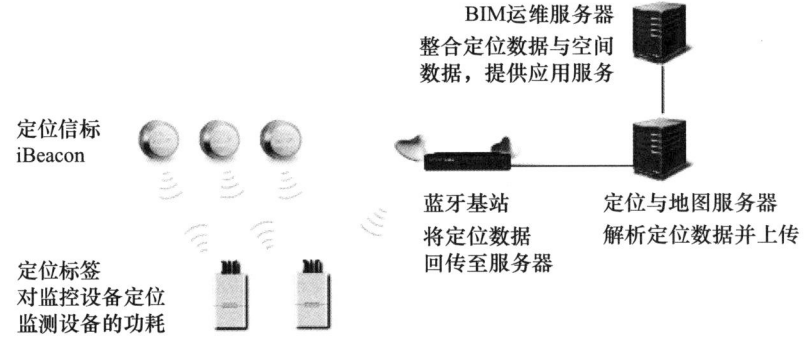

图 2.24 基于蓝牙 4.2 的移动式设备室内定位系统架构

定位标签通过与附近的定位信标进行通信，计算设备相对于各个信标的距离，并发送给通信基站。顶部的定位信标均匀分布在室内定位区域内（图 2.25-d），并将安装位置输入系统。移动式设备室内定位系统的最大特点是信标和设备标签全部采用电池供电，可以无线化部署，安装便捷、性价比高。通信基站每个楼层设 1~2 个即可，一般部署在弱电机房，采用 POE 供电和通信，无需强电供电，安装部署方便。

移动式设备室内定位系统提供 API 接口将设备定位信息实时上传到智慧运维系统。上传的数据具体包含移动式设备台账表和实时监测数据表等，见表 2.33、表 2.34。

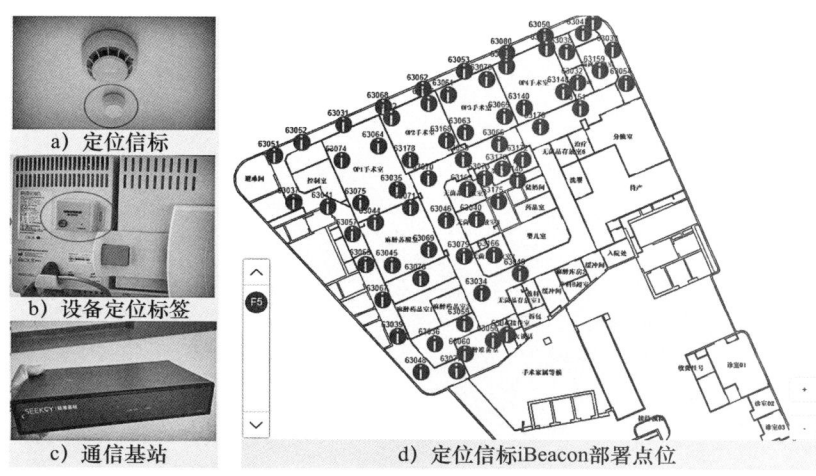

图 2.25 移动式设备定位系统设备部署

移动式设备台账表　　　　　　　　　　　　　　　表 2.33

移动式设备 ID	设备名称	分配的房间 ID	分配的部门 ID
8208	转运床 1#	132	3

移动式设备定位数据　　　　　　　　　　　　　　表 2.34

移动式设备 ID	监测时间	位置坐标 X	位置坐标 Y	位置坐标 Z
8208	2022-06-14 08：59：58	10200.7906	40754.2945	2337.2357

2.4.6 建筑能耗监测系统

在医院建筑中，一般通过安装智能电表、燃气表和水表自动采集医院建筑实时用电和用水数据，并传输至能耗监测系统，如图 2.26 所示。除了在供配电、给水等系统建设时安装智能电表、水表外，还可以在系统建设完成后，外加智能电力监测仪器、超声波冷热量表等设备监测用电量、燃气用量、用水量等[63]。

 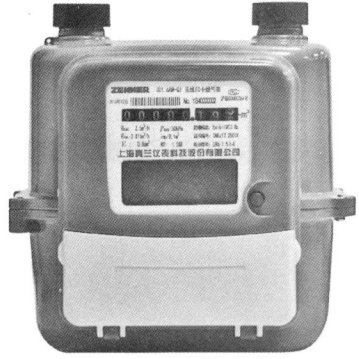

图 2.26 多功能远传电表与燃气表

按照 2014 年国家卫生和计划生育委员会、住房和城乡建设部等部门发布的《医院建筑能耗监管系统建设技术导则（试行）》[64]，医院用电分为照明插座用电、空调用电、动力用电和特殊用电四大项。各分项根据医院用能系统的实际情况灵活细分为一级子项和二级子项。各楼宇的用电分项监测一般根据回路划分进行监测。燃气、市政热水、生活用水监测的回路较少，数据比较简单。医院建筑能耗系统提供的用电、用水监测数据包含用电分类数据、回路数据、用电实时监测数据等，具体见表 2.35～表 2.37。燃气、热水等监测数据见表 2.38。

用电分类数据　　　　　　　　　　　　　　　　　　表 2.35

分类 ID	分类名称	上级分类 ID
1001	空调末端	1

回路数据　　　　　　　　　　　　　　　　　　　表 2.36

回路 ID	回路编号	回路名称	回路描述	额定功率	回路倍率
13	1AP1_2	一楼新风室内机 2# 分总开	一楼 2 号新风室内机（西侧）控制回路	3.52	1.0

用电实时监测数据　　　　　　　　　　　　　　　表 2.37

ID	回路 ID	电表读数	A 相电压读数	B 相电压读数	C 相电压读数	A 相电流读数	B 相电流读数	C 相电流读数	记录时间
29142275	13	1732.16003	411.60	412.51	410.74	3.1783	3.25667	3.3100	2023-04-20 17：57：58

燃气、热水、生活用水监测数据　　　　　　　　　表 2.38

ID	回路 ID	监测表读数	记录时间
18132972	42	56.774	2021-08-09 20：10：09

随着建筑人员、空间和设备监测技术的发展和需求的不断增加，建筑运行状态感知技术不断发展，本书难以尽述。读者若需要了解最新、最全的建筑运行状态感知技术可以查阅建筑智能化相关书籍和规范。

2.5　基于大数据平台的多源异构数据融合技术

为了构建"人员－空间－系统"耦合的数字孪生模型，需要将 BIM、人员监测数据、空间环境和安全监测数据、机电系统运行监测数据等进行融合，支持智慧运维。如当空间 r 中有人员时，空调设备 e 应为空间 r 提供制冷服务。但实际上，楼宇自控、能耗监测等各种机电系统监测数据，和室内人员、室内环境等监测数据，来源各不相同，数据结构差异较大，融合难度高。传统的数据融合方法一般通过定制开发各个系统之间的接口实现数据集成、转化和映射，存在开发工作量大、周期长等问题[65]。如 BA 系统一般采用 BACnet、OPC 等标准的开放通信协议，对互用数据的格式、同步方式、传输频率、检纠错方式以及控制字符等问题作出统一规定，通信双方共同遵守。但由于不同系统对同一设备的编号不统一，从而造成 BIM、BA 等系统之间数据映射难度高。为此，需要建立一种多源异构数据的快速融合技术。

随着大数据技术的发展，基于数据管道的多源数据集成和"低代码"数据转化与映射技术越来越成熟，可实现低成本、高性能、高效率的大体量异构数据融合。该技术通过标准协议将 BIM 和各类监测数据集成到统一的数据仓库；然后通过"低代码"方式进行数据转化，实现不同格式数据之间的关联与映射；最后通过统一的多维度编号体系，实现各个系统监测数据与 BIM 中楼层、房间、设备和组件等模型元素的快速映射，解决多源异构数据融合难题。

2.5.1 基于数据管道的多源数据集成方法

多源数据集成的重要挑战在于高频率、大体量数据的集成性能和效率。以某大型建筑为例，极限负载情况下，多达 10000 个传感器，每秒采集一次数据，每个传感器每次采集数据量 100B（0.1KB），则每天采集 8.6 亿条数据，约 86.4GB 容量；每年采集 3153 亿条数据，约 31.5TB 容量，5 年内采集 15768 亿条数据，约 157.68TB 容量。为应对以上场景，多源异构数据融合技术分为批量层、速度层和服务层三个层级，如图 2.27 所示。其中批量层类似传统数仓，定期根据预设的计算公式完成各个预计算的视图内容。速度层使用流计算引擎，实时计算动态接入的增量数据的增量视图。服务层将预计算视图和增量视图合并为统一的数据，供前端数据查询。该架构通过将历史数据处理和增量数据处理分开，实现同时支持大体量历史数据和高频率实时数据的计算和应用。

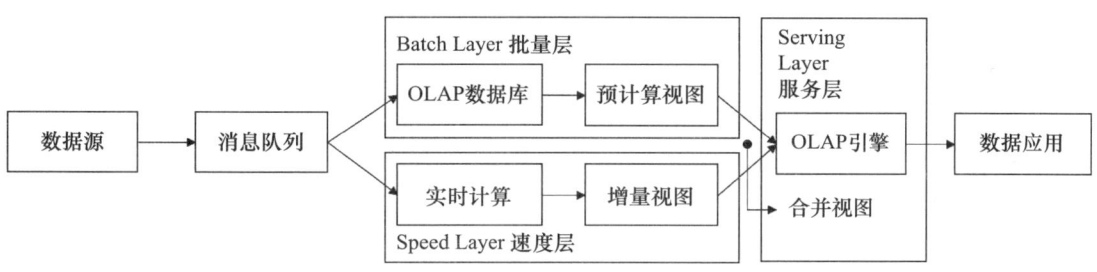

图 2.27　多源异构数据融合技术架构图

其中，数据源接入采用数据仓库提供的数据接入功能，将各类型数据源的数据接入数据仓库。如图 2.28 所示，支持接入的数据协议，包括 MQTT、Kafka、WebApi、MySQL 数据库等。不同协议用于不同系统的数据接入，见表 2.39，然后通过流式数据管道（Data Pipeline）的形式将所有接入的数据源转换为数据流，如图 2.29 所示，支持后续应用。该方式与传统 ETL（图 2.30）的批处理方式相比，能够将数据从接入到使用的延迟从 1 min 以上降低到 0.2s 以内，将最大数据吞吐量从每秒 100 条提升到每秒 10000 条以上。

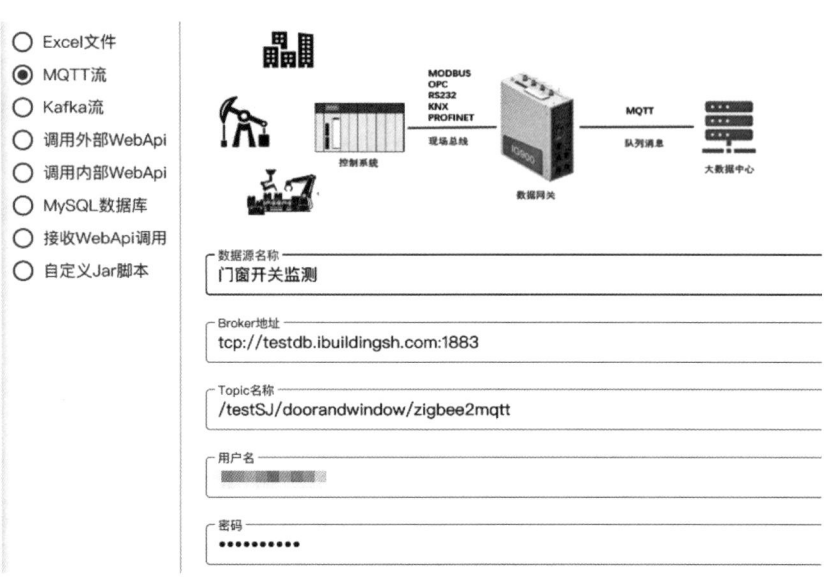

图 2.28 大数据平台的数据接入配置页面

数据接入平台支持的数据源类型　　　　　　　　　　　　表 2.39

数据源类型	用途	实际场景
Excel，CSV 等表格文件	静态数据一次性导入	房间信息、设备信息
MQTT、Kafka 等流数据	现代物联网数据接入	楼宇智能化数据
MySQL 等外部数据库	不能提供接口的外部系统接入	既有维修管理系统数据接入
WebApi 接入	能提供接口的外部系统接入	安防管理系统数据接入
自定义程序包	以上方式都不能实现的情况	仅提供私有协议的门禁数据接入

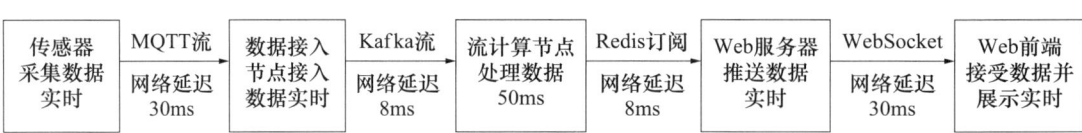

图 2.29 采用流处理方式的数据接入延迟

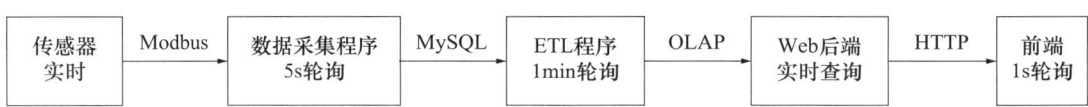

图 2.30 传统批处理数据接入延迟

2.5.2 "低代码"的异构数据转化方法

不同来源的数据流的数据结构千差万别,而数字孪生模型的数据结构相对固定和标准化,因此,当不同系统对同一类型数据采用不同表述方式时,需要将数据转化为标准的表述方式。图 2.31 是数字孪生模型中用电数据集的数据结构,图 2.32 和图 2.33 分别是不同项目的用电数据的实际数据结构。为了避免大量定制开发工作,数据融合技术采用"低代码"数据结构转化配置工具,将不同结构的数据转化为统一的数据结构。

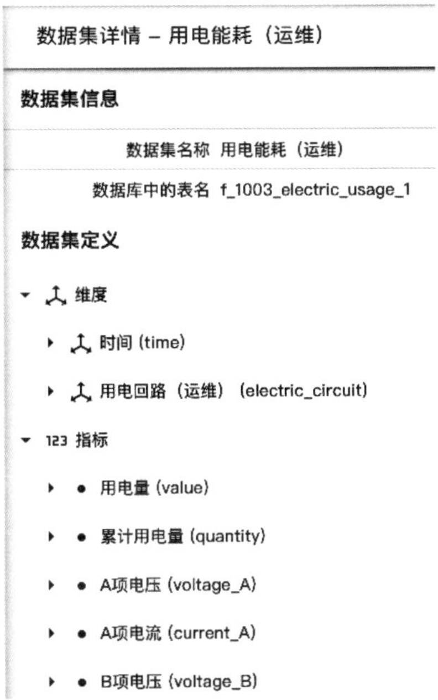

图 2.31 模型中用电数据结构

图 2.32 A 项目用电数据

图 2.33 B 项目用电数据

"低代码"模式是指用户只需要在界面上通过简单配置即可实现原本需要大量定制开发才能实现的功能,从而降低应用成本。"低代码"数据结构转化配置工具将复杂嵌套 JSON 结构的数据解析和转化为扁平结构的数据,并自动关联输入和输出数据的相关字段,实现数据转化,而应用人员只需要对该结果进行简单审核。图 2.34 为某用电监测数据转化为标准的用电数据集的配置。

"低代码"数据转化技术通过内置的映射模式(时间映射、简单值映射、组合值映射、布尔值维度映射),空值填充模式(填充零、填充上一个、填充平均值)和聚合模式(平均、计数、最新、最旧、最大、最小)等实现数据的转化。应用人员可以通过组合这些模式来满足各种数据转化需求。对于预设模式无法满足的特殊需求,也可开发简单的脚本完成转化,如图 2.35 所示。

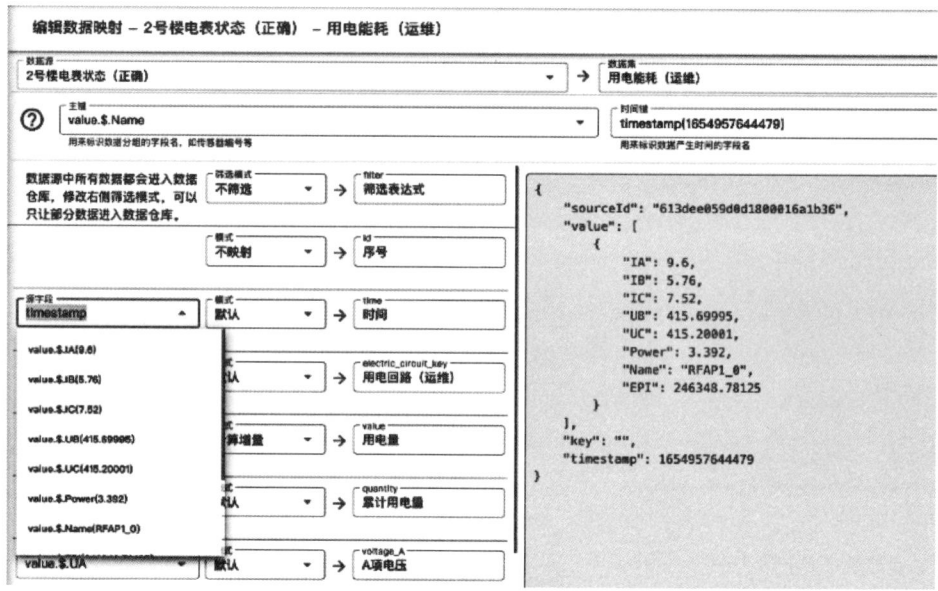

图 2.34　"低代码"数据映射配置页面

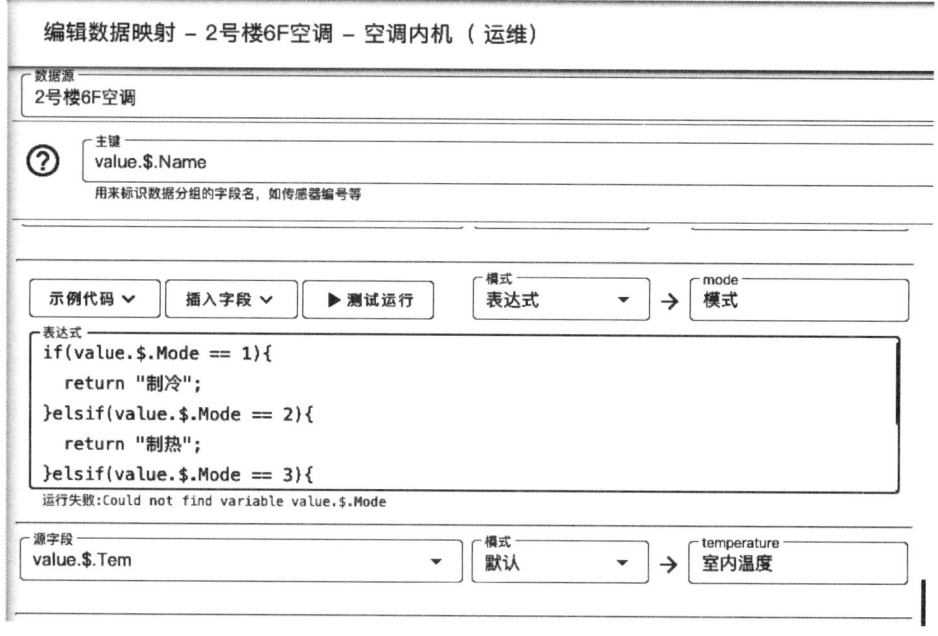

图 2.35　"低代码"模式下二次开发特殊的映射方法

2.5.3　多源异构数据自动映射方法

各个建筑智能化系统建设和 BIM 建模单位，一般依据各自的需求和习惯对设备、传感器进行编号，从而导致同一元素往往采用不同的编号。如同一个设备在弱电分包的传感器点位表、建模团队的设备属性中、厂商提供的设备资料上可能是三个不同的编号，这就需要大量的人力来处理数千个构件的编号差异，这给数据融合带来极大难度。为此，需要建立传感器编号标准，规范各种模型元素的编号，支持动态监测点位和模型元素的自动化关联。考虑到建筑智能化系统传感器可能用于监测一个楼层或一个房间的环境数据，或监测一个设备或设备内部组件的状态，如图 2.36 所示，建议每个传感器的编号体系包括楼宇、楼层、设备和内部组件四个层级；然后要求各个智能化系统按照编号体系对传感器点位进行编号，并要求 BIM 建模人员在 BIM 建模时按编号体系录入各个模型元素的编号，从而支持智能化系统的监测数据与 BIM 的自动关联。

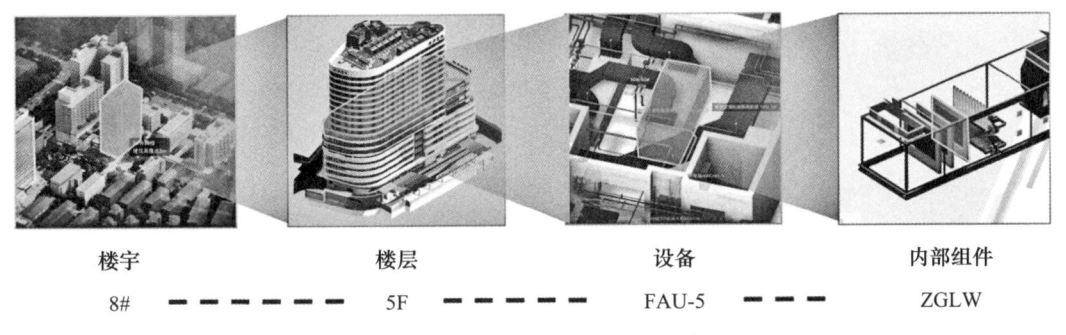

| 楼宇 | 楼层 | 设备 | 内部组件 |
| 8# — — — — — | 5F — — — — — | FAU-5 — — — | ZGLW |

图 2.36 BA 系统监测点位的编号体系

总体而言，建筑数字孪生模型高效构建方法通过建造面向运维的 BIM 转化、机电系统机理建模和运行状态数据采集与融合，建立准确描述各个空间动态人员密度、环境舒适性安全性和系统设备运行状态的高保真数字孪生模型，形成"以虚映实"的数字孪生模型，为后续智慧运维提供基础。应用实践表明，该方法可在竣工后半个月，完成建筑面积超过 5 万 m^2 的医院建筑数字孪生模型的构建，其中融合了楼宇自控、能耗监测、医用气体、人数监测等 30 多个系统、2000 多个传感器数据。该方法相比传统方法，总体效率提升 50% 以上，可实现建筑实体与数字模型的同步交付，支持在建筑运行初期就能够使用数字化方式进行建筑运维。

第3章　建筑设施设备智慧运维技术

建筑设施设备运维是医院建筑运维的重点工作。现有设施设备运维主要采用"发现问题、解决问题"的被动式运维模式，维修工作量大，效率低。应用数字孪生模型积累的设施设备运行状态、故障预警和维修维保等数据，可以提前预测设备潜在故障、识别性能劣化严重设备和反复维修的设施，从而通过主动式、预防性、智慧化运行与维护维修，达到"以虚预实"数字孪生。本书先介绍建筑设施设备智慧运维的整体方法，再重点介绍设备故障预测、性能评价和维修维保智能决策等智慧运维关键技术。

3.1　基于数字孪生的设施设备智慧运维方法

完成医院建筑的数字孪生模型构建后，如何将模型融入运维管理流程，实现模型驱动的精细化、智慧化设施设备运维管理是一个需要思考的问题。基于模型的智慧运行与维护维修方法，是将建筑运维工作流与模型数据流融合，发挥数字孪生模型的价值。同时，在运维管理中不断完善数字孪生模型，实现孪生体与实体之间的动态交互，最终形成医院建筑的全生命期"电子病历卡"。基于数字孪生模型的智慧运维管理办法的整体流程如图3.1所示。其核心在于基于统一的模型进行设备设施运行监测、智能控制、故障识别与处理、性能评估与预防性维护等工作，保障设备的稳定、高效运行和建筑空间的健康舒适。

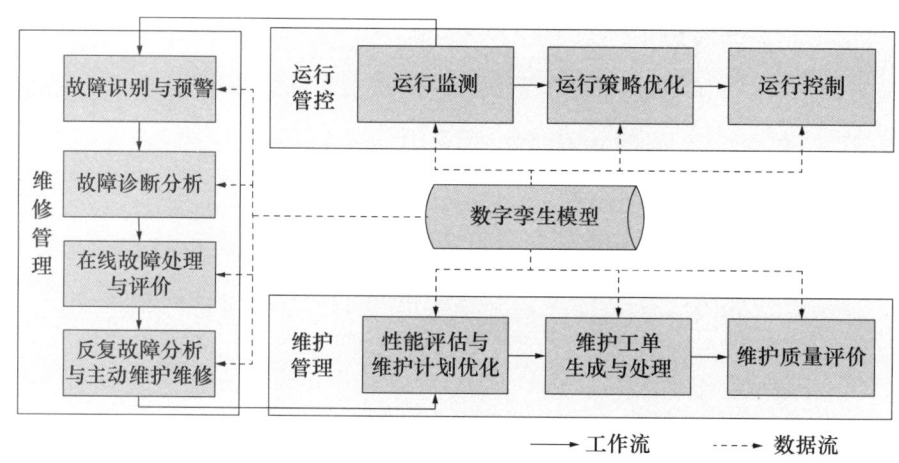

图 3.1　基于数字孪生模型的智慧运维管理方法的整体流程

3.1.1 集成化设备运行监测与管控

设施设备运行管控主要包括可视化运行状态监测、运行策略管理、运行控制、台账导出等方面。

3.1.1.1 设备运行状态监测

基于模型可以在三维视图中查看各个设备的实时运行状态，如图 3.2 所示，包括空调箱、分集水器、动力泵、风机盘管、新风机、排风机、生活水箱和水泵等设备，以及电梯、轨道小车等特殊设备。当设备出现状态异常，在模型中高亮闪烁故障设备，如图 3.3 所示，并可查询故障设备的详细信息，如设备编号、规格型号、历史运行状态、所属系统、历史维修维保情况，以及关联的维保手册等资料。进一步地，可以查看故障设备上游和下游关联设备，以及与设备连接的管道位置和介质流向，方便分析故障设备的影响范围及故障原因，定位需要开关的阀门等，如图 3.4 所示。对于复杂设备，还可以基于模型查看故障设备的内部构造和各个组件的运行状态，如图 3.5 所示，可以查看净化空调的启停状态、报警状态、出风口温湿度、过滤网压差等信息。运维人员也可以通过视频监控等方式，查看设施设备的现场情况。

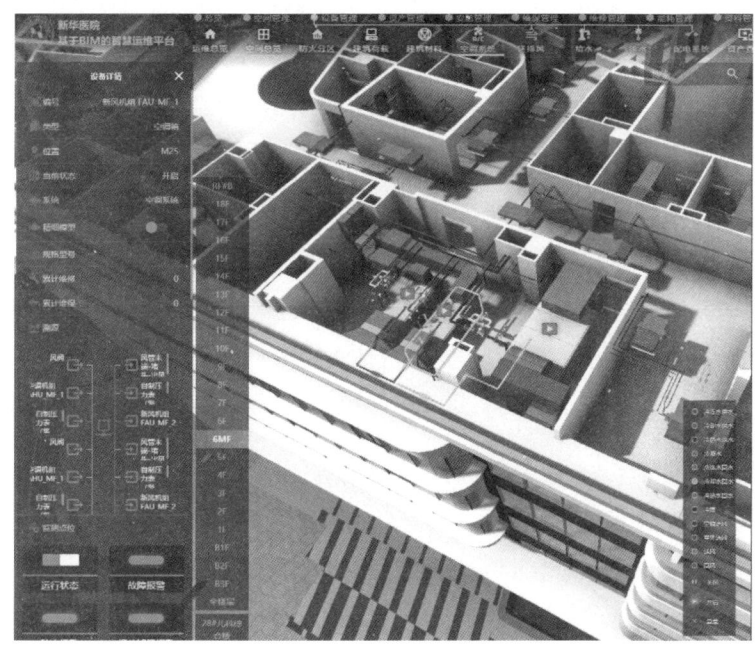

图 3.2　故障设备的详情查看

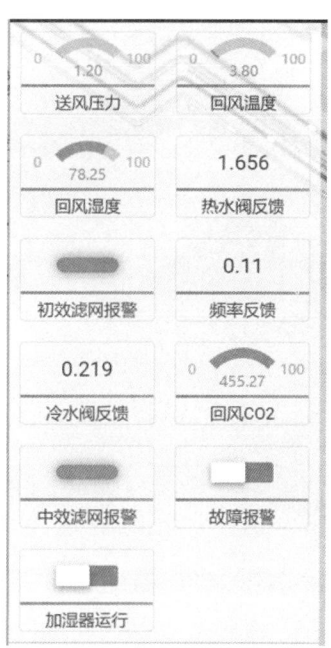

图 3.3　设备的运行参数

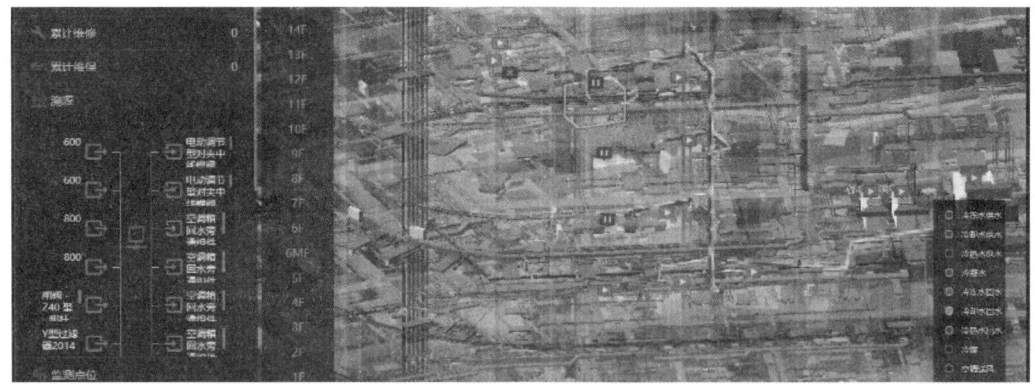

图 3.4 设备流向溯源

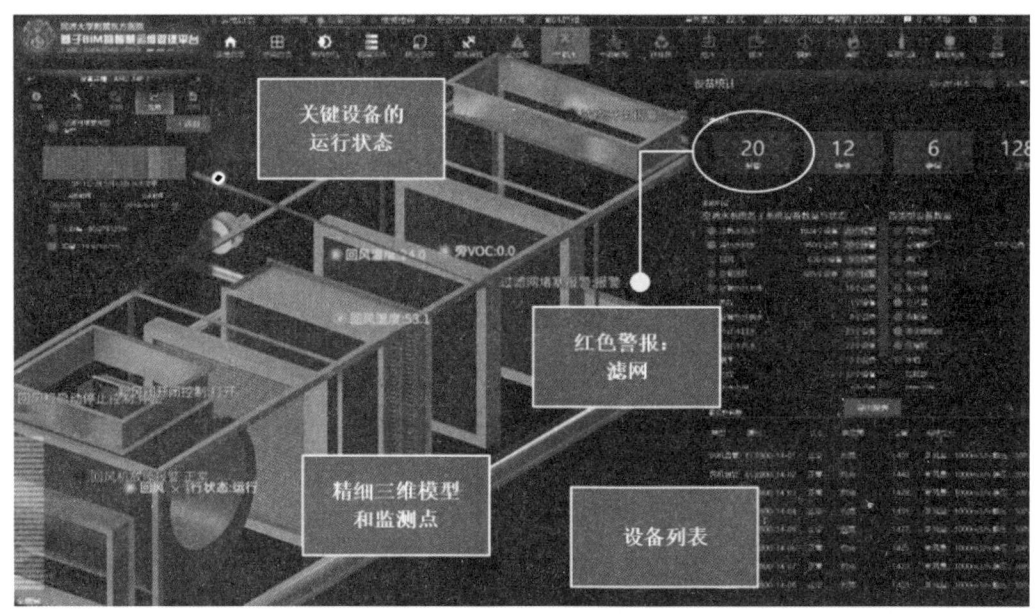

图 3.5 基于模型的净化空调箱实时运行状态监测

3.1.1.2 运行策略管理与优化

基于模型可以设置机电系统的运行策略，如根据每天的工作时间设置空调开启时间，根据冬季和夏季设置空调温度和风速，如图 3.6 所示。传统模式一般根据各个设备的名称和类型进行策略设置，专业性较强，一般由专业工程师设置，从而导致策略动态调整难度高。如医院门急诊、手术、住院和停车库等不同功能空间的需求差异大，不同时段还随人流密度等因素动态变化，传统系统难以根据实时状态动态调整控制策略。

基于模型的运行策略优化应能够根据各个空间的人流密度和环境温湿度等设置不同的系统运行策略，提升建筑舒适性和低碳性。如根据人员密度监测数据，动态调节新风和空调风速。本书 4.1 节将详细介绍设备运行策略优化方法。

图 3.6　空调系统换季切换冷热模式

3.1.1.3　运行控制

基于模型可以联动 BA 系统和智能设备对机电系统进行运行控制。以空调系统为例，可以对空调机组进行启停控制和温度、湿度控制，具体介绍如下。

（1）启停控制

基于模型可以远程控制空调机组等设备的启动和停止状态，也可以预先设定自动启停的时间。如工作日每天上班前半个小时开启，每天下班后 1 小时停止。

（2）温度控制

基于模型可以根据空调机组的回风温度与设定温度的偏差，对空调机组的电动水阀进行自动调节，控制电动水阀的开度，使回风温度控制在设定的范围之内。对于 VRV 系统，可以基于模型调节末端空调面板的温度和风速，调节室内温度。

（3）湿度控制

基于模型可以根据回风的相对湿度和设定值之差来动态开启加湿阀。一般在相对湿度低于 35% 时，开启加湿装置，直到相对湿度达到 65% 后关闭加湿阀。对于 VRV 系统，可以基于模型将末端空调面板的运行模式设置为除湿模式，控制室内湿度。

3.1.1.4　电子台账管理

基于模型可以生成、查看和导出设施设备台账，如图 3.7 所示，并且二维台账与三维模型相互映射，可以方便查看设备位置信息和周边情况。电子台账管理包括以下内容。

设备台账 搜索

序号	类型	编号	状态	位置	规格型号
1	排气扇	排风扇	正常	B3009	风量:180m³/h 风压: 45Pa 功率...
2	排气扇	排风扇	正常	B3008	风量:180m³/h 风压: 45Pa 功率...
3	阀门	闸阀 - Z40 型 -...	正常	B3006	
4	阀门	闸阀 - Z40 型 -...	正常	B3006	
5	风阀	风阀	正常	B3016	1.0mm钢材制作
6	单级泵	热水泵3#/HP-...	正常	B3001	KQW125/170-22/2-VI
7	温度计	温度计（垂直）	正常	B3001	
8	压力表	压力表	正常	B3001	Y-100(弹簧式，0~1。6MPa)
9	温度计	温度计（垂直）	正常	B3001	
10	传感器	流量开关	正常	B3001	
11	单级泵	冷冻泵5#/CP-...	正常	B3001	KQW150/315-30/4-VI

1-100 of 176 < >

图 3.7 从模型中导出的建筑设施设备电子台账

（1）设备信息查询：可以在台账中查看设备名称、设备编号、所属系统、所在房间、生产厂家等属性，以及运维过程中记录的维修记录、维保记录、故障记录、运行记录等信息。

（2）设备档案管理：基于电子台账可以查看设备关联的各种文档资料，如设备竣工资料、供应商资料、使用手册、维修手册等。

（3）管理职责分配：在设备台账上可以根据设备所属的不同系统和不同空间，设置各个系统和设备的管理职责，方便不同层级、不同部门人员进行设备信息查看和管理，同时保障数据安全。

3.1.2 设施设备预防性维保管理

预防性维保是指专业单位定期对重要设施设备进行的维护保养工作，从而解决积灰、螺丝松动等小问题，保持设施设备性能，减少突发故障。预防性维保工作主要包含：1）针对设施设备的机械部件进行必要的常规维保，比如清洁、润滑、紧固和检查等；2）基于平均使用寿命，对易损件进行修理或提前更换，从而保持设施设备的可靠性和安全性。由于不同类型设施设备往往由不同维保班组维保，所以维保班组较多，维保事中管理工作量大，事后质量评价难度高。

基于模型的设施设备维保管理方法旨在通过事前维保计划管理与优化、事中维保任务执行管理和事后维保质量科学评价，提高维保质量和效率。

3.1.2.1 事前维保计划管理与优化

设施设备故障率随时间的自然变化曲线如图 3.8 所示。以此为理论依据，预防性维保就是判断图 3.8 中拐点 P 出现的时间，从而提前对该设备进行维保，以避免故障发生。

医院一般每年根据各种设备的维护要求和经验制定周期性维保计划,确定每年应该完成的维保工作,如某医院的2019年度设备维保计划见表3.1。维保计划一般包括设备类型、维保区域、维保频率、维保开始时间、维保班组等信息。电梯的维保周期为半个月,自动门的维保周期为一个月。

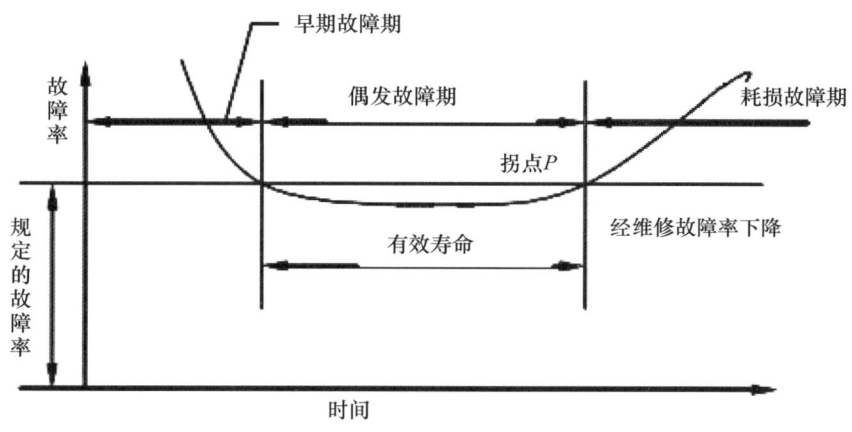

图3.8 设施设备故障概率曲线

某医院设备维保工作计划表 表3.1

序号	定期维护工作内容及每月巡视内容	月											
		1	2	3	4	5	6	7	8	9	10	11	12
1	清洗中央空调管路系统 拆冷冻、冷却系统过滤器1次(无添加清洗)				★						★		
2	配合外修单位进行中央空调冷凝器、蒸发器的清洗												
3	冷却塔清洗、保养				★								
4	冷却塔风机皮带检查				▲		▲		▲		▲		
5	冷却泵、冷冻泵、热泵三级保养			★	★	★							
6	新风机过滤器清洗及皮带、轴承、电机的维护保养				▲						▲		
7	手术室新风机、空调箱箱内及前置水过滤器的清洗			▲							▲		
8	层流室对应设施(新风机、循环箱)表冷器的巡查			★							★		
9	手术室新风机亚高效过滤器更换	▲			▲			▲			▲		
10	手术室二次回风循环箱中效过滤器更换	▲			▲			▲			▲		
11	手术室新风机中效过滤器及二次回风循环箱初效过滤器更换	▲	▲	▲	▲	▲	▲	▲	▲	▲	▲	▲	▲

续表

序号	定期维护工作内容及每月巡视内容	月											
		1	2	3	4	5	6	7	8	9	10	11	12
12	热交换疏水器、真空泵电磁阀清洗				▲				▲				
13	技术层地面保洁及层内照明灯具的巡查		▲			▲			▲			▲	
14	开展上门服务活动（病区设施如治疗车、输液架、陪客椅等维护修理）		▲							▲			
15	营养室饭车充电装置检查						▲						▲
16	安全用具绝缘电阻校验					▲				▲			
17	临时补液室中央空调机组维护保养					▲					▲		
18	分体式空调维护保养				▲	▲					▲	▲	
19	防台防汛物资的比对和清点，防汛泵的巡查及保养						▲						
20	科教楼会议室舞台的搭建和拆除	▲											
21	病房排风扇维护保养及楼顶排风机设施的巡查						▲					▲	
22	配合外修单位进行各楼宇生活水箱的清洗				★	★					★		

一般而言，设施设备预防性维保周期是根据相关标准和经验确定的，同类型设施设备的维保周期固定。但实际上，同类型的设施设备由于使用年限、使用频率和运行强度等不同，图 3.8 中拐点 P 达到的时间是不一样的，因此实际需要维保的周期也是不一样。但由于缺乏大数据和相关算法支持，无法准确计算拐点 P 达到的时间，因此，只能根据相关经验和标准确定建筑设备维保周期。这忽视了设施设备的实际运行状态、强度和工作时长，常常导致一些设备维保过度，另一些设备维保不足。基于模型可根据设施设备运维数据，准确计算拐点 P 到来的时间，优化设备维保周期，提高设备维护的效率和可靠性。本书 3.2.1 节将详细介绍设备维保计划智能优化方法。

3.1.2.2 事中维保任务执行管理

维保计划制定后，运维管理人员应将维保计划录入模型，并将计划中的各项维保任务与模型中相关设备进行关联。智慧运维系统可根据维保计划定期发起维保工单，并推送给相应维保班组，提醒其完成维保工作，如图 3.9 所示。维保班组通过智慧运维系统收到维保工单后，到现场进行设备维保，并使用智能手机等移动端现场录入维保过程照片，描述设备情况，完成维保工单，如图 3.10 所示。运维管理人员可以在系统中追踪、查看各个维保工作的完成情况，如图 3.11 所示，确保维保班组按合同完成相关任务。

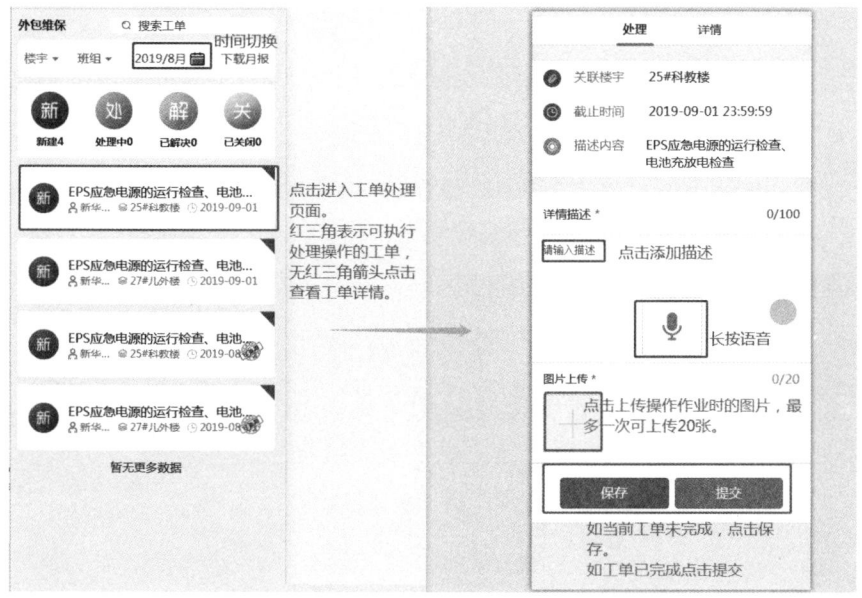

图 3.9　设施设备维保工作接收与处理

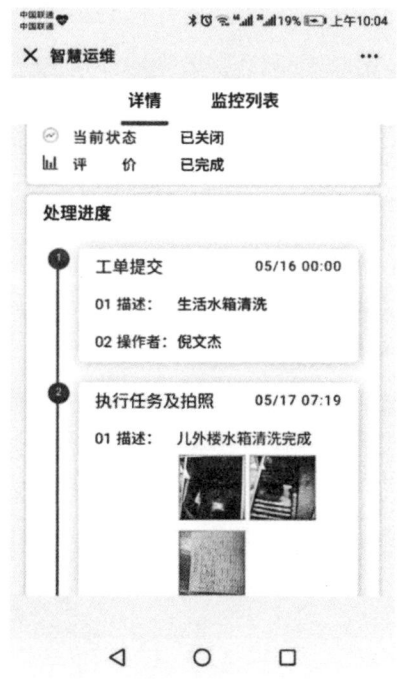

图 3.10　维保工作在线记录

图 3.11　维保工作追踪管理

3.1.2.3　事后维保质量评价

设施设备维保事后评价包括维保工作完成及时性和维保工作完成质量两个层次。对于及时性评价，可通过定期查询各班组上传的维保资料和信息进行评价。若存在快到期、未完成的维保工作，可以催促维保单位尽快完成。但对于维保质量的评价，由于缺乏相关数据支撑，目前评价的主观性较强，这导致是否续约、付款等相关决策仍缺乏科学依据。因此，需要研发基于模型的设施设备维保质量的量化评价方法，实现根据维保前后的设施设备报修数据、运行数据和能耗数据对维保质量进科学评价。本书 3.2.2 节将详细介绍相关内容。

3.1.3 故障智能识别与主动式维修

设施设备的故障识别、原因分析、维修处理和统计分析等是设施设备运维管理的基础工作。不同于被动维修模式的故障识别主要是靠人工报修，基于模型的智慧运维模式主要依靠模型预测和识别潜在的故障，实现主动式维修。进一步地，基于模型还可以辅助运维管理人员更准确地诊断故障原因，提升维修效率。

3.1.3.1 故障智能识别

医院目前常用的故障识别是安排专人接听使用人员的故障报修电话，掌握设备故障情况；也有医院采用手机扫描二维码等方式，支持使用人员直接在报修系统中录入报修信息，省去专人录入故障信息的过程。故障维修信息一般包括报修地址、故障描述、报修时间、工单类型、报修人、处理结果等重要信息。但人工报修是在设备故障以后识别出设备故障，故障已经对医院空间环境和就医体验造成不良影响，属于被动式运维模式。基于模型主动识别设备故障，可以防患于未然，能有效保障医院环境健康舒适，可以分为基于传感器的故障识别和基于模型的故障预测两种方法。

（1）基于传感器的故障识别

基于传感器的故障识别是通过在空调、电梯等建筑设备中安装传感器监测运行参数，并根据运行参数与阈值的对比分析，识别设备故障。如对空调机组的过滤网压差进行监测，当压差大于阈值时，智能识别出该设备发生过滤网堵塞故障，如图 3.12 所示。

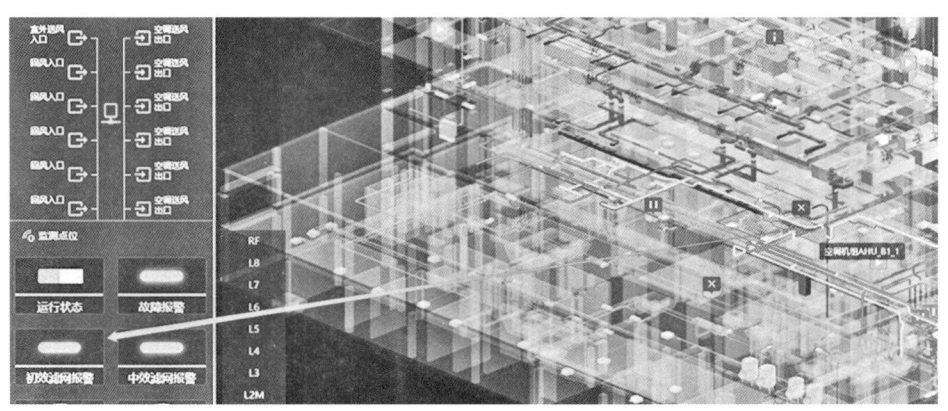

图 3.12 基于传感器监测的故障设备智能识别

（2）基于模型的设备故障预测

基于模型的设备故障预测方法是采用深度学习等算法对设备运行历史数据和报修数据进行计算分析，建立各类设备的运行参数与故障概率之间的数学模型。然后，根据监测的实时运行参数识别出故障概率高的设备，主动、提前进行维护维修工作，降低故障概率。本书 3.4 节将详细介绍相关内容。

3.1.3.2 故障诊断

识别到设备故障后，应使用模型分析设备故障原因和影响范围，确定故障紧急程度，指派合适的维修班组进行处理。

（1）故障设备定位：实际应用中，人工录入的故障信息准确性不够，难以准确在模型中定位，如设备故障描述只关联到楼层，未精确到病房。因此，需要运维人员根据故障描述识别出故障关联的房间、系统和设备等信息，但这会导致运维人员工作量较大。基于模型可以通过分析报修工单的结构化信息和非结构描述文本，智能识别故障设备所在的空间、系统，支持故障分配与原因诊断，如图 3.13 所示。本书第 3.3 节将详细介绍故障定位算法的相关内容。

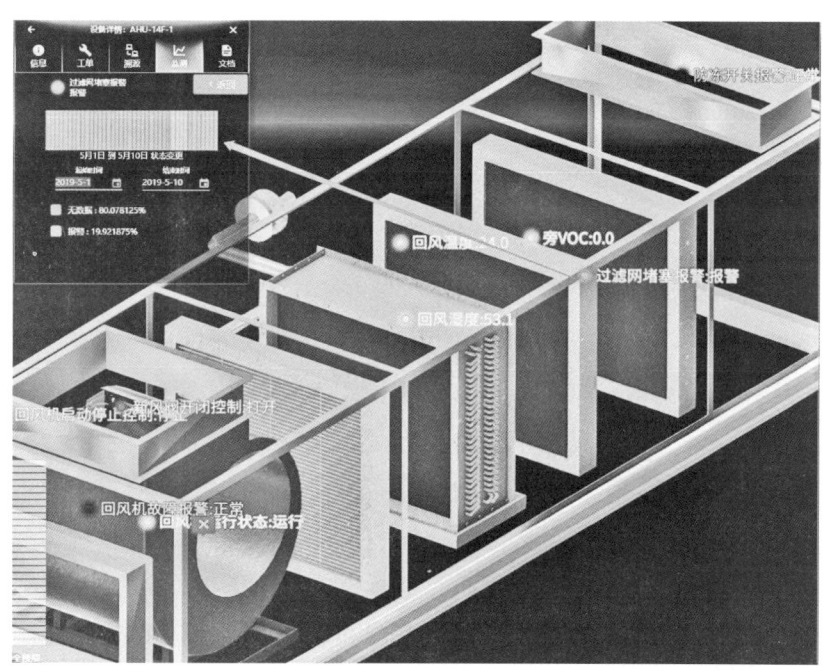

图 3.13　设备内部构造及故障配件定位与查看

（2）故障影响范围分析：基于模型可以查看故障设备下游服务的设备和空间，分析故障的影响范围，如图 3.14 所示，然后根据故障类型和服务范围确认故障紧急程度，如服务手术室的设备故障紧急程度应高于服务办公区的设备。

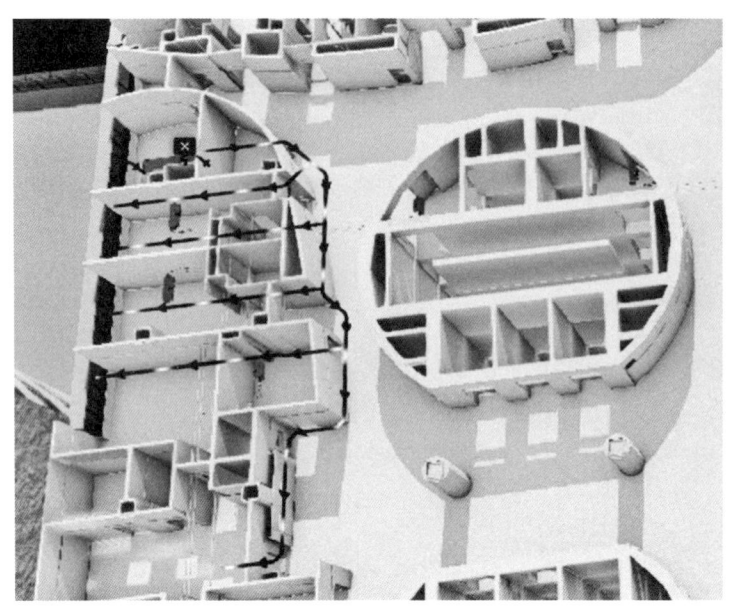

图 3.14 故障设备的影响范围分析（只影响左侧房间）

（3）故障原因分析：基于模型调阅故障设备的使用手册、维保手册、竣工图纸等资料，了解常见故障的症状、可能原因和应对措施，辅助制定维修策略；还可以基于模型查看故障设备的上游设备运行状态，分析是否是由上游设备导致的故障；基于模型还可以查看故障设备的现场视频监控，并根据现场实际情况分析设备故障原因。

3.1.3.3 故障处理

故障识别和诊断后，应根据故障设备所属的空间、系统和类型，分配相应的维修班组去处理。故障处理一般包括维修班组分配、备品备件领取和维修信息反馈等内容。

（1）维修班组分配

医院一般安排专人将故障报修工单分配给相关班组，工作量大。基于模型可以建立维修班组与空间、系统、设备类型之间的映射关系，实现报修工单的自动分配，从而减少后台人员工作，提高处理效率。该映射关系可以由运维人员根据经验确定，也可以通过对历史故障数据分析自动建立，再由运维人员审核确定。

（2）备品备件领取

维修班组收到报修工单后，应根据故障类型和可能原因，提前申请维修所需的备品备件，从而避免现场查勘后再申请备品备件，缩短备品备件申请时间。智慧运维系统采用备品备件在线管理方法，支持备品备件的在线申请、领取和归还，记录工单使用的备品备件信息，为备品备件采购和维修费用计算提供依据。

（3）维修信息反馈

维修班组对故障的设备进行维修时，可以利用手机等移动设备记录现场维修照片、设备故障原因、处理方法和时间等信息，完成现场维修信息反馈，如图3.15所示。维修班组反馈的维修信息对后续设备故障预测和分析具有较大价值。

3.1.3.4 维修质量评价

维修班组完成故障处理后，运维管理人员可以追踪维修处理情况、审核维修结果，并结合报修人员反馈对维修工作进行质量评价，完成闭环处理（图3.16）。除了管理人员或报修人员的主观评价外，也可以基于数据对维修工作进行客观评价。如通过分析维修工单的处理时长、响应速度评估维修工作效率，也可以通过事后分析同一区域、同一类型故障的出现频率对维修质量进行评价。本书3.3节将详细介绍相关内容。

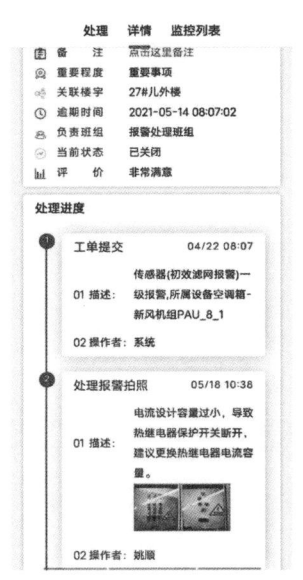

图3.15 现场维修信息反馈

图3.16 运维人员对维修工作进行质量评价

3.1.3.5 统计分析与决策支持

基于模型可以定期导出故障维修台账，包括各个工单的故障类别、故障位置、故障描述等信息，方便运维人员了解医院建筑故障的处理状况，追踪未及时处理的设备故障，如图3.17所示。基于模型还可以根据楼层区域、故障设备、故障时间、维修班组等进行多维度统计分析，如图3.18所示。

运维人员可以根据设备故障维修统计分析结果进行运维管理决策。如根据空间维度统计分析，识别问题多发的楼层，辅助大修改造决策；根据各个班组的人均工单完成数量，计算各维修班组的绩效；根据各个班组的故障处理及时性、好评率和超时率等，对维修班组进行质量评价，如图3.19所示，最终可导出各类维修报表，如图3.20所示。

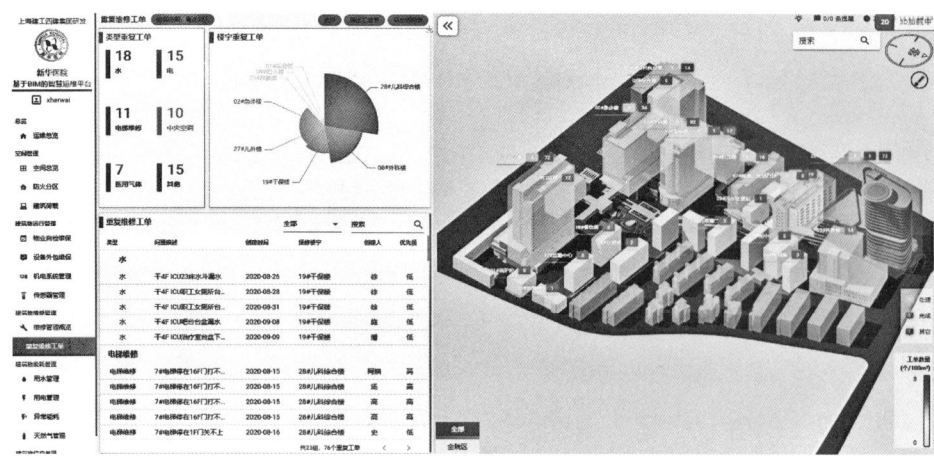

图 3.17 维修总览主页面

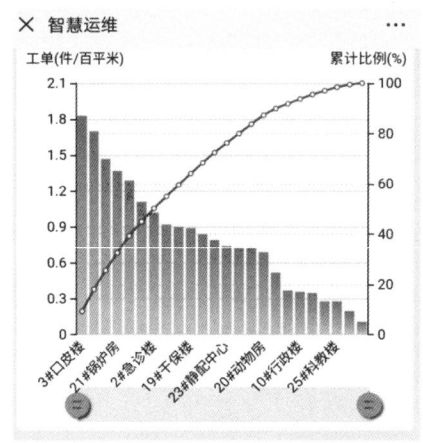 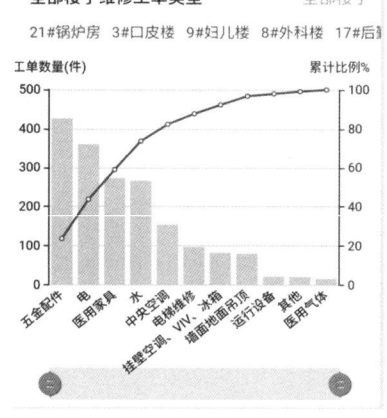

（a）各楼宇的故障数量对比分析　　　（b）各类型的故障数量对比分析

图 3.18 多维度故障维修分析

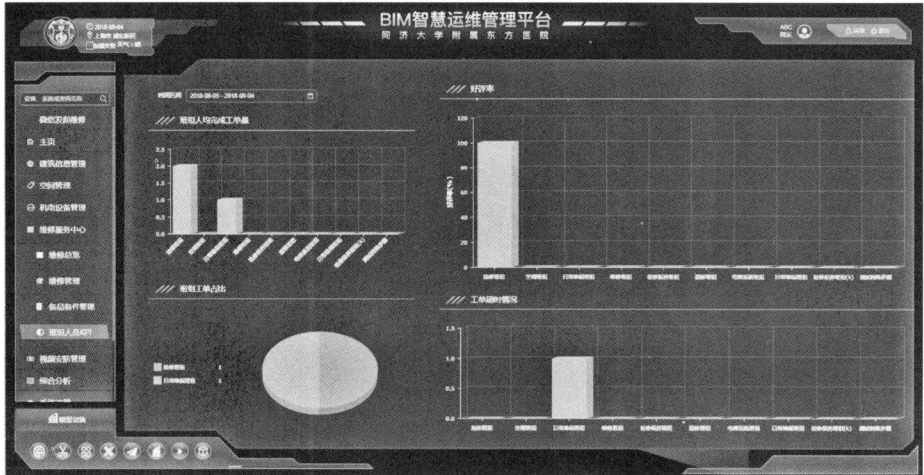

图 3.19 维修班组 KPI 分析

XXX医院物业报修统计 2019.1.1-2019.12.18

部门：XXX医院后勤服务中心								制表人：数字孪生运维平台		时间：2019年12月18日 8时40分			
本月报修分析													
总工单数（件）	20638	五金配件	5361件，26.0%	电	4490件，21.8%	水	3930件，19.0%	医用家具	2982件，14.4%	中央空调	1354件，6.6%		
		墙面地面吊顶	1021件，4.9%	挂壁空调、VRV、	703件，3.4%	医用气体	319件，1.5%	运行设备	292件，1.4%	其他	186件，0.9%		
回访数（件）	20638	不评价	12997件（63.0%）	非常满意/满意	7611件（99.6%）	不满意	30件（0.39%）						
本月报修工单统计													
建筑	建筑面积（m²）	总工单数（件）	上期工单数（件）	单位面积工单数（件/百平米）	相比上期变化	不满意工单数（件）	相比上期变化	重复工单数（件）	相比上期变化	评价参与度	态度满意率/质量满意率	总满意率	
1#综合楼	11807.21	914	1205	7.741	-24.1%	2	-71.4%	148	-11.9%	30.2%	- / -	99.3%	
2#急诊楼	26467.2	3051	3087	11.527	-1.2%	3	-62.5%	729	+16.3%	34.9%	- / -	99.7%	
3#口皮楼	2902	539	633	18.573	-14.8%	1	-50.0%	68	-30.6%	39.5%	- / -	99.5%	
5#医技楼	5987.4	558	728	9.320	-23.4%	1	-50.0%	182	-20.9%	39.8%	- / -	99.1%	
6#内科病房楼	11807.21	1424	1604	12.060	-11.2%	4	+100.0%	344	-2.3%	34.4%	- / -	99.2%	
8#外科楼	23650	4104	4195	17.353	-2.2%	5	+150.0%	1631	[illegible]	36.7%	- / -	99.5%	
9#妇儿楼	9013	1861	1981	20.648	-6.1%	1	-66.7%	604	-3.8%	34.7%	- / -	99.7%	
10#行政楼	3299	199	189	6.032	+6.3%	-	/	44	+33.3%	53.8%	- / -	100.0%	
12#高压氧仓	702.27	47	35	6.693	+34.3%	-	/	0	/	34.0%	- / -	100.0%	
15#男宿舍	1800	15	16	0.833	-6.3%	-	-100.0%	0	/	26.7%	- / -	100.0%	
			审核人签字：		日期：		负责人签字：		日期：				
填表说明： 1、本表由BIM运维平台自动生成，红色表示增长，绿色表示下降 2、本表应于每月5号前提交给后勤负责人													

图 3.20　自动生成的故障报修工单汇总表

3.2　维保计划智能优化与维保质量评价方法

医院建筑设备智慧化维保管理的关键是精准确定设备维保时间，以及科学评价维保工作的质量。把握好“事前计划”和“事后评价”这一头和一尾是提高维保工作质量的关键。

3.2.1　设备运行状态评估与维保计划优化

常规的设备维保计划中同类设备的维保周期相对固定，难以考虑具体设备的使用年限、使用频率和运行强度等因素，也难以根据设备运行状态调整维保周期。在构建数字孪生模型后，可以基于模型中运行大数据计算各个设备的故障率，评估运行状态，识别故障率急剧增加的时间点（即拐点 P），准确确定维保时间，提高设备维护的效率和可靠性。由于不同设备的状态评估需要考虑的因素差异较大，评估方法也有较大差异，本书以垂直电梯为例，介绍基于模型的设备维保计划优化方法。这主要是考虑电梯在实际运行过程中，受自身设备磨损老化、使用不当等因素影响，性能会逐渐下降，容易导致电梯故障；并且，电梯故障会造成医院建筑垂直交通不畅，对医疗服务影响大。具体包括以下步骤。

（1）运行数据提取

医院垂直电梯一般内置了大量传感器，采集电梯运行方向、当前楼层、运行速度、电源故障、异常报警、警铃信号、检修状态、电梯火警信号、电梯厅门闸锁、井道安全等各类数据。这些数据采集频率较高，一般为 5s 一次，并且，医院电梯一般使用专用的供电回路，使用数字电表采集了电梯的实时用电数据。因此，电梯状态评估时，可以基于模型提取电梯运行系统、报警系统、能耗监测以及维修历史记录等多源数据。

（2）设备性能评价体系建立

采用层次分析法（AHP），对电梯运行状态进行定量化评价，如图 3.21 所示。该体系的目标是电梯运行状态评分，中间层为电梯的分项评分指标，包括运行强度、安全指数、故障指数、管理指数、能耗指数 5 个项目；变量层包括电梯运行率、警铃信号、检修状态、故障状态、电梯回路用电量等数据。具体内容介绍如下。

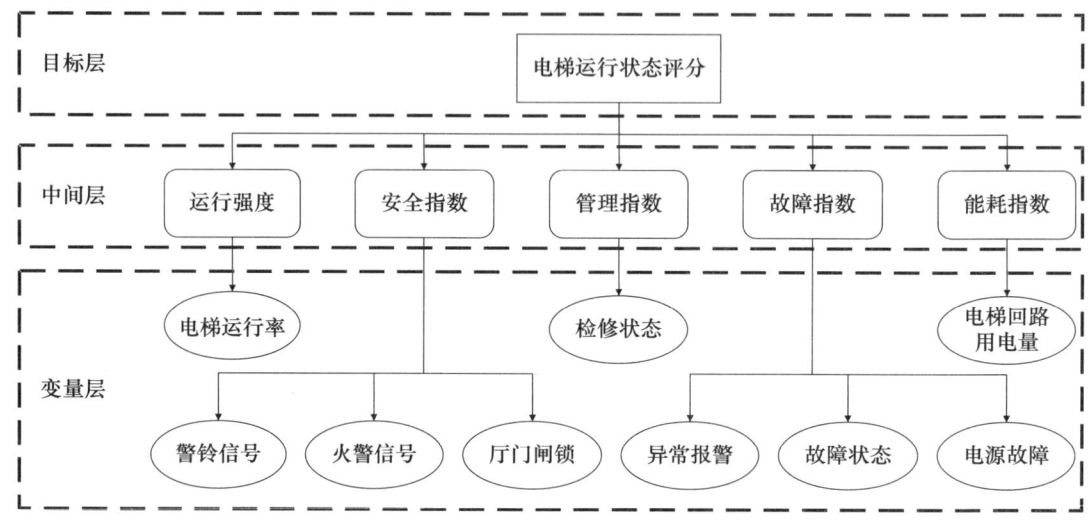

图 3.21　电梯运行状态评价层次划分

1）运行强度指标用于描述电梯的运行率。电梯运行时间越长，运行率越高，电梯运行强度指标评分越低。

2）安全指数用于描述电梯的运行状态情况。如果频繁发出警铃和闸门信号，则运行安全指数低。

3）故障指数用于描述电梯的故障状态情况。故障次数越多，则评分越低。

4）管理指数用于描述电梯的维保和维修管理水平。管理指数评分与维保次数成正比，与维修次数反比。

5）能耗指数用于描述电梯的能耗状态。根据电梯的供电回路能耗和电梯运行里程计算单位里程的电梯耗电量，单位里程耗电量越高，得分越低。

（3）电梯状态评估

基于模型每日对所有电梯进行数据驱动的电梯状态评估，并将结果发送至电梯管理人员，如图 3.22 所示。本书 8.4.3 节将详细介绍数据驱动的设备运行状态评估方法。

（4）维保时间确认与计划优化

运维管理人员基于模型定期对各个设备进行性能评价，然后根据性能评价结果、维保规范和合同，精准确认维保时间，调整设备维保计划。如对于设备评分小于 60 分的电梯，识别为故障率已达到拐点的设备，可缩短维保周期，提示电梯管理人员进行主动式维保，以避免发生故障，如图 3.23 所示。对于设备评分较高的设备，则可在标准允许范围内，延长维保周期，从而提高维保效率。

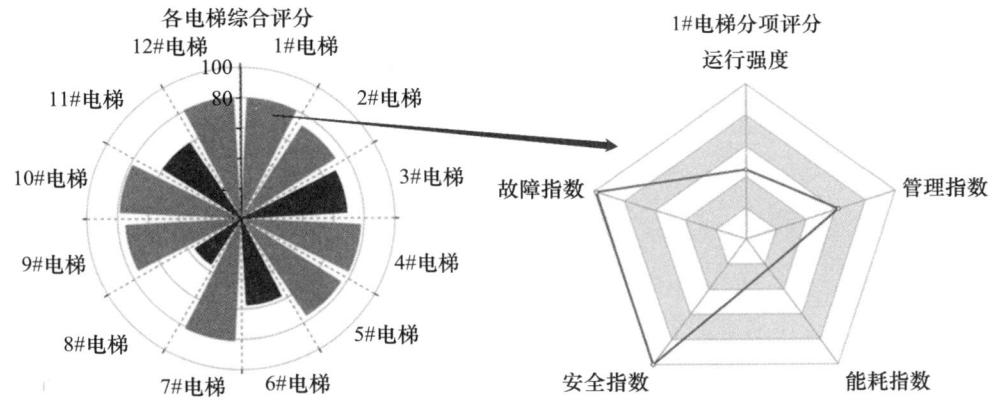

图 3.22　电梯运行状态评分

图 3.23　主动式维保提醒

3.2.2　维保工作质量量化评价

随着医院运维服务社会化，医院内大量设备的维保工作由外部的专业单位完成。因此，对外部专业单位的维保质量评价是医院运维管理人员的重要工作。但目前设备维保质量评价主要是根据合同和标准评价维保过程的各个步骤是否完成，无法直接定量地评价维保质量，例如是否润滑足够、是否清洗干净、是否紧固到位等。因此医院建筑设备维保工作评价的科学性、准确性仍有待提升。

维保质量量化评价方法是根据真实可信的运行、故障和用电等多维度数据，计算维保工作质量量化评价指标的方法。如基于故障报修数据计算维保质量评价指标，基于用电数据计算维保质量评价指标。该方法的最大难点在于把来源于不同系统的运行、维保、维修和用电等异构数据建立映射关系，形成多维大数据，而数字孪生模型恰恰提供了设备运维大数据。

基于故障数据的维保质量评价方法基本思路是，如果某一设备维保任务执行之后的故障报修或预警次数显著低于执行前，则该维保任务的质量较高，反之则该维保任务的质量较低。该方法通过智能识别某设备维保后一定时间 T（一般可以取维保周期的四分之一）内的故障维修数量和维保前一段时间 T 内的故障维修数量的比例，进行量化评分。如图 3.24 和图 3.25 所示，外科楼手术楼层的自动门维保后，半个月内出现的报修次数比维保前半个月还多，则有理由认为该自动门维保工作的质量较低。

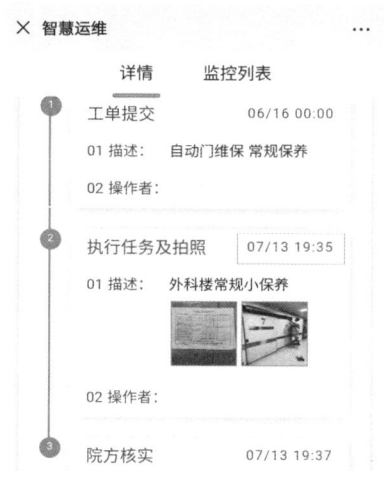

图 3.24　外科楼自动门维保任务执行情况

报修单号	报修建筑	报修内容	报修地点	报修人	维修人员	计划完成时间	发起时间
BX20190726065	5#医技楼	医6F 602自动门坏	医技楼6F	孙	ww03	2019-07-26 16:05	2019-07-26 15:08
BX20190718058	10#行政楼	行3F 自动门坏	行政楼3F	孙	ww03	2019-07-18 14:36	2019-07-18 13:38
BX20190716041	8#外科楼	外13F 后面内部电梯处自动门坏	外科楼13F	周	zb00	2019-07-16 13:25	2019-07-16 12:30
BX20190716034	8#外科楼	外13F 自动门坏	外科楼13F	宋	ww01	2019-07-16 11:42	2019-07-16 10:43

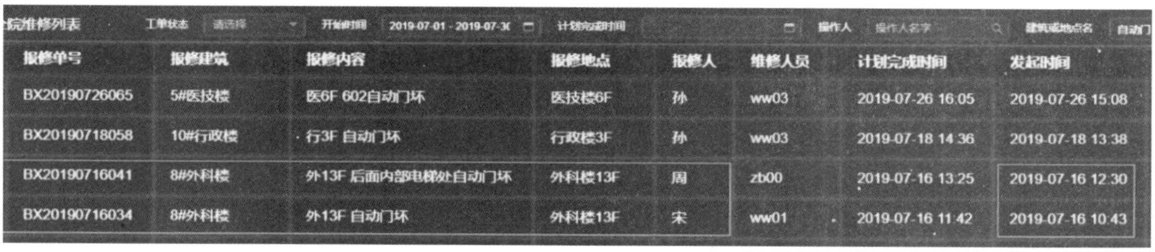

图 3.25　外科楼自动门故障维修情况

每年年底，运维管理人员可以根据各家维保单位一整年的维保工作质量评价，计算维保单位的年度评分，如图 3.26 所示。对于量化评价分数较低的单位，医院可以提高要求，加强监管，从而提高维保质量。本书 8.4.4 节将详细介绍基于故障维修数据的维保质量评价算法。

名称	计划量	完成量	完成率 ↑	公司评分
▇▇能源科技(上海)有限公司	4	0	未执行	
▇▇制冷(大连)有限公司	94	45	48%	
昆山▇▇空技术有限公司	58	34	59%	5
上海▇▇机电设备工程有限公司	30	22	74%	5
上▇▇机电工程有限公司	111	85	77%	5
上▇▇机电设备有限公司	91	75	83%	5
上▇▇安全科技有限公司	168	144	86%	5
上▇▇实业有限公司	427	380	89%	3.2
上海▇▇科技有限公司	52	47	91%	
上海▇▇冷暖设备有限公司	94	89	95%	

图 3.26 维保公司质量评分

对于独立供电的大型设备，如冷水机组、冷却塔、气体压缩机等，可以使用用电数据对设备维保质量进行评价。该方法首先基于模型建立设备维保任务与其相关的供电回路的关系，然后通过维保后一段时间相关用电回路的用电变化情况对维保质量进行量化评价。

3.3 故障维修数据分析与大修改造决策技术

设备设施故障维修服务是医院运维管理的基础工作。使用智慧运维系统一段时间后，医院会积累大量建筑维修数据。医院运维管理者需要定期对建筑故障进行统计分析，辅助大中修和改造决策。但由于缺乏有效的手段，目前医院管理者对报修工单的分析仅限于对维修时间、故障位置、故障类型等结构化数据进行统计分析，而无法使用故障描述、故障原因等非结构化的文本信息进行深入分析。实际上，维修故障描述应包括更准确的故障位置、故障设备以及问题类型等细节信息，这对运维管理决策十分重要。本书将重点介绍故障描述语义分析和反复故障报修智能识别方法，助力维修改造决策。

3.3.1 故障描述语义分词

故障报修的描述文本实际上是由现场人员直接填写的一段话，精确地描述了故障位置、故障系统或设备、故障表象等信息。但由于中文语言非常复杂，并不能直接转化为结构化、格式化数据，为了将故障报修描述信息结构化，首先需要对故障描述的中文自然语言进行智能分词。传统的自然语言处理算法很难考虑楼宇的系统名称、设备名称、房间名称等专业词汇，分词准确性不高。为了解决这个问题，在语义分词算法中引入重要的先验知识，标记故障描述中会用到的常用词汇，然后根据先验知识自动将句子分割为短小的、有意义的词语。算法具体步骤如下。

（1）提取故障描述语料库

选取一段时间内楼宇的所有故障报修的描述文本，形成了语料库 $R = \{$ 故障描述句子 $W_j \}$。

（2）原始常用词汇定义

数字孪生模型中包括建筑的楼层、房间名称等报修位置 p_{ij} 信息，建筑设备 e_{ij}、系统名称 s_{ij} 等报修对象信息，以及使用部门 u_{ij}，可为建筑故障语义分析提供常用词汇。一层、1F、地下室、空调、冰箱、墙面、洗衣机、吊顶、家具、设备等，这些常用词不可分割，可作为原始常用词，加入集合 K。

（3）引入基本分词规则

根据中文语法规律，定义基本的分词规则，包括以下内容：1）标点符号两侧都是分割断点；2）"的"和"了"字前后方位置是分割断点；3）纯数字串前方位置是分割断点；4）K 中常用词汇前后方位置是分隔断点等。

（4）开始分词

顺序分析所有句子的字符串。若某段字符串符合（3）中任意一条分词规则，就按相应规则在其前方、后方或两侧插入分割断点。句子分析结束，根据断点将句子分割为一组词语 $W_j = \{$ 短词 $w_{ji} \}$，如图3.27所示，此时 W_j 有短词汇，也有较长的短句。

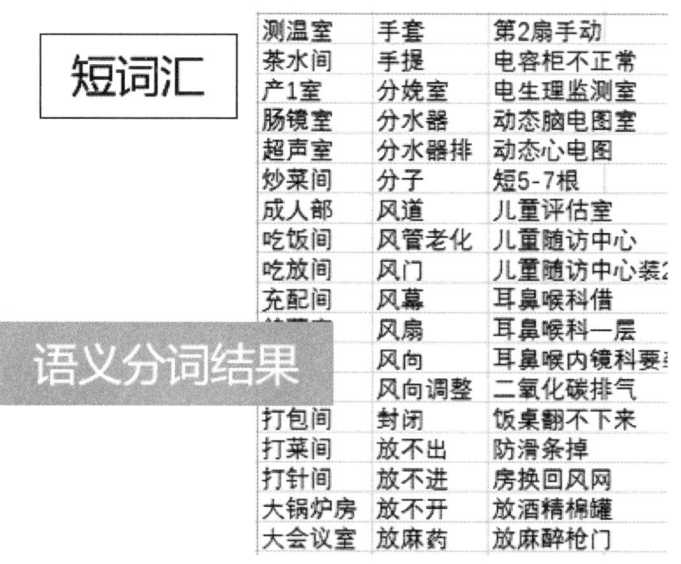

图3.27　中文分词关键字与结果

（5）寻找新的常用词

对于 R 中每个 W_j 的每个词语 w_{ji}，计算其词频 Freq（w_{ji}），即为 w_{ji} 在 R 中所有句子

中出现的总次数，若 Freq（w_{ji}）> $f_{\min}$，则认为 w_{ji} 为高频率词语，应作为一个常用词，加入 K。$f_{\min}$ 可根据 R 中句子的数量 N 选择，可取 $N/500$。

（6）循环分词

对 R 中词语循环执行（4）（5）两步，将 W_j 中长句子进一步拆分，获得越来越多常用词汇，直到前后两次循环分词，常用词不再增加为止，输出结果 $R = \{W_j = \{w_{ji}\}\}$。

（7）关联空间与设备

对 R 中各个工单 r_j 的分词结果 $\{w_{ji}\}$ 进行分析，若 $\{w_{ji}\}$ 中存在模型中报修位置 p_{ij}，则将工单 r_j 的位置信息标记为 p_{ij}；若 $\{w_{ji}\}$ 中存在模型中建筑设备 e_{ij} 或系统名称 s_{ij} 等报修对象信息，则将工单 r_j 故障对象信息标记为 e_{ij} 或 s_{ij}。由于这些关联的空间、设备信息一般比工单的结构化信息更准确，因此，经过工单描述分词后，可以提升故障工单信息的精度和维度，为故障分析和决策支持提供重要数据。

3.3.2 反复故障报修智能识别

有了对故障描述的分词后，可以采用数据挖掘算法，对历史维修数据进行深层分析。运维管理人员对反复故障报修问题十分关注，反复故障报修可能原因有两种：① 维修人员不负责，没有维修好，修了又坏；② 设备性能劣化，小修小补已无济于事，需要大修或更新。无论何种原因，反复故障十分影响医护人员对后勤管理的满意度。

反复故障智能识别的主要思路是根据故障的描述、报修时间和故障空间的相似性智能识别同一段时间、同一区域内反复出现的同一类问题。如图 3.28 所示，反复故障智能识别方法主要包括以下步骤：① 对建筑故障维修描述进行分词，提取故障类型、地点等信息；并对故障类型（故障的系统或设备）、报修时间和故障空间（报修地点）等属性设置相似度评估权值；② 采用基于 K-means 的密度检测算法，计算任意两个工单间的赋权欧式距离；③ 根据欧氏距离计算各工单所在区域的密度，并提取密度较高区域的工单作为候选反复故障工单组合；④ 采用基于密度的 DBSCAN 聚类算法，确定最终的反复故障集合。本书 8.4.1 节将详细介绍反复故障智能识别方法的细节。

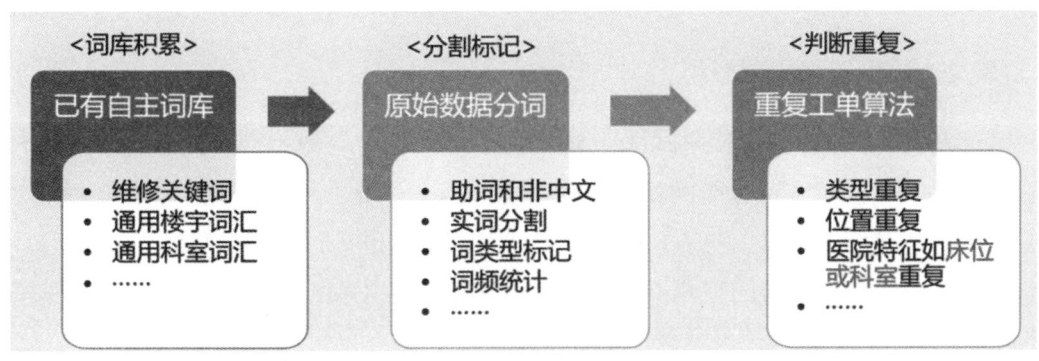

图 3.28　反复故障智能识别框架

以某医院为例,通过对 2020 年故障维修数据的分析发现,综合楼 1F 西更衣室的反复故障特别多,且报修类型聚焦在建筑装饰设施,如图 3.29 所示。运维管理人员主动识别为设施老化问题,建议大修改造。后来经过现场勘察和分析,将该更衣室列入 2021 年大修改造计划,从而通过主动式维护提升医护人员体验,降低故障维修工作量。应用表明,反复故障分析方法可精准地从大量数据中识别反复故障,有效支撑大修改造决策,价值显著。

5873	渗水	[逾期] 综1F 西药房女更衣室顶上漏水	2021-3-29	2021-3-29	01#综合楼
12056	台盆	[逾期] 综1F 西药房女更衣室水斗漏水	2020-12-17	2020-12-17	01#综合楼
10870	台盆	[逾期] 综1F 西药房女更衣室水斗下面漏水	2021-1-4	2021-1-4	01#综合楼
16862	qt	[逾期] 综1F 西药房女更衣室引流管漏水厉害	2020-9-27	2020-9-27	01#综合楼
4598	渗水	[逾期] 综1F 西药房女更衣室天花板漏水	2021-4-21	2021-4-21	01#综合楼
5116	渗水	[逾期] 综1F 西药房女更衣室墙面渗水	2021-4-12	2021-4-12	01#综合楼

图 3.29　反复故障分析与运维决策案例

3.3.3　故障数据多维度统计分析

在故障描述分词后,可以对故障数据按照故障类型、故障报修部门和故障报修位置等维度进行统计分析,服务维修决策。

3.3.3.1　故障类型细分

根据经验预设的故障分类往往是一个树状结构,用于报修时人工分类。为了权衡分类精度和选择工作量,故障分类往往不够精确。例如,医院统计用水故障维修时,可以人工分水管问题和卫生间马桶问题,但可能卫生间问题难以通过人工来区分漏水问题和拥堵问题。在语义分析基础上,根据故障描述的分类,可以将经常出现的故障类型添加到树状分类结构中,实现更灵活、更精细地分类选择,如通过语义分割可以将高频出现的"马桶漏水"和"马桶拥堵"等词设置为细分的故障类型。

3.3.3.2　故障报修位置分析

故障报修的结构化数据一般包括故障所在的楼宇信息,缺少所在的楼层或房间等准确的位置信息,因此统计分析的精度有限。通过语义分析,可以提取故障描述中的楼层和房间名称,甚至床位号,更方便管理人员进行多维度的统计分析。如图 3.30 所示,某故障的描述"行 3F 311 房间空调不制热"可以精准关联到"10# 行政楼"的"3F"的"311 房间",而结构化数据只是关联到"10# 行政楼"。

(原始)报修建筑	(原始)报修地址		(更正后)报修建筑	(更正后)报修地址	报修内容
19#干保楼	行政楼3F	-->	10#行政楼	行政楼3F	行3F 311房间空调不制热
6#内科病房楼	综合楼6F	-->	1#综合楼	综合楼6F	综6F 中药房旁边铁门锁不上
19#干保楼	外科楼18F	-->	8#外科楼	外科楼18F	外18F 3-4床冰箱不制冷
8#外科楼	急诊楼11F	-->	2#急诊楼	急诊楼11F	急11F 公共男厕所感应坏
2#急诊楼	临补室3F	-->	临补室	临补室3F	临补3F 护休室漏水（抢救室找范老师）
日间病房	临补室3F	-->	临补室	临补室3F	临补3F +17+18房间空调不制热
2#急诊楼	外科楼6F	-->	2#急诊楼	急诊楼6F	急6F 护士台顶灯不亮
27#儿外楼	儿外科5F	-->	27#儿外楼	儿外科5F	儿5F 奉41-40房间感应龙头漏水
1#综合楼	内科病房楼7F	-->	6#内科病房楼	内科病房楼7F	内7F 医生办715房间折箱子
2#外科楼	外科楼4F	-->	8#外科楼	外科楼4F	外4F 手术室第8房间太热
2#急诊楼	急诊顶楼	-->	2#急诊楼	急诊楼	急顶楼 水箱都没水需要补水
1#综合楼	急诊楼1F	-->	2#急诊楼	急诊楼1F	急1F 通往综合楼通道上门把手歪（6号台找张）

图 3.30 故障报修位置分析

3.3.3.3 报修部门分析

医院的科室部门实际上是一个复杂的树状结构，报修时手工录入部门颗粒度较粗，甚至缺失，但实际上，对报修部门的分析十分重要，可以精准识别哪些部门报修比较多，需要重点关注，从而提升后勤服务满意度。通过故障描述信息语义分析，可以根据模型中空间的使用部门名称，分割出故障描述中医院部门或科室名称，例如皮肤科、ICU、血透室、茶水间、洗衣房、值班室等。

以某医院一年的报修工单为例，分析表明，至少 60% 的工单都是来自办公室、治疗室、ICU、护休室、休息室、配餐室 6 个部门，如图 3.31 所示。该医院运维人员了解到这一情况后，通过主动调研办公室、治疗室等部门，了解大部分故障的原因和影响范围，并将反复修、经常修的房间列入大修改造计划，实现数据驱动的大修改造决策。

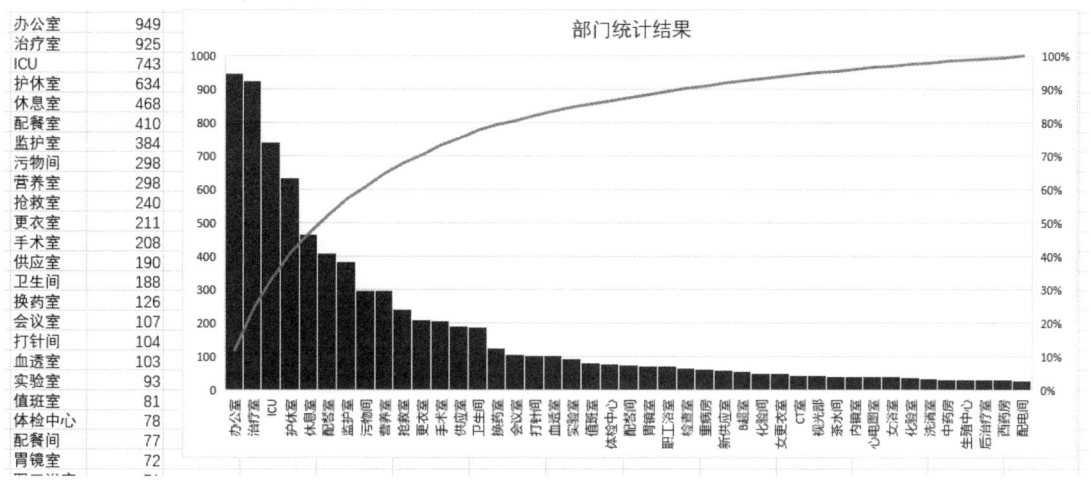

图 3.31 语义分词后的部门统计

3.4 建筑设备故障预测技术

3.4.1 设备故障预测基本原理

在有限的运维资源约束下,目前大部分设备维护维修采用的是"发现问题、处理问题"的被动模式,特别是量大面广的空调、照明等建筑设备。这难免导致建筑设备突发故障多,进而影响患者的就医体验。因此,基于模型的故障预测和主动维修是实现运维智慧化的关键。故障预测的基本原理是假设设备的故障演化是一个从正常使用、故障发展到故障出现和维修处理的过程,即假定故障是随着风险逐渐增加的一个结果,而非毫无征兆的脆性破坏。以空调箱设备为例,故障概率随时间的变化及与送风温度等设备运行状态的关系如图 3.32 所示,故障风险会通过各种运行状态数据体现出来。

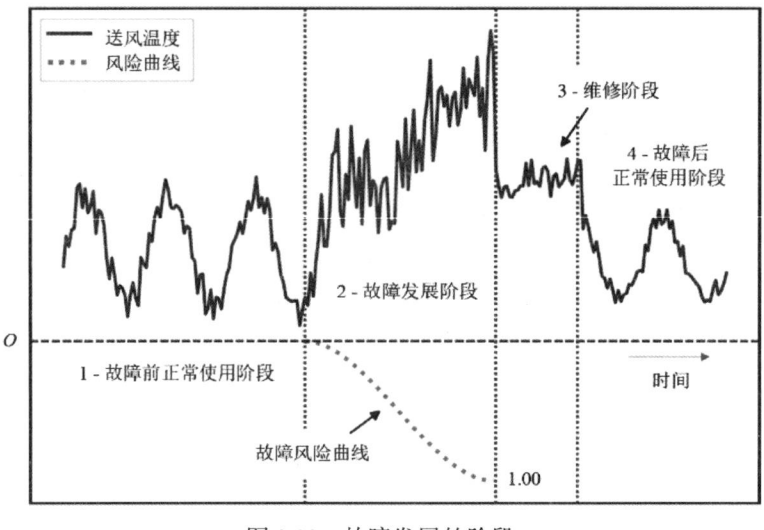

图 3.32 故障发展的阶段

3.4.2 设备故障预测算法

从监测数据到故障预测与诊断是一个典型的非线性的分类问题,可以采用人工智能模型(简称 AI 模型)进行计算。每个 AI 模型的输入是该类设备的运行监测数据,输出即为潜在故障的概率和类型。考虑到不同设备的运行监测数据和故障发生特征差异较大,需要为不同类型的设备训练不同的故障预测和诊断 AI 模型,本书以空调机组为例,介绍一种基于长短时神经元网络(LSTM)的设备故障预测与诊断模型。

运维中报修数据以文本描述为主,结构化程度低,报修数据与设备之间没有直接的映射关系,因此,故障预测算法研发的关键是结合模型中设备和空间关系,计算设备的历史故障时间点,从而自动形成设备故障训练数据集。该方法具体包括建立空调机组与服务空间关系、提取空调报修历史信息、建立报修与空间关系、计算空调服务空间报修时间点、提取报修时的空调运行数据、训练空调故障预测AI模型、根据运行状态进行故障预测和主动式维护管理等步骤（图3.33）。下文简单描述设备故障预测算法的主要步骤，本书8.4.2节将详细描述算法的细节。

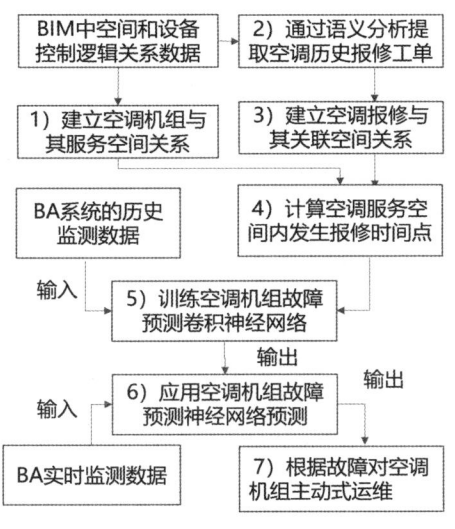

图3.33 空调机组故障预测算法

（1）建立设备与其服务的空间关系

由于故障报修数据与空间和设备类型关联，没有与具体设备关联，因此需要从模型中提取设备与服务空间的关系，用于间接建立故障报修与设备的关系。

（2）提取设备的历史报修工单信息

根据本书3.3节介绍的故障报修分析，可以根据与故障报修关联的系统和设备类型，提取所有空调机组相关的历史报修工单信息，过滤其他无关的工单，见表3.2。故障报修关联的系统信息一般是结构化信息，但关联的设备类型信息一般需要通过语义分析从非结构化的故障描述中获得。

（3）建立报修工单的空间信息

根据本书3.3节介绍的故障报修分析，可以进一步提取空调机组报修工单的空间信息，如1F的"大厅的空调不制冷"工单关联的空间是1F的大厅。报修工单的空间信息包括结构化的宏观空间信息（如楼层1F）和语义分析得出的房间信息（如大厅）。准确的空间信息对故障预测十分重要。

（4）计算空调服务空间的报修时间点信息

针对需要建立预测模型的设备，提取该类型的所有设备 $\{eq_i\}$。然后计算 $\{eq_i\}$ 集合中所有同类设备关联的报修工单，并提取报修时间，建立 $EQ = \{(设备\ eq_i, 报修时间\ tb_j, 维修完成时间\ tf_j)\}$ 数据集合。具体方法是根据设备与其服务的空间关系信息，以及报修工单关联的空间信息，匹配设备相关的工单。如空调机组 AHU-1F-01 服务于 1F 的走廊、大厅等办公区，则认为"1F 大厅的空调不制冷"报修工单（BX-01）是 AHU-1F-01 的故障报修，BX-01 报修工单的报修时间 2023-8-13 8：15 是空调机组 AHU-1F-01 的故障发生时间。

空调系统故障维修列表 表 3.2

报修建筑	报修地址	报修单号	报修时间	接单人员	报修大类	报修内容
2# 急诊楼	急诊楼 5F	BX20190211067	2019/2/11 11：04：14	陈玉婷	挂壁空调、VIV	ICU 空调不制冷
2# 急诊楼	急诊楼 4F	BX20190213017	2019/2/13 8：56：23	戚韵	挂壁空调、VIV	4楼31床空调不冷
2# 急诊楼	急诊楼 2F	BX20190213037	2019/2/13 12：34：35	戚韵	挂壁空调、VIV	2F 接待室空调不制冷
2# 急诊楼	急诊楼 6F	BX20190220055	2019/2/20 13：03：49	葛晶	挂壁空调、VIV	6楼602房间空调不热
2# 急诊楼	急诊楼 9F	BX20190221007	2019/2/21 8：11：58	陈玉婷	挂壁空调、VIV	康复办公室空调漏水
2# 急诊楼	急诊楼 5F	BX20190215022	2019/2/15 9：27：57	葛晶	挂壁空调、VIV	521房间空调有故障无法使用
2# 急诊楼	急诊楼 1F	BX20190215023	2019/2/15 9：28：36	葛晶	挂壁空调、VIV	118房间空调不制冷

（5）提取报修时的空调运行数据

遍历设备集合 EQ 中所有设备 eq_i，提取其报修时间 tb_j 及之前 12h 的设备运行数据，以及报修时间 tb_j 到维修完成时间 tf_j 内的运行数据，包括调机组的故障报警、送风温度、回风温度、冷热水阀开度、运行状态、初效滤网压差、系统启停等参数。数据采集频率一般为每分钟一次，保证运行状态数据的实时性。

（6）构建 AI 模型训练数据集

训练设备故障预测 AI 模型 m_i，最重要的是建立一个足够体量的训练集 DX。DX 是预测 AI 模型的"教材"，让最终的 AI 模型尽可能学到设备故障发生的可能原因。因此，我们需要根据历史数据告诉 AI 模型哪些监测数据是故障状态或大概率会发生故障的状态。为减少人工建立数据集的时间，针对 EQ 中各个设备 eq_i，将其报修前一段时间（如 12h）至故障消除时的设备运行监测数据及其故障概率加入训练集 DX。如空调箱 AHU-1F-01 在 2023-8-13 12：15 发生"不制冷"的故障报修，则将该设备故障发生时至故障消除时的监测数据＋故障类型（不制冷）＋故障概率 1.00 加入 DX，12：00 时监测数据＋故障类型（不制冷）＋故障概率 0.95 加入 DX，00：15 时的监测数据＋故障类型（不制冷）＋故障概率 0 加入 DX。

(7) 训练空调故障预测 AI 模型

使用训练集 DX 中的数据对故障预测模型 m_i 进行训练，采用随机反向传播算法，完成机器学习。模型训练使用交叉验证法，直到获得高准确度的 AI 模型 m_i。

(8) 根据运行状态进行故障预测

模型误差满足要求后，即可接入该类型设备的实时监测数据，计算该设备的故障概率。当故障概率超过阈值，可发出故障预警。可以根据设备的重要程度、故障影响范围等设置不同的阈值，如净化空调重要性强，故障概率阈值可设置为 0.8，一般空调机组重要性稍弱，故障概率阈值可设置为 0.9。

(9) 主动式维护管理

针对各类故障，结合各个设备的维修手册等专业资料[66]，建立设备设施预防性维护保养知识库。知识库包括设备类型、故障类型、故障现象、故障可能原因、常规维修处置方法等信息。当预测出设备故障后，可以根据运行监测信息识别出可能的故障类型，然后根据知识库建议常规维修处理方法，如图 3.34 所示。

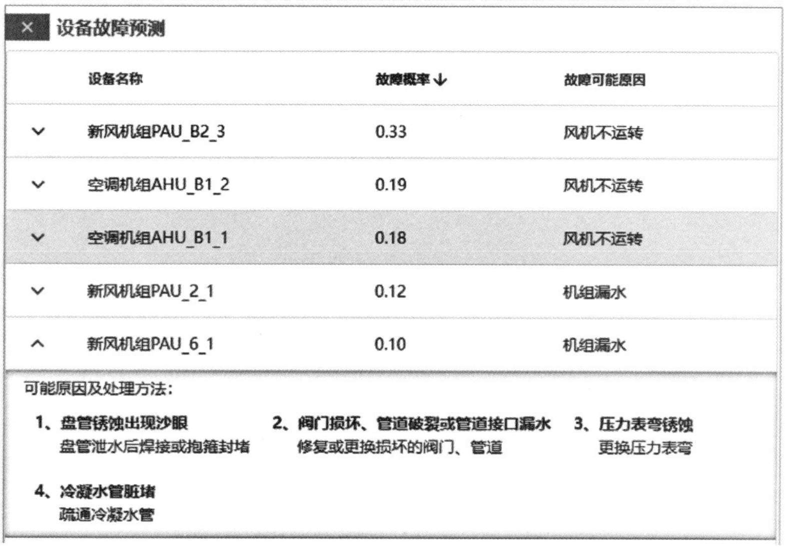

图 3.34 知识库诊断故障原因、提出建议

某三甲医院的空调箱故障预测应用中，构建的空调机组训练集数量为 1419 条，训练时间为 3h，最终预测网络的准确率能达到 90% 以上。如图 3.35 所示，对某 AHU 设备进行预测，发现其可能发生"不制冷"故障的风险概率约为 0.8，进一步，对该大楼的所有空调机组进行诊断，识别出某层存在若干"不制冷"故障中风险的空调机组（概率约为 0.7），由此，安排维修人员对识别为中、高风险的空调机组进行维护。维护人员现场检查后，发现上述空调机组存在不同程度的过滤网堵塞或出风口堵塞等问题。

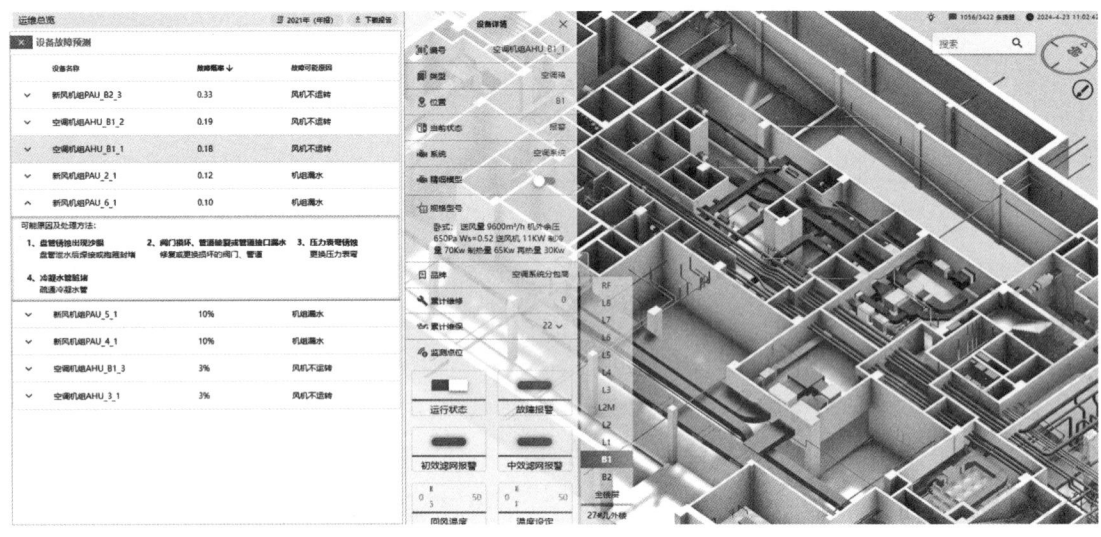

图 3.35　设备故障类型预测

3.5　移动式设备智慧运维技术

医院建筑设备运维的对象除了包括固定在建筑上的设备，还包括大量移动式设备。医院的移动式设备包括心电监护仪和除颤仪等医疗设备，挂号机、报告查询机等服务病人的电子设备，消毒净化器和转运床等后勤设备，以及打印机等办公用品。医院建筑内的移动式设备具有移动频繁、数量和种类多、价值高、管理部门分散等特点。传统基于纸质台账的管理模式，存在监管效率低、调配困难等问题，已难以满足医院管理需求。特别是移动式设备经常在不同房间和不同科室间移动和借用，这导致移动式设备难免会发生寻找困难、使用频率低，甚至遗失的问题。而对于资产管理部门来说，由于移动式设备位置不固定，定期盘点、维护和统筹调度等日常工作也十分麻烦，所以移动式设备管理一直是医院运维管理的一个难题。因此，如何对移动式设备进行定位和智能管理成为医院运维管理者的迫切需求。本书介绍了基于室内定位的移动式设备智能盘点以及智能调配等技术。

3.5.1　移动式设备定位与智能盘点

移动式设备定位与智能盘点具体包括室内定位数据转化、基于模型的设备定位以及智能盘点等内容。

（1）室内定位数据转化

为了基于模型查看设备位置信息，需要将蓝牙定位系统的数据从蓝牙定位坐标转换为模型中的物理坐标。一般通过公式（3-1）所示的线性变换方法，将蓝牙定位系统的定位坐标转换为 BIM 系统的坐标。

$$\begin{bmatrix} \Delta X \\ \Delta Y \end{bmatrix} = \begin{bmatrix} D_x \\ D_y \end{bmatrix} + (1+m) \times \begin{bmatrix} \cos\theta & \sin\theta \\ -\sin\theta & \cos\theta \end{bmatrix} \times \begin{bmatrix} x \\ y \end{bmatrix} \quad (3\text{-}1)$$

其中，$\begin{bmatrix} D_x \\ D_y \end{bmatrix}$ 为平移参数，θ 为旋转参数，m 为尺度因子。

但实际应用中，蓝牙定位系统采集的定位数据经常会发生漂移的情况，即设备实际未发生位移，但是定位系统采集的数据显示设备发生了挪动，其原因是蓝牙定位标签与设备上的 iBeacon 信标之间的信号会受到自身波峰波谷的影响和现场环境的干扰，最终出现 0.5m 左右的随机误差。为了在数据转化过程中降低原始数据漂移带来的干扰，引入了最小位移清洗的算法。即约定在一小段时间内，定位移动在阈值范围内，则认为没有移动，可采用原始位置，而不采用新的位置。如每 15s 获取一次坐标值，若该坐标值与上一次坐标值的距离小于 0.5m，则认为是蓝牙定位漂移现象，仍采用上一次的坐标值。

（2）基于模型的设备定位

在模型中可查询各个移动式设备所在的房间和具体位置，如图 3.36 所示，也可以查询某房间内所有移动式设备的清单，如图 3.37 所示。在手术区域、胸痛中心、卒中中心等急诊急救区域，基于模型的设备定位与查看，可以提高呼吸机、除颤仪、麻醉机等设备在手术准备等应急状态下的寻找效率，价值显著。

（3）智能盘点

医院运维管理人员需要定期对移动式设备进行资产盘点，确保设备没有遗失或损坏。基于模型和室内定位技术，可以实现一键在线盘点，减少各部门（科室）资产管理员的手工盘点工作量 90% 以上。在线盘点时，可以实时查看各个移动式设备的基本信息、所在房间、使用部门和出借状态等信息。

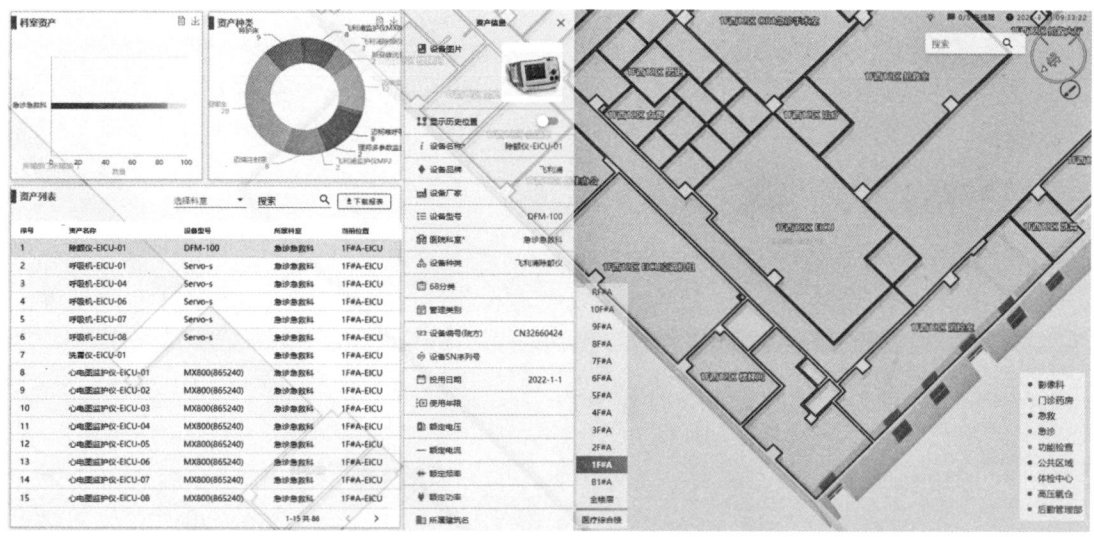

图 3.36　基于模型的设备台账信息与定位展示

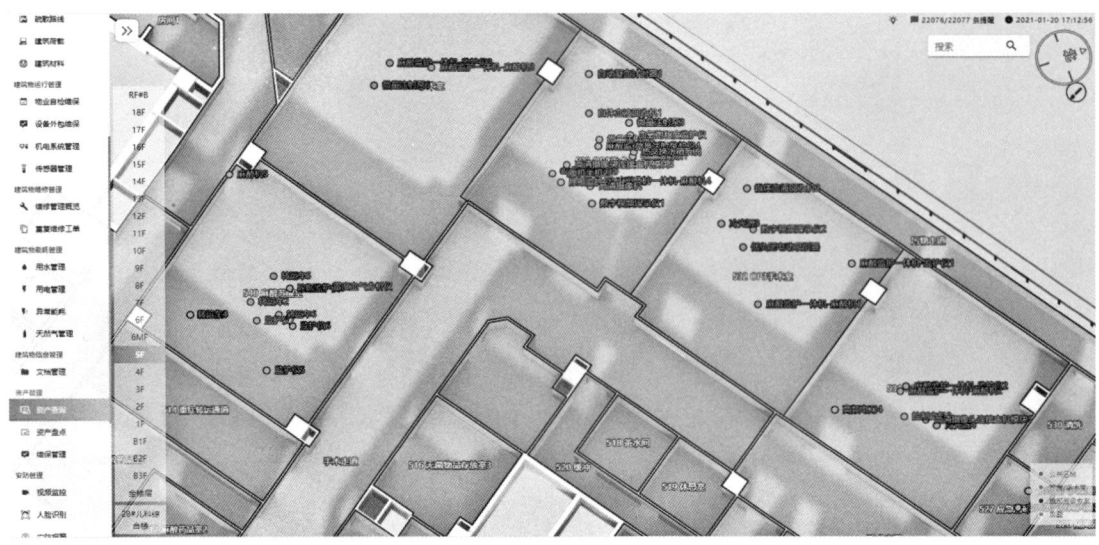

图 3.37　医院移动设备室内定位查询

运维人员可以使用定位信息进行移动式设备一键快速盘点，自动生成设备盘点数据，减少人工清点的繁琐工作，提高了盘点工作效率。系统也支持根据设备定位信息定期自动盘点设备，如图 3.38 所示，可以记录每天各个设备在线情况和所在的位置，方便运维人员追溯分析。对于盘点中发现的离线设备或设备当前所在科室与所属科室不一致的设备，资产管理部门可以重点关注。

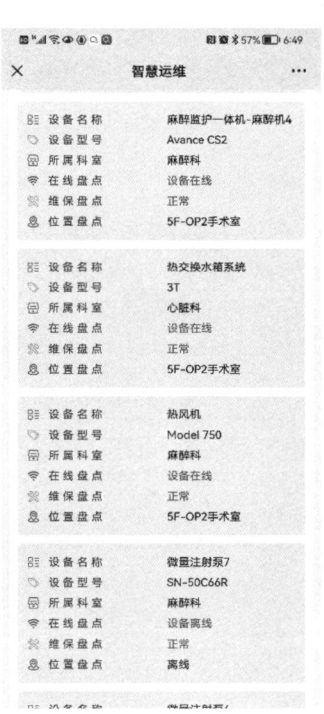

图 3.38　医院移动设备信息盘点

3.5.2 异常状态识别与智能调配

通过对医院移动式设备实时定位数据的分析和挖掘，识别其使用特征；然后根据预先设定的规则可以判断设备是否处于异常使用状态，包括遗失状态识别、长期外借识别、低效使用识别等情况。

（1）遗失状态识别

医院管理者可以为重要移动式设备设置安全活动区域，录入数字孪生模型，如图3.39所示。智慧运维系统根据设备定位数据动态分析移动式设备是否离开安全区，若发现离开了安全区，则识别为遗失状态，主动提醒管理者尽快寻找，以防设备丢失。

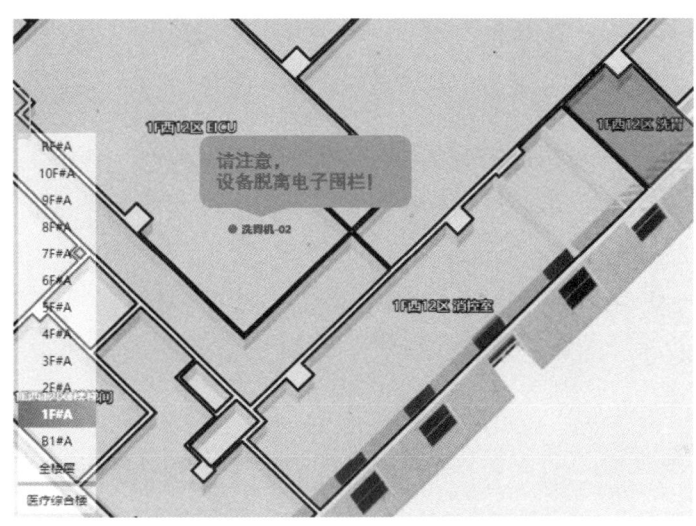

图3.39 移动式设备的遗失状态识别与告警

（2）长期外借识别

调研表明，医院可能会出现某个科室申请的移动式设备外借到其他科室，但其他科室长期借用、忘记归还的场景，这会降低移动式设备的使用率。运维管理人员可以通过移动设备的定位和盘点功能，根据设备长期所在空间的使用部门和设备的所属部门进行对比，智能识别设备是否长期外借。若存在长期外借的设备，可以主动提醒设备所属科室尽快找回设备。进一步地，资产管理部门也可以对长期外借设备调整使用部门，使得设备权属部门和使用部门一致。

（3）低效使用识别

将设备的定位信息按时间顺序连接起来，可在模型上生成设备的移动轨迹或历史点位云图，如图3.40所示。基于设备的移动轨迹和点位云图，可以分析移动式设备的移动次数和频率，判断是否满负荷使用。如分析转运床一段时间内转运病人的次数，若发现某科室的转运床一直不动，说明该设备使用频率比较低，可以认为该转运床使用异常，进一步地,资产管理部认为成本更低的固定床就可以满足该科室的使用需求,从而将该转运床分配给更需要转运床的科室,实现移动式设备的智能调配。

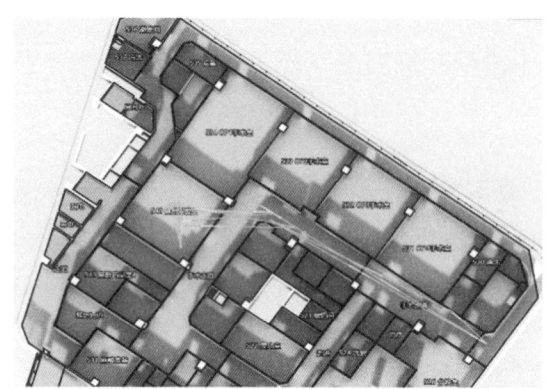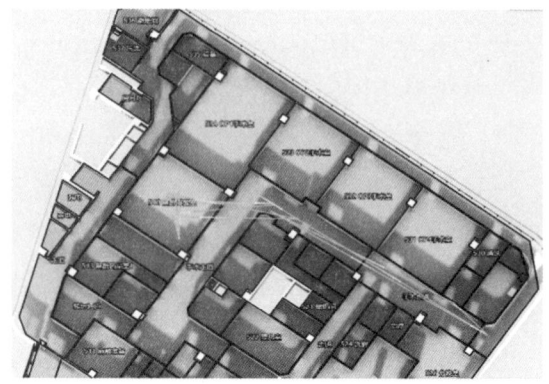

图 3.40　医院移动式设备运行轨迹

应用实践表明,基于室内定位的移动式设备智慧运维技术可以缩减移动式设备的查找和调配时间 80% 以上,特别是在急诊手术等区域,对应急状态下的移动式医疗设备的寻找,价值显著。该技术还可以准确识别长期外借、低效使用的移动式设备,实现数据驱动的移动式设备动态调配,提高使用效率。

第 4 章 医院建筑运行智慧节能技术

根据中国建筑节能协会 2021 年发布的《中国建筑能耗研究报告（2020）》[67]，我国建筑运维阶段的碳排放约占全国总碳排放的 21%，可见降低建筑运行能耗和碳排放对我国"碳达峰碳中和"战略落实十分重要。其中，电、燃气、汽油等能源消耗是建筑运行碳排放的主要组成部分。调研表明，医院建筑能耗是一般公共建筑能耗的 1.6~2 倍，因此在"双碳"背景下，节能减碳是医院建筑运维的重要工作。基于数字孪生模型的"以虚控实"和"以虚优实"等能力，在运行过程中可以从建筑耗能系统运行策略优化与控制、用能行为异常识别与精细化管理等方面进行主动式节能减碳。由于篇幅有限，本书主要介绍数字化运行节能技术，节能改造等其他运维节能技术本书不作介绍，读者可以查看相关专业书籍。

4.1 建筑耗能系统运行策略优化与智能运行控制技术

楼宇自控系统（BA 系统）是实现建筑能耗系统智能控制的基础设施，承担保障建筑节能和舒适的功能。但根据中国建筑科学研究院的调研报告《2021 建筑智能化应用现状调研白皮书》[33]，我国建筑智能化系统使用水平较低。约 50% 楼宇的运维人员对 BA 系统的控制参数理解不深，难以使用 BA 系统进行设备运行控制，加之 BA 系统存在质量验收不严，维护不到位等问题，能够长期稳定运行的 BA 系统比例不高。调研表明，我国竣工 5 年及以上的建筑中，只有 10% 的建筑中的 BA 系统能够稳定运行[33]。即便在 BA 系统能够稳定运行的建筑中，运维管理人员也通常针对医院不同区域采用单一、固化的运行策略，从而导致建筑节能和舒适性效果不佳。特别是医院的门诊、急诊、医技等区域，人员密度变化大，冷热负荷变化快，并且少儿、成人、老年人等病患的冷热体感差异大，单一、固化的运行策略存在较大的优化空间。因此，医院急需探索能够根据环境变化智能调节耗能系统参数，实现建筑节能性和舒适性综合最优的方法。

数字孪生模型融合了建筑人员密度、环境参数、机电系统运行参数和建筑能耗等数据，可以为建筑运行策略提供重要基础。本书将介绍一种基于强化学习的建筑耗能系统运行策略优化方法和基于简单规则的运行控制方法。

4.1.1 基于强化学习的舒适和节能综合优化方法

基于用户反馈和强化学习的耗能系统运行优化方法如图 4.1 所示。该方法的思路是根据医院建筑各个空间的不同用户需求,以及人员密度、环境参数等信息不断优化空调、照明等耗能系统的控制策略;然后通过联动 BA 系统,差异化设置各个空间的空调温度、风速、照明照度、窗帘开度等参数,实现舒适与节能的平衡。该方法可以采用二维码方式收集用户反馈,解决由于运维人员精力有限,运维过程中无法收集和考虑各个空间用户的动态反馈的问题。该方法可以采用强化学习 AI 模型根据用户反馈和环境参数动态调节耗能系统参数,解决静态运行策略带来的舒适性、节能性不佳的问题。

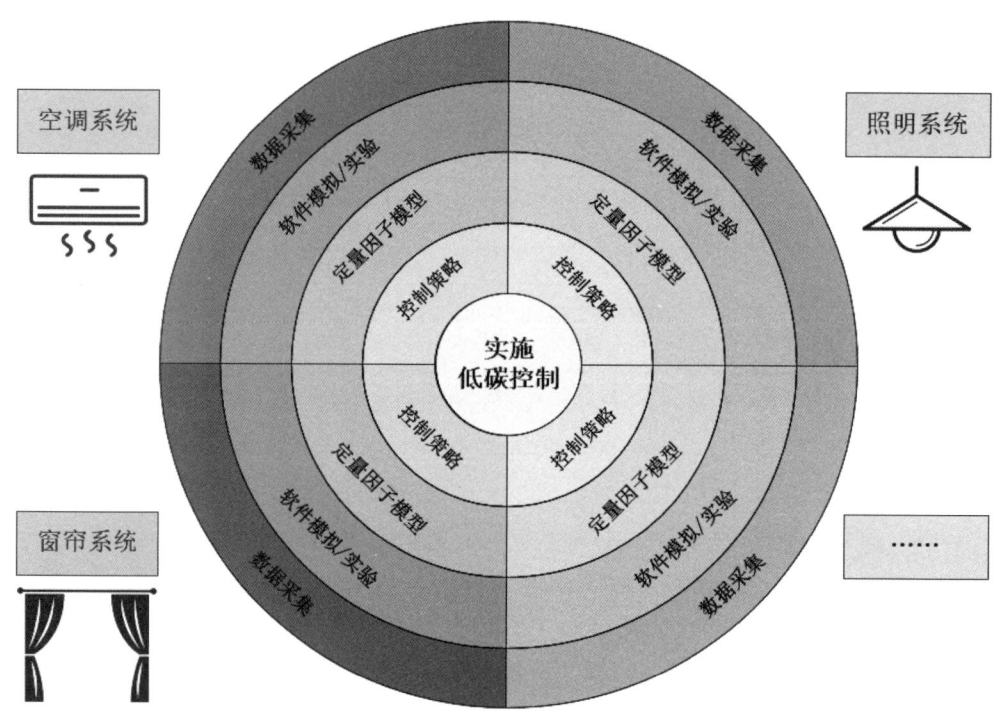

图 4.1 基于用户反馈和强化学习的耗能系统运行策略优化与控制方法

考虑到空调系统能耗占比较高,本书以空调系统为例,介绍基于强化学习的耗能系统运行策略优化方法。该方法的总体流程如图 4.2 所示,主要包括:① 根据空调设定参数和能耗监测数据,构建空调设定参数-能耗计算模型;② 根据空调设定参数和室内环境监测数据,构建空调设定参数-舒适性计算模型;③ 采用强化学习算法构建空调系统优化控制策略和智能控制体,不断优化空调设定,达到节能和舒适综合最优。本书 8.5.1 节将详细描述算法实现过程。

在智慧运维系统中,实现以上计算模型和控制算法,即可形成空调运行智能控制器,作为智慧节能模块主要功能。智能控制器的总体架构如图 4.3 所示。策略器计算的控制指令发送至数据服务器,服务器转换为 MQTT 指令转发给一台中转服务器,然后再发送给各个空调的控制 API。空调运行一段时间后,部署的传感器将最新的环境情况发回,由数据服务器转发给策略器,再计算下一时刻的最优设定,形成自动反馈、智能控制的闭环。

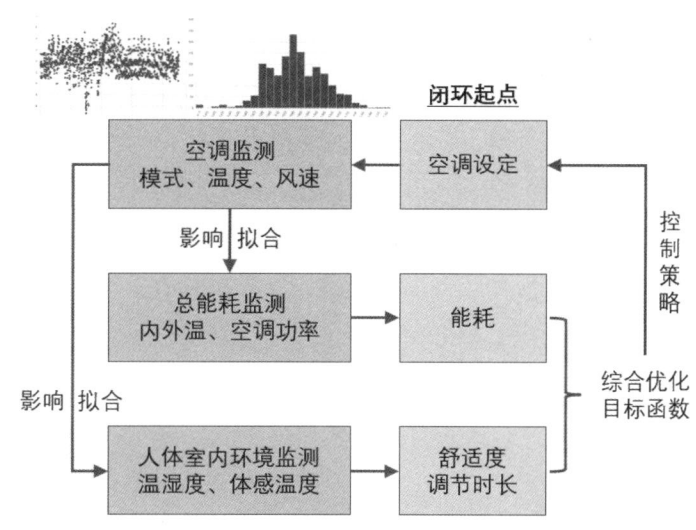

图 4.2 空调系统低碳智能控制的逻辑流程

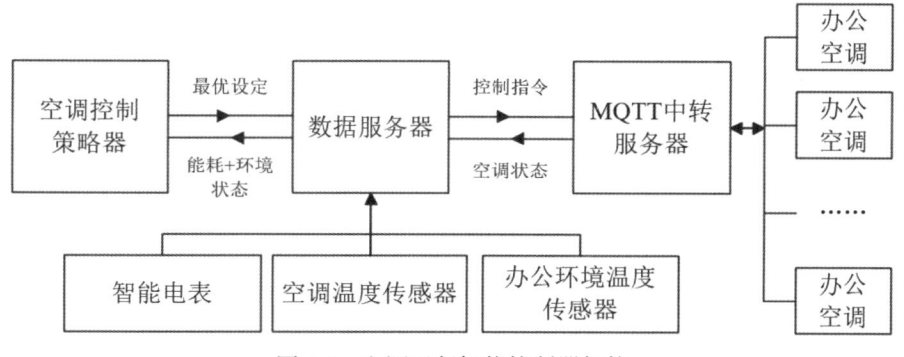

图 4.3 空调运行智能控制器架构

4.1.2 基于规则的建筑耗能系统运行控制方法

除了采用强化学习等复杂的人工智能方法进行耗能系统运行策略优化,也可以结合工程经验,总结出简单的运行控制规则,进行节能运行控制。常见的运行控制规则包括日程安排规则、环境舒适性规则、用户需求规则等。基于规则的运行控制方法只需要在模型上设置各个空间、各个系统的运行控制规则,无需多维度监测数据的集成与接入,应用便捷,并且模型提供的直观界面提高了规则配置的便捷性和效率,减少了人为错误,应用推广方便。

4.1.2.1 基于日程安排的系统运行控制方法

基于日程安排的系统运行控制方法主要是根据各个空间的主要用户的时间安排设置系统运行的启停时间，保障用户在建筑内时的舒适性，同时减少用户不在建筑内时耗能系统的无效运行时间。特别是医院门诊、医技、住院、办公和后勤等区域在工作日与休息日、白天和黑夜的日常安排有较大差异，可以通过设置详细的日常安排，优化空调和照明系统的启停时间，达到节能目的。但由于医院建筑面积较大，空间功能复杂，运维人员手动设置工作量较大，基于模型的可视化界面可以针对同类型空间设置相同的日程安排，减少设置工作量。如所有门诊区域开诊前 30min 自动打开空调、新风和照明等系统，为就诊者提供舒适的环境，并在每天就诊结束后 15min 内关闭空调、新风等系统和部分照明，达到节能效果。所有办公区在上班前 15min 自动打开空调等系统，为医护人员提供舒适的环境；午休时自动关闭照明系统，提供舒适的休息环境；在下班后 15min 内自动关闭空调和部分照明等系统，如图 4.4 所示。

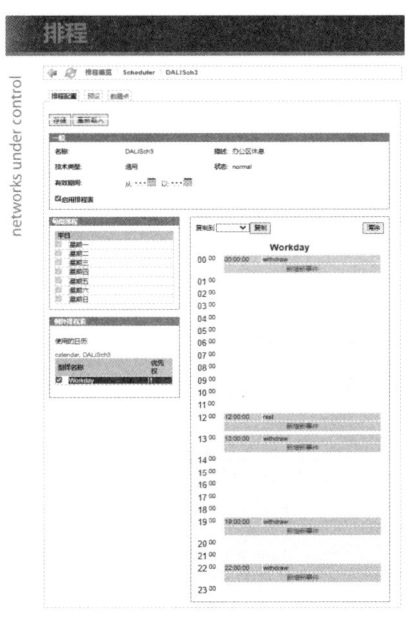

（a）工作日节假日模式调整　　　　　（b）基于日常安排的定时控制策略

图 4.4　基于日程安排的耗能系统运行控制

4.1.2.2 基于人员感应的系统运行控制方法

医院建筑的会议室、诊室等公共空间，时常发生没有人但空调、照明开着的情况，造成能源浪费。为解决该问题，可以针对不同类型空间建立基于人员感应的控制规则，如会议室持续无人状态 15min 关闭空调和照明，诊室持续无人 30min 关闭空调和照明等。

然后，基于模型中人员感知监测数据，实时分析各个空间是否存在人员活动情况。最后，根据人员活动情况和控制规则自动控制照明和空调的启停，达到节能效果。基于模型可以针对同类型空间设置相同的规则，减少设置工作量，并在可视化界面中查看各个空间的控制规则，避免规则设置错误。该方法只需要安装人员感应传感器即可实现节能管控，性价比较高，适用于工作时间内可能长时间没人的诊室、会议室、实验室等场所。

4.1.2.3 基于环境监测的系统运行控制方法

基于环境监测的系统运行控制方法可以使用模型快速配置环境监测数据对应的设备运行参数设置规则，简单便捷、实用性强，并且只需要温湿度或 $PM_{2.5}$ 等环境监测数据，数据接入工作量小，应用推广方便。

针对照明系统，可以根据环境照度监测数据自动调节灯光的照度，达到规范规定的室内工作场所照明标准值，满足室内照明需求。根据《建筑照明设计标准》GB/T 50034—2024[68]，不同房间（场所）的照度需求不尽相同，基于模型可以根据空间类型快速设置环境需求。然后基于数字孪生模型可以结合各空间的照度标准值和照度监测值，计算各个空间照明系统的照度需求。最后联动照明系统调节各个 LED 灯的开关状态和照度，达到舒适和节能综合最优的效果。如针对门急诊大厅、走廊、诊室等区域，在晴天自然光充足的时候，室内依靠自然光即可达到照明标准，此时可以将 LED 灯的照度调节到最低；在阴天或窗帘关闭等自然光不充足的情况下，自动开启照明系统，保障室内照明需求。

针对空调系统，基于模型可以设置各类空间基于环境监测的运行规则。如门急诊等人员密集区域，室外温度超过35℃时，空调温度设置为24℃，风速设置为最高档；室外温度在26~35℃之间时，空调温度设置为26℃，风速设置为中档。而对于办公室、诊室等人员稀疏空间，夏天空调温度设置为26℃，风速可以设置为最低档。

针对新风系统，可以根据环境舒适性监测数据，设置新风机组启停规则。如工作时间内，若监测到某个空间 $PM_{2.5}$、PM_{10}、CO_2 等环境舒适性参数超标，则基于模型定位服务于该空间的新风机组，开启新风机，保障空间舒适性。

4.2 医院建筑用能行为异常识别

除了对耗能系统进行控制外，对人员的不合理用能行为（即异常行为）的管控也是节能管理的重点工作之一。在异常行为识别前，首先要对建筑能耗数据进行监测和分析，再采用数据挖掘和经验规则等方法从能耗数据中识别出异常行为。其中，基于数据挖掘的异常识别方法采用无监督算法挖掘能耗的"正常行为规则"，再结合实时监测数据识别能耗异常行为，适应性强、适用范围广，但准确性受数据质量影响大；基于经验规则的异常识别方法则是采用预先设置的规则进行异常识别，适用范围小，但针对性强、准确性较高。

4.2.1 建筑能耗监测与碳排放计算

根据住房和城乡建设部的《关于印发国家机关办公建筑和大型公共建筑能耗监测系统建设相关技术导则的通知》，大型公立医院都必须安装能耗监测系统。医院建筑能耗计量一般包括电、天然气、市政热水等方面，并以用电为主要能耗。大型医院建筑包含数百条用电回路，每个回路用电数据采集频率一般为每分钟一次，数据量大。而天然气、市政热水等用量数据一般来自能源供应公司的智能计量表，往往只有一个总量，数据较少。因此，本书主要介绍用电数据的监测和分析。

4.2.1.1 用电监测与分析

医院用电监测数据可以分为照明与插座用电、空调用电、动力用电和特殊用电等分项监测数据。其中照明与插座用电包括照明用电、插座用电、应急照明用电等；空调用电可以细分为中央冷热站用电和空调末端用电等；动力用电包括电梯、非空调区域通风、生活热水泵、排污泵等设备用电；医院的特殊用电包括医疗设备用电等。基于模型可在可视化界面中实时查询各个回路各个时间段的能耗情况，并查看各个用能回路的上游配电箱位置以及服务的房间和系统，如图4.5所示。进一步地，可以统计分析各个分项、各个空间、各系统、各回路的能耗变化情况，如图4.6所示。

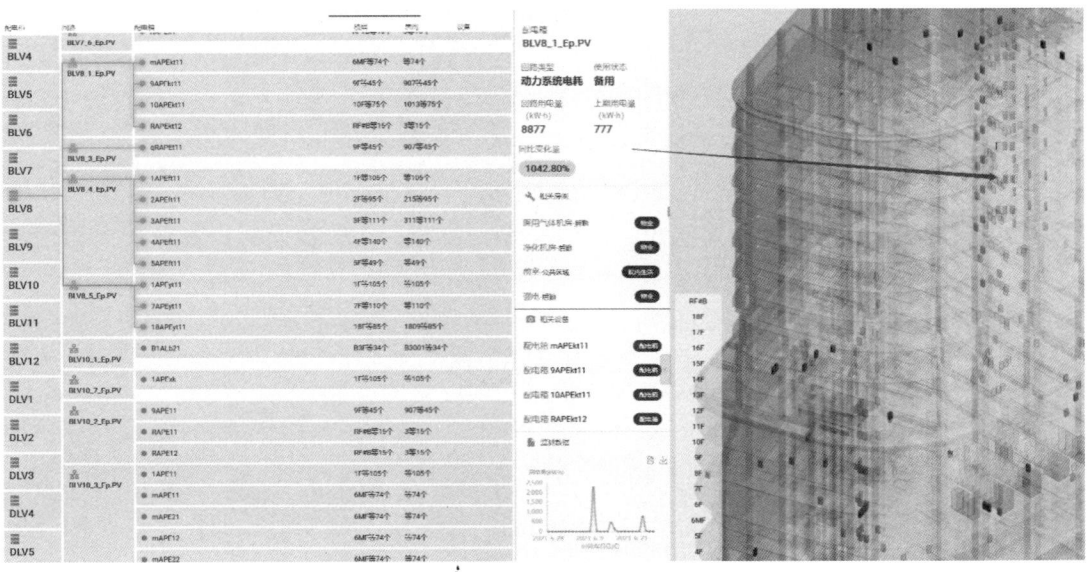

图 4.5 基于模型查询各个回路服务范围

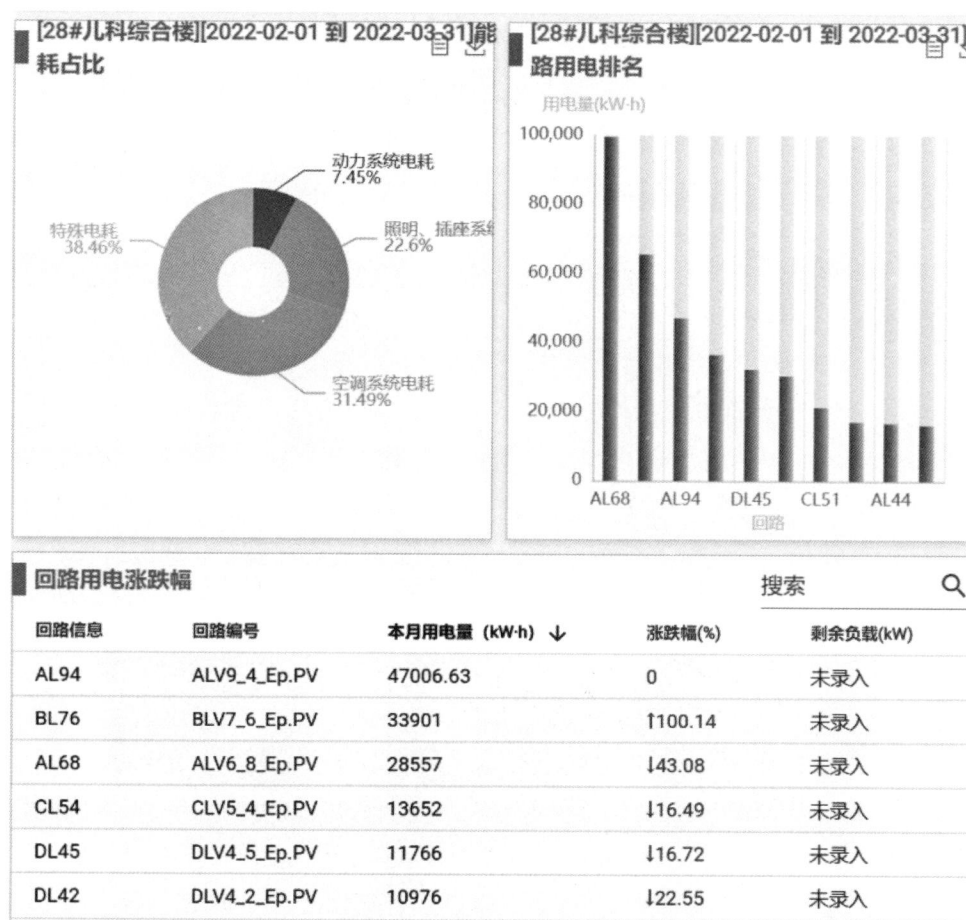

图 4.6　各个分项和各个回路的用电统计分析

4.2.1.2　建筑运行碳排放动态计算

根据现行国家标准《建筑碳排放计算标准》GB/T 51366，建筑运行碳排放以各种能源消耗对应的碳排放为主，并减去使用的新能源和绿植碳汇数量，因此，可以在用能数据监测基础上计算建筑运维阶段的碳排放，为建筑运行节能提供数据支撑。碳排放量是对各个系统使用的各种能耗的碳排放的汇总，计算公式如下。

$$C_\mathrm{d} = \sum_i^n (E_i EF_i) \tag{4-1}$$

$$E_i = \sum_{j=1}^n (E_{i,j}) \tag{4-2}$$

式中：C_d——医院运行阶段每日建筑碳排放量（$kgCO_2/d$）；

E_i——医院第 i 类能源日消耗量（单位 /d）；

EF_i——第 i 类能源的碳排放因子，按表 4.1 取用；

$E_{i,j}$——j 类系统的第 i 类能源日消耗量（单位 /d）；

i——建筑消耗终端能源类型，主要包括电力、天然气、市政热水和汽油；

j——建筑用能系统，包括供暖空调、照明、生活热水系统和电梯等。

单位能耗的碳排放因子　　　　　　　　　　　表 4.1

燃料类型	CO_2 排放因子
天然气	55.44 TCO_2/TJ
电力（华东）	7.88 $kgCO_2$/(kW·h)
光伏发电	0.35 $kgCO_2$/(kW·h)

基于数字孪生模型可以根据回路分项、系统、空间等多个维度进行自动分级汇总，计算一定时期内的碳排放量，并以气泡图和双向柱状图等可视化方式进行展示；还可以查询每个回路的碳排放详情，如碳当量绝对数值、碳排放占比信息、同比和环比增长情况等，如图 4.7 所示，这些数据分析可为后续的节能减碳控制提供数据依据。

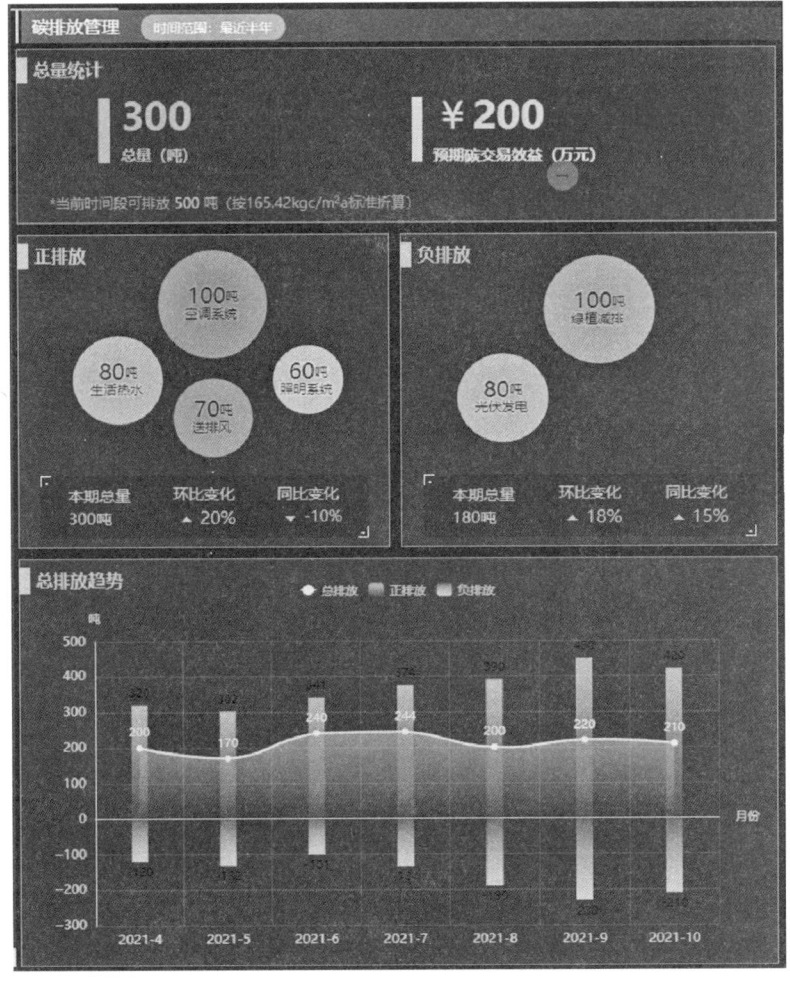

图 4.7　各回路的碳排放计算

4.2.2 基于数据挖掘的用电行为异常识别

用电行为异常识别既可以通过挖掘各个回路的用电数据的特征直接识别能耗异常情况，也可以通过挖掘各个耗能设备的运行数据的特征间接识别能耗异常，本书分别举例介绍。

4.2.2.1 基于能耗数据挖掘的用电行为识别

基于能耗数据挖掘的用电行为识别总体思路包括相关数据提取、数据预处理、正常用电行为特征挖掘、异常用电行为识别和主动式节能监管等步骤。具体介绍如下。

（1）相关数据提取

用于异常用电分析的数据包括供电系统逻辑参数、用电量监测参数、建筑故障维修参数、环境参数等，均可从数字孪生模型中提取，具体说明如下。

1）建筑供电系统逻辑参数：包括每个能耗回路供电的区域和设备集合 $R = \{$回路 e_i、楼层 ID、房间 ID、设备 ID$\}$。

2）用电量监测参数：包括各个回路的用电量监测数据集合 $S = \{e_i, s_i, t\}$。

3）建筑故障维修参数：包括故障时间 T、故障主体 D、故障类型 K 和故障描述 $P = \{p_i\}$；机电系统发生故障会对能耗产生波动，是能耗异常分析的影响因素。

4）环境参数：与用电有关的环境参数集合 $E = \{$时间 t，温度 w，湿度 s，人员密度 $d\}$。

（2）数据预处理

由于现实世界中的数字电表可能出现传输错误、断电等故障，使得用电监测数据出现不正确、不完整、不一致等数据质量问题。因此，能耗异常分析之前，需通过数据预处理提高数据质量。具体而言，用电监测数据典型问题如下：

1）空值，例如由于断电、通信断开导致某些时刻用电量为空。

2）异常值，例如由于数据传输错误导致用电量随时间增加而减小。

3）跳跃值，例如由于数据传输错误导致用电数据在某日 12:00 从 200 变为 2001，随后又恢复至 202。

针对以上典型的数据异常情况，在真正的异常用电识别之前，需要对数据进行预处理，提高异常识别的准确性。对于一小段时间（t_2-t_2）的问题数据的处理方法是，根据前一个正常的监测值和后一个正常的监测值的差值计算（t_2-t_2）范围内的值。本书 8.5.2 节将详细介绍各类问题数据的处理方法。

（3）正常用电行为的特征挖掘

首先从模型中提取长期平均功率大于 0.5kW 的有效回路，进行用电聚类分析，其他回路认为是备用回路，不做处理。接着，提取各个有效回路的一年以上用电监测数据。

然后，以天为单位，采用 K-means 算法对所有回路的一天用电特征进行聚类分析。假设聚类出了 8 种平均正则化曲线，如图 4.8 所示，假定为各个用电回路的 8 种"正常行为"。可以看到每类的用能行为有较大差异。超过半数回路属于类型 1，工作时间内耗能数据大致相等，主要是医院照明、空调、插座等用电回路。类型 2，上午工作时间能耗高，下午能耗降低，非工作日能耗较少，主要是挂号机、报告打印机等移动式设备插座用电。类型 4，全天用电基本不变，对应的是应急照明等用电回路。

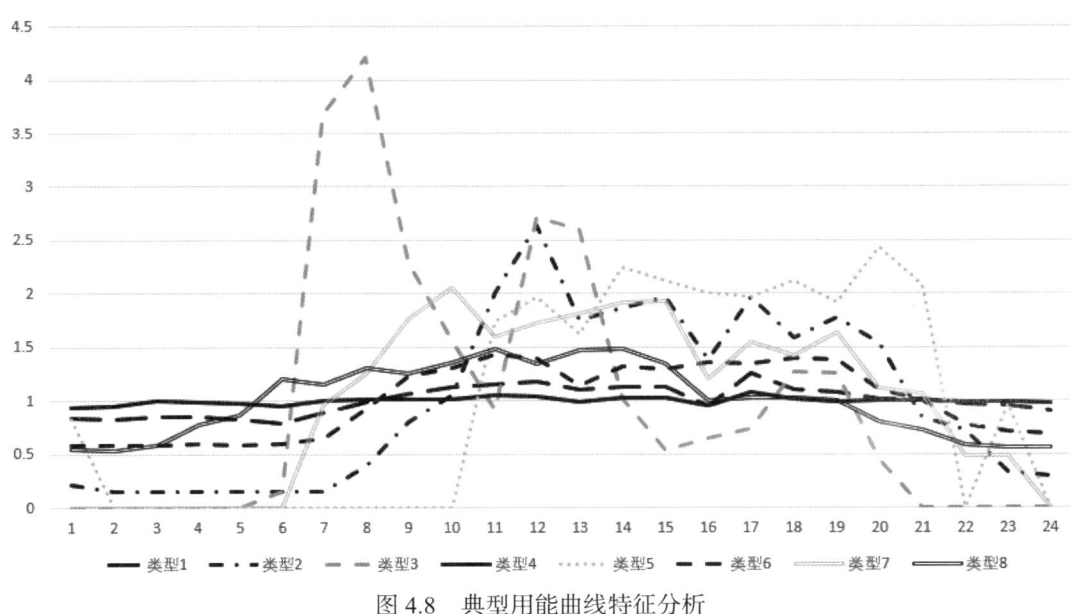

图 4.8　典型用能曲线特征分析

（4）异常用电行为识别

有了各种典型"正常行为"后，采用离群点监测算法可将每个回路的实际用电曲线与正常行为曲线进行对比，从而检测异常行为，并准确定位到异常的时间点。如以折线图方式直观展示各个回路的一天内的正常用电曲线和当天实际用电曲线，并在曲线图上标出异常点的时间和用电值。如图 4.9 所示，可以看出早上 10 点钟的异常处，用电量明显过高。本书 8.5.2 节将详细介绍用电行为异常智能识别算法。

（5）主动式节能监管

识别到异常用电情况后，智慧运维系统会将异常的回路及其服务的空间和设备等信息，通过手机等方式推送给运维管理人员；然后，运维人员会对异常回路供电的房间或设备进行重点巡查，若识别错误，没有异常，将巡查结果反馈给智慧运维系统；若识别正确，主动助力异常行为，实现精细化节能管理；最后，定期根据实际应用反馈优化异常识别算法。

通过在新华医院和东方医院的应用测试发现，基于聚类算法和密度分析的无监督异常点检测算法，可准确、及时地识别到医院建筑异常用电行为，能够有效支持精细化的节能管理。

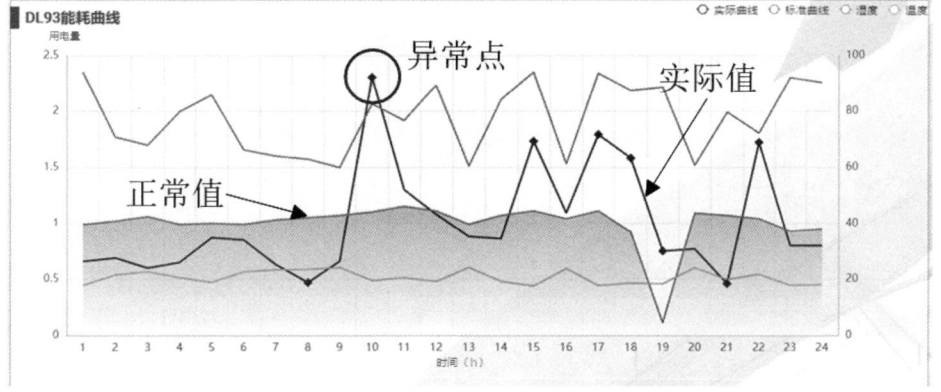

图 4.9　用能异常挖掘与结果展示

4.2.2.2　基于耗能设备运行数据的异常用电行为智能识别

统计表明，维持建筑舒适性的空调系统在建筑运行能耗中的占比超过40%，是节能减排的重要对象。因此，本书以空调为例，介绍基于设备运行数据的异常用电行为识别算法。

在建筑空调异常用电行为调研中发现，医院建筑使用中经常会出现同时开空调和开门窗（特别是与户外连接的门窗）的异常行为。这不但会造成空调机组长时间高负荷工作，还会造成设备寿命减少。但由于医院建筑面积大、人员杂，门窗开关状态监测传感器成本高等原因，医院只能依靠运维人员在日常巡查时，识别和处理同时开窗和开空调的能源浪费行为，及时性和效率较低。同时，通过数据分析发现各个空调的回风温度等运行数据与其服务房间的门窗开启状态有相关性，因此，可以基于空调系统的运行数据智能识别同时开窗开空调的异常情况。如在同等室内外温度情况下，开着门窗时空调将室内温度调节到设定温度的时间会比关着门窗时的时间长很多，如图4.10、图4.11所示。

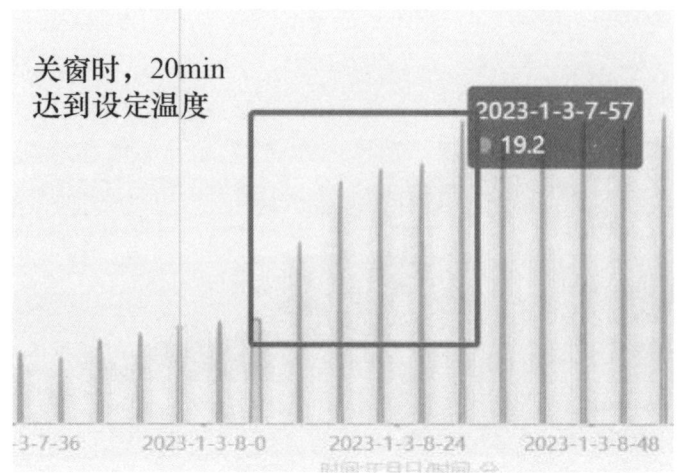

图 4.10　关窗状态下室内温度变化

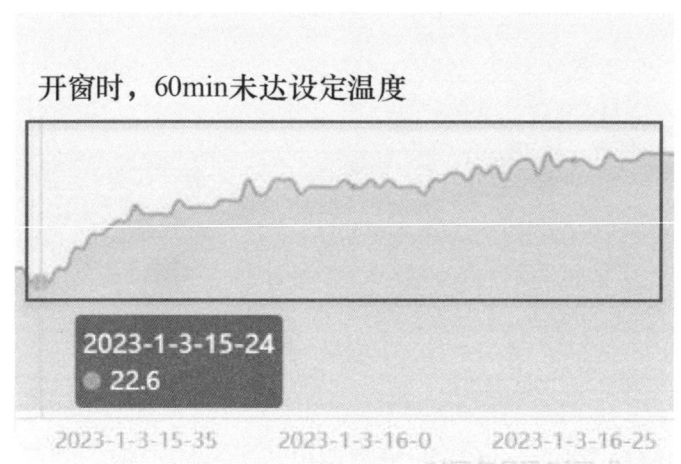

图 4.11　开窗状态下室内温度变化

本书介绍一种使用空调运行数据智能识别开窗开空调的方法。总体思路是首先将一个建筑的空间区分为若干类型，假定同类型空间的空调运行特征类似；接着，针对每种类型房间，进行空调运行试验，记录空调运行数据和门窗开启状态，形成数据集；然后，构建异常识别 AI 模型，应用数据集进行训练和测试，最终得到高精度的智能识别模型；最后接入空调实时运行参数，应用智能识别模型识别异常情况，提醒运维人员进行重点关注。具体包括以下步骤。

步骤 1：对空间进行分类

步骤 1.1：基于模型提取各个空间及其包括的空调信息，计算每个空间的空调功率与面积比值 $k_j = ap_j/ra_j$，得到空间内的空调数据集合 $RC = \{$ 空间 $rc_j = ($ 空间面积 ra_j，所有空调的功率总和 ap_j，空调功率与面积比值 $k_j) \}$。

步骤 1.2：采用聚类算法，根据 k_j 值对 RC 中空间进行分类。如分为 K 类时，$RC =$

{ 分类子集 JRC_k }，分类子集 JRC_k 中元素的 k_j 相近。

步骤 1.3：将同一子集 JRC_k 中空间安装的空调放入空调数据集合 AC_k = { 空调 ac_i, k_k }，其中 k_k 表示第 k 个空调数据集合 AC_k 所属的第 k 个空间类型。

步骤 1.4：针对每一个空调集合 AC_k 分别构建异常识别 AI 模型。

步骤 2：建立异常识别数据集合

通过空调运行实验，采集和记录建筑中各个空调在各种情况下的运行监测数据，包括室外温度、室内温度、空调设定温度、空调风速以及门窗是否打开等。具体包括以下步骤。

步骤 2.1：针对各种类型的空间 AC_k，选择一个典型空间 rc_j，选择供冷期和供热期分别 3 个月进行实验。

步骤 2.2：针对空间 rc_j，制定详细的实验计划，有计划地将空间的不同窗户打开，并不定期设置不同的空调设定温度、空调风速等参数，记录的空调运行监测数据和环境温度，存入数字孪生模型。

步骤 2.3：从数字孪生模型中提取 AC_k 中空调的运行时序数据，形成数据集合 AC_k = {（空调 ac_i, k_k, 时间 t, 开关状态 os_i, 室外温度 tw_i, 室内温度 tn_i, 空调设定温度 ts_i, 空调风速 as_i, 开启空调至达到设定温度的时长 t_i, 门窗是否打开 c_i）}。

步骤 2.4：计算每个空调的开启至达到设定温度的时长的值 t_j，即从空调开时到室内温度 tn_i 与设定温度 ts_i 接近时的时间长度。

步骤 2.5：将打开窗户进行的实验的时间段内的 c_i 设为 1，其他时间段默认门窗状态为关闭，c_i 设为 0，从而完成训练数据集的构建。

步骤 3：构建智能识别模型

步骤 3.1：将运行监测数据集合 AC_k 中的数据按比例随机分配为训练集和测试集。可以按 8∶2 的比例随机分配为训练集和测试集。

步骤 3.2：构建一个全连接神经网络模型 M，输入为空调功率 ap_i，服务空间面积 ba_i，室外温度 tw_i，室内温度 tn_i，空调设定温度 ts_i，空调风速 as_i，开启空调至达到设定温度的时长 t_i 等参数；输出为门窗是否打开 c_i，其值为 0 或 1。

步骤 3.3：采用训练集对 M 进行训练。当输出的准确性达到阈值，则所述神经网络模型 M 训练完成，得到智能识别模型。

步骤 3.4：采用测试集对所述神经网络模型 M 进行测试和优化。

步骤 4：应用智能识别模型 M 进行异常识别

步骤 4.1：从模型中提取空调的实时运行监测数据，包括空调功率 ap_j，服务空间面积 ba_j，室外温度 tw_j，室内温度 tn_j，空调设定温度 ts_j，空调风速 as_j，空调开启至达到设定温度的时长 t_j。

步骤 4.2：将实时运行监测数据输入所述智能识别模型中，获得识别结果。

步骤4.3：当识别到$c_i = 1$时，则识别为开空调开门窗的异常情况，应派运维人员到相应的房间确认。

步骤4.4：定期将收集的反馈数据作为训练集，进一步训练异常识别模型，优化模型的准确度和泛化性能。

应用测试表明，本方法可准确地识别医院建筑中同时开空调和开门窗的异常状态，提升建筑节能管理水平。本方法优势在于无需增加新设备，可以低成本地实现精细化的耗能系统节能管理。但由于不同空间的空调布局不一样，制冷效率略有差异，需要针对不同类型空间训练不同的模型，算法泛化性能有待提升。特别是具有多个空调末端和多个门窗的大型公共空间，开启不同的门窗对不同的空调运行数据的影响差异较大，需要有较多的测试数据用于识别各种特征，实现高精度的异常行为识别。但实际应用也发现，有些门窗的开启对温度调节时间影响不大，无法准确识别，这也表明这些门窗开启对空调能耗影响不大，无需针对性地进行处理。

4.2.3 基于规则的异常用电行为识别

除了采用复杂的大数据分析方法进行异常用电行为识别，也可以根据相关标准和经验预设一些异常用电行为规则，然后根据规则对实时监测数据进行分析，识别出异常用电行为。如基于标准能耗密度的异常用电行为识别，基于运行规则的异常用电识别等。基于规则的异常用电行为识别方法无需大量监测数据，适用范围广。但该方法识别的异常行为的准确性受设置的规则的准确性影响，依赖有经验的专家设置准确的规则。

4.2.3.1 基于标准能耗密度的异常用电行为识别方法

根据标准能耗密度阈值识别异常用电行为方法，首先根据模型中各个用电监测回路服务的空间和设备信息，计算各个楼层、各个空间的能耗参数，包括耗电密度S、能耗均衡率B、峰谷差率D和日峰荷小时数等，见表4.2。然后通过与当地出台的医院能耗计算标准进行对比，可以分析各个建筑的能耗情况。如果超过标准，则提醒管理者需要重点关注。如上海三甲医院的常见电耗密度标准限值在95kW·h/（m²·a），而上海某医院的部分楼宇的电耗密度在105kW·h/（m²·a）以上，则识别为存在能耗浪费行为，需要重点关注。基于模型还可查看各个科室使用的区域的用能密度，辅助各个科室的节能管理。

典型回路用电参数计算方法　　　　表4.2

参数	定义	计算式
耗电密度S	单位时间、单位面积上用电量	$S = \dfrac{Q}{At}$

续表

参数	定义	计算式
能耗均衡率 B	能耗平均值与最大能耗值之比	$B = \dfrac{\overline{C}}{\max(C)}$
峰谷差率 D	能耗峰谷差值与最大能耗值之比	$D = \dfrac{\max(C) - \min(C)}{\max(C)}$
日峰荷小时数	逐时能耗值大于平均能耗的小时数	

4.2.3.2 基于运行规则的异常用电识别方法

基于运行规则的异常用电识别方法基本思路是通过判断耗能系统运行状态是否符合预先设定的系统运行规则，若存在某个设备运行状态不符合运行规则，则识别为异常用电行为。如若某个诊室超过30min无人，但空调和照明仍开着，这与诊室空调与照明运行策略不符合，则智能识别为异常用电行为。以空调系统为例，基于运行规则的异常用电识别方法包括以下步骤。

1）针对每类空间建立运行规则集合 $R = \{r_i = (t_i, p_i, e_i, s_i, w_i)\}$，运行规则包括时间 t_i，人员密度 p_i，空调设备 e_i 的开关状态 s_i，回风温度 w_i；

2）针对每个设备 e_i，从模型中提取其服务空间的运行规则集合；

3）每隔一段时间，从模型中提取设备 e_i 的开关状态 s_i 和回风温度 w_i 等实时运行数据，将运行数据与规则集合 R 中各个规则进行对比分析；

4）若存在不符合规则的情况，则识别为用电异常，提醒运维人员重点关注。

本方法实施过程中可以根据同类型空间的运行控制规则快速生成运行规则集合 R，并可以基于模型自动提取相关数据进行分析。实际应用表明，该方法可以准确识别无人状态下照明和空调空开的异常情况，有助于精细化的节能管理。

第5章 医院建筑空间智慧运维技术

医院建筑空间智慧运维主要包括空间资产管理、建筑空间环境智能维护技术和建筑空间优化决策技术等方面,分别属于使用前、使用中和使用后不同阶段的管理。基于模型的空间智慧运维特点在于实现从空间分配、环境维护到优化改造的信息共享和智慧决策,更高效地保障空间舒适性和使用效率,解决传统空间运维管理与决策主要依赖经验的问题。

5.1 建筑空间资产管理

空间资产管理主要包括建筑空间使用分配和使用效率分析等内容。数字孪生模型可为空间资产管理提供统一、可靠的数据以及三维可视化视图,有效提升管理效率。同时,在模型中集成的空间资产管理信息可以为建筑设备运维、节能管理和安防管理提供重要数据。

5.1.1 建筑空间使用分配管理

运维管理者可以在数字孪生模型提供的可视化界面中,通过多选、框选或单选等方式选择房间,并设置房间的使用部门,完成对建筑空间的快速分配。在新建建筑投入使用时,资产管理部门可根据楼层、使用功能等批量选择某一区域的房间,并快速分配给相关使用科室,提高分配效率,避免分配错误。

分配完成后,医院人员可以基于模型查看各个楼层的房间台账,包括房间的形状和位置等几何信息,以及房间名称、功能、建筑面积、使用部门等属性信息,如图5.1所示,了解房间分配和管理。基于模型也可以编辑房间的各种属性信息,包括房间名称、功能等信息。为了保障模型数据与几何信息的一致,运维中一般不能修改房间建筑面积等几何信息,若需要修改,应在BIM软件中统一修改。

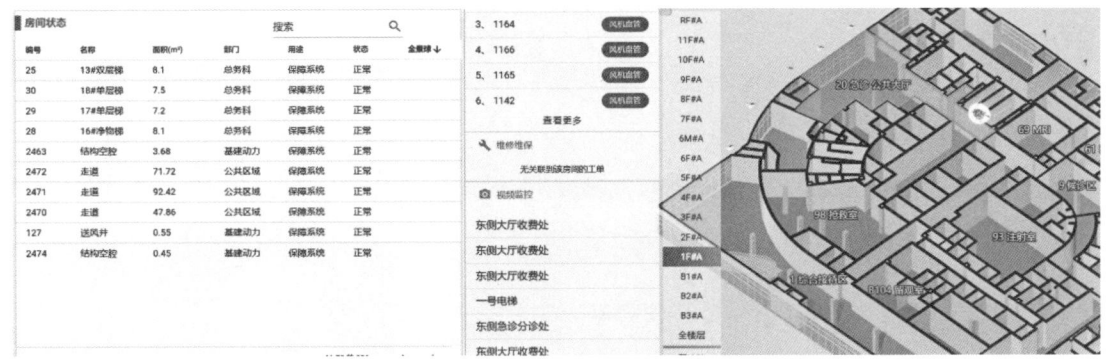

图 5.1 房间台账管理

5.1.2 空间使用效率分析

运维管理人员可以基于模型按照使用部门和使用用途对空间资产的分配情况进行统计分析，如图 5.2 所示，可见 19 层及以上主要是住院部使用，10 层至 18 层一半是住院部门，一半是医技部门；也可以通过饼图等方式统计各个部门使用面积的比例，如某综合建筑 2 楼的门诊治疗区占 15%、短程病房占 10%、药房占 8% 等，如图 5.3 所示。进一步地，可结合各个科室的收入、利润、门诊挂号人数和住院人数等，分析单位面积的使用效率。

数字孪生模型通过融合出入口人数监测系统、门禁系统、人员监测系统、视频监控系统等多源数据，支持运维人员分析各个建筑空间的使用情况，包括闲置时间、使用率、人流密度等情况，如图 5.4 所示。对于门诊室、办公室、库房等封闭空间，可以识别是否存在长期空闲的房间，支持优化空间分配，提升使用效率。对于会议室等共享空间，可以分析人流密度和使用率，支持空间使用的优化。

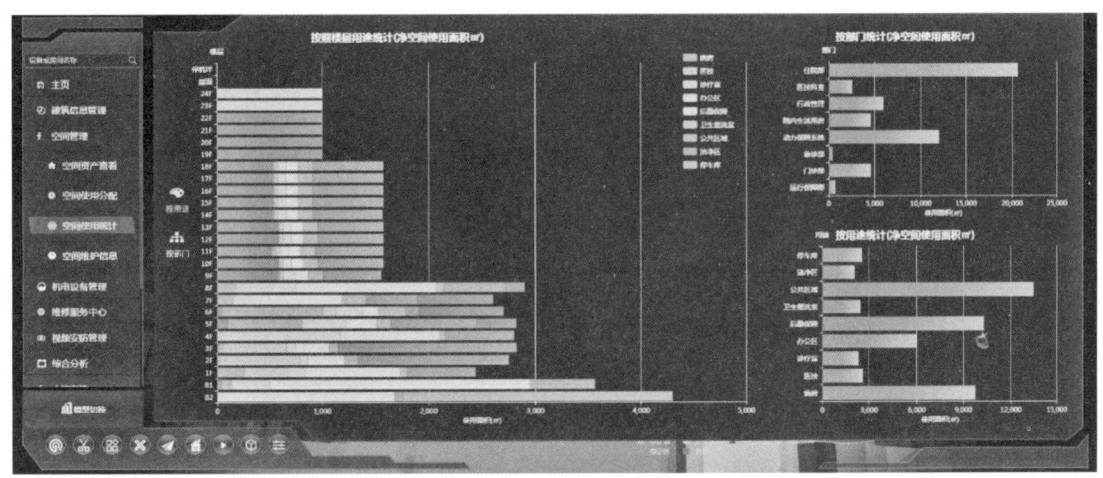

图 5.2 空间统计分析

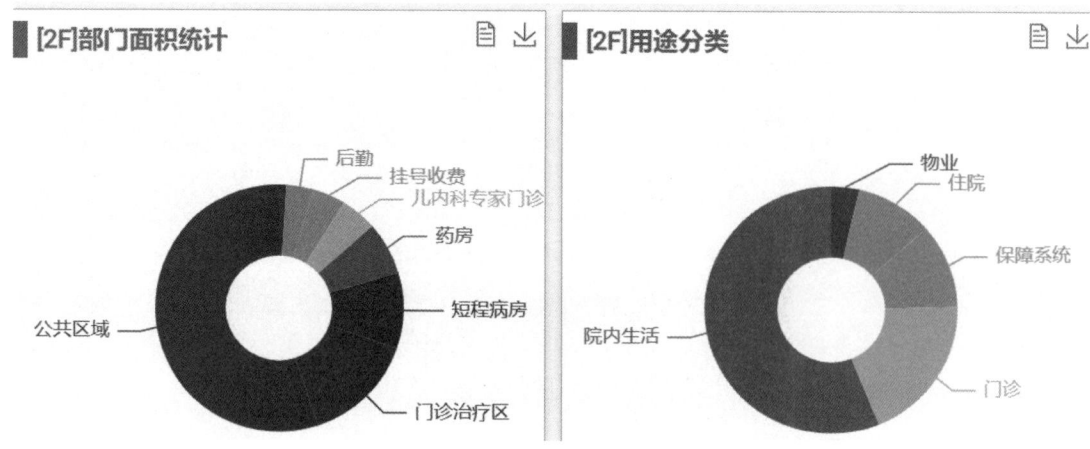

图 5.3　房间使用情况统计分析

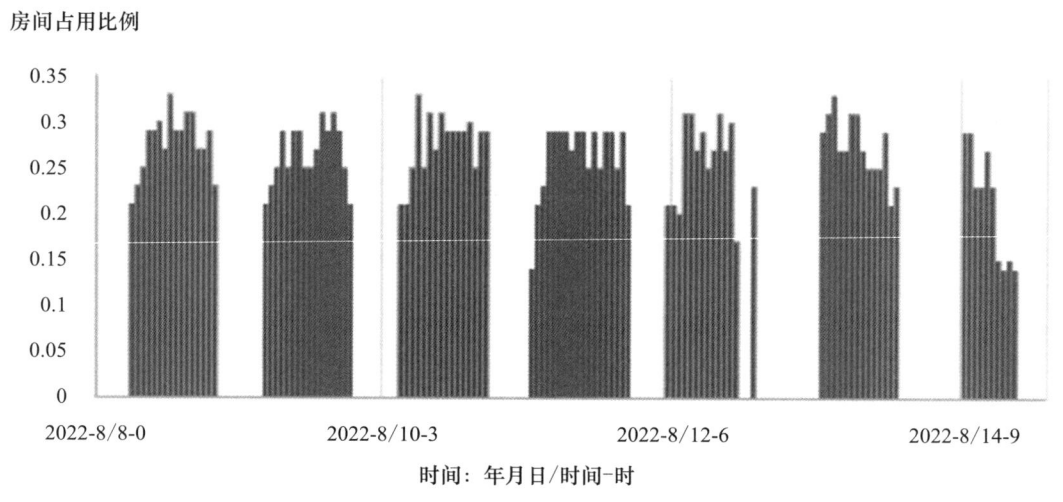

图 5.4　某房间 1 周内的人员情况分析

5.2　建筑空间环境智能维护技术

医院建筑使用过程中对空间环境的维护工作包括室内环境舒适性监测与分析、室内环境舒适性仿真、室内环境舒适性智能调节等。基于模型的建筑空间环境智慧维护主要体现在根据环境监测数据对环境舒适性进行分析和智能调节。关于环境清洁消毒等常规工作可以采用信息化方式进行精细化管理，本书不再赘述。

5.2.1　室内环境舒适性监测与分析

基于模型的建筑室内环境监测系统数据，支持查看各个空间的环境监测情况，如 $PM_{2.5}/PM_{10}$ 浓度、CO/CO_2 浓度、温度、湿度等参数，辅助分析各个房间的舒适性，如

图 5.5 所示。进一步地，结合相关标准规范，针对不同功能的房间设置各个环境参数的阈值，如图 5.6 所示，当某房间的环境参数超出阈值时进行报警，主动推送运维人员进行管理。如门诊大厅温度太高或太低，容易引起就诊人员不舒适；库房湿度太高，容易引起被服等物品变质等，都是需要运维人员重点维护的情况。

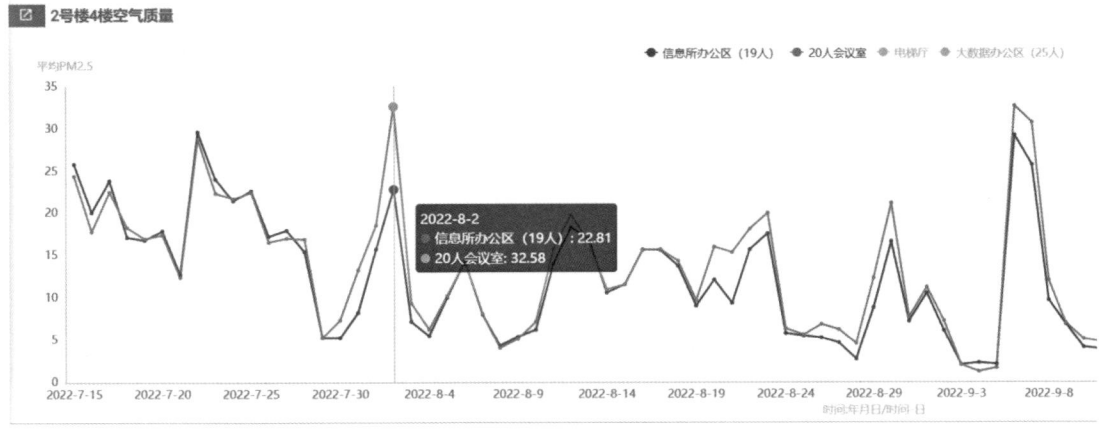

图 5.5　房间环境监测与分析

图 5.6　室内环境监测与报警设备

5.2.2　室内环境舒适性仿真

使用医院的客流监测、设备监测、能耗监测等运行大数据，建立医院机电系统运行仿真模型，发掘和改善机电设施布局问题，如图 5.7 所示。基于多角度分析仿真模型，并对比运行大数据和仿真实验结果，评价医院空间设计与实际执行的效果差异。通过敏感性分析实验，确定对空间布局影响最大的参数，在空间改造决策中应予以重点关注。通过定义优化目标函数，搜索符合目标函数最佳值的医院空间设施参数集，得到较优的空间流线和机电设施布局方案，如图 5.8 所示。

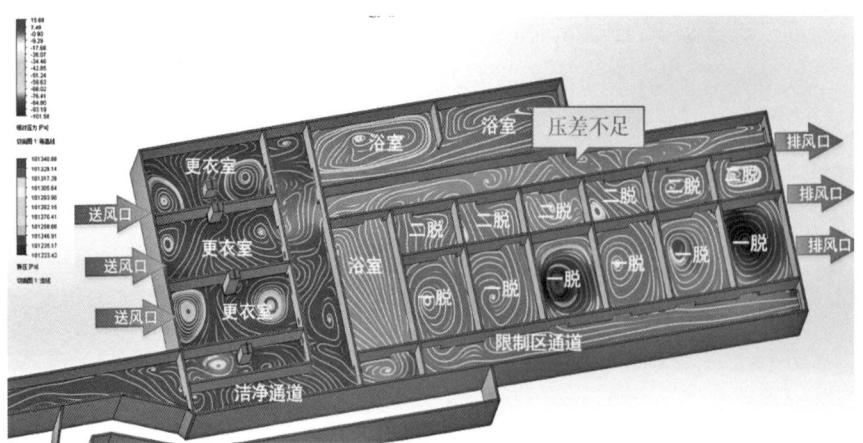

图 5.7　限制区和洁净区气压仿真推演案例

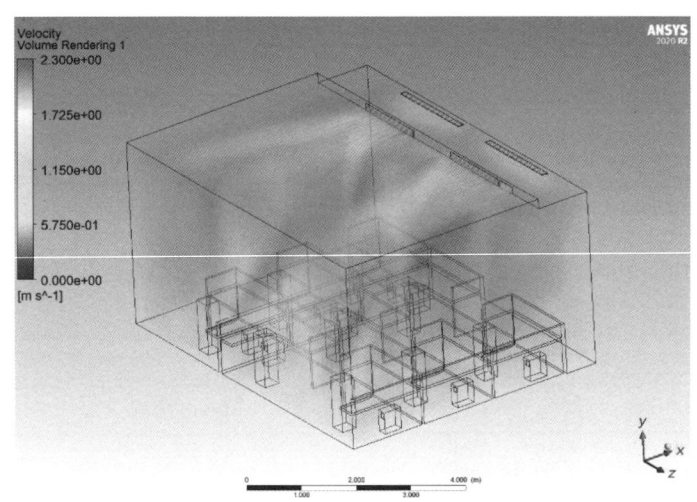

图 5.8　基于湍流模型的速度场仿真实验

5.2.3　室内环境舒适性智能调节

建筑室内空间环境的舒适性主要依靠空调系统、新风系统和自动通风系统进行调节。基于模型识别到某空间的环境温度过高/过低，可以通过控制对应区域空调的设定温度和风速大小来调节环境舒适性；当识别到某空间的 $PM_{2.5}/PM_{10}$ 浓度过高，可以通过控制新风系统的启停进行调节。数字孪生模型的优势在于建立了各个空间的环境舒适性监测设备与服务于该空间的空调对应关系，支持根据环境舒适性监测数据准确地调用相关的设备进行环境舒适性调节。当然，对于一些安装了窗户自动开关设备的医院建筑，也可以通过联动控制相应的窗户进行自然通风，改善室内环境舒适性。环境舒适性调节过程也需要考虑节能需求，可以使用本书 4.1 节介绍的运行策略优化算法和智能控制技术。

5.3 建筑空间优化决策技术

随着医院学科发展和医疗服务设备的进步，建筑空间功能布局不断优化也成为医院空间管理的重要工作，如新增自助挂号机、减少人工挂号窗口、新增发热门诊点等。基于模型仿真推演空间优化前后的人流情况，分析楼面荷载和防火分区等结构条件是否满足需求，可以提升空间优化方案决策效率。建筑空间优化决策技术主要包括基于人流仿真的空间布局优化，避免改造后人员聚集；以及基于模型的空间优化决策分析，保障改造后建筑安全、可靠。

5.3.1 基于人流仿真的空间布局优化

医院建筑空间布局的优化可以分为院区级、建筑级和楼层级，不同级别的空间布局优化需要考虑的因素有一定差异，优化方法也略有不同。考虑到医院建筑运维中最经常碰到的是楼层级空间优化需求，本书以楼层级为例，介绍基于人流仿真的空间布局优化方法。以某门诊综合楼的 1F 门诊区为例，该楼层人流量大，经常出现人流拥堵的情况，医院提出需要一种低成本的空间布局优化方法。

首先基于模型提取该楼层的出入口人流统计、人流密度监控和现场调研数据，如图 5.9 所示，分析该楼层的人员流线和人流情况。然后，应用流程仿真技术建立该空间内的人员流线仿真模型，并将人流监测数据输入仿真算法分析各区域的人流密度，如图 5.10 所示。分析可见，该楼层主要有门诊出入口处和门诊抽血处两处高密度区域。由于门诊大厅只有一个出入口，且存在多个人员流线的交织，包括窗口挂号、取药、抽血、离院等人流（约占门诊人流量的 80%），而就诊人员倾向于选择最短路线，因此人员最聚集区域在靠近出入口的下方，同时，此处还设有两个自助挂号机，排队等待挂号的人流也会加剧拥堵程度。门诊抽血处的拥堵主要是由于抽血处空间较小，接受抽血与等待人流较多。

图 5.9 门诊楼 1F 空间人员密度监控情况

在仿真推演的基础上，提出了如下空间优化方案：1）将门诊出入口下方的两个自助挂号机移到人员稀疏的位置；2）将抽血病人等待区域的座椅移到其他低密度区域；3）出入口人流分开，进入人流朝北，出口人流朝南，均靠左走，减少交叉。根据上述优化方案，对门诊楼 1F 的人流进行仿真，得到人员密度热力图，如图 5.11 所示。可见，优化方法有效降低了抽血区和出入口处的人流密度，使门诊大厅的人流分布更加均匀。

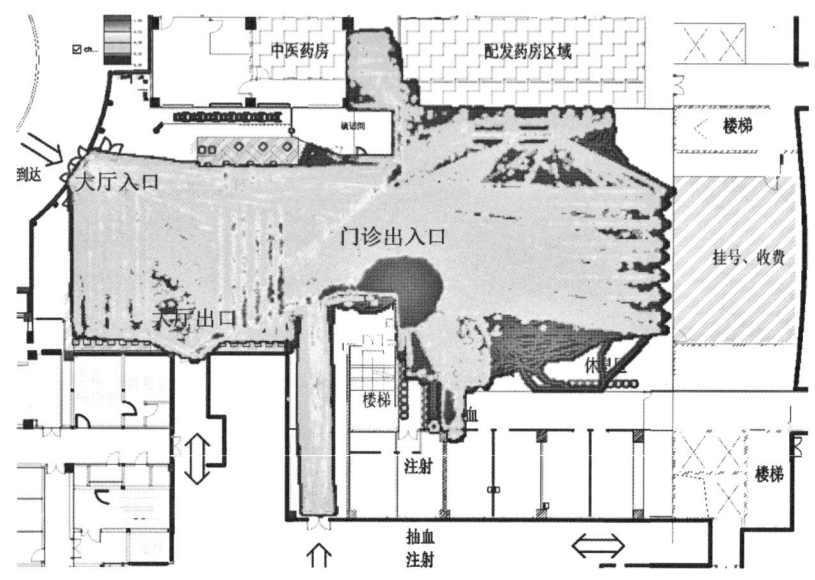

图 5.10　门诊楼 1F 热力图

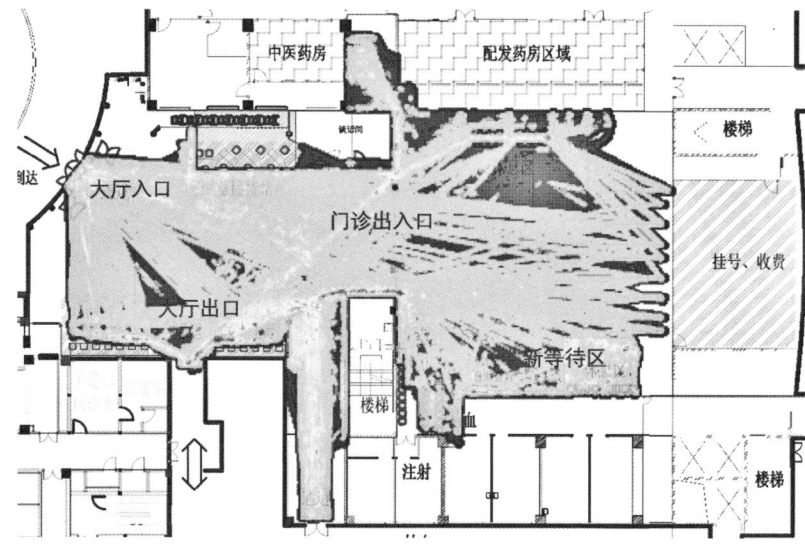

图 5.11　优化后的门诊楼 1F 热力图

应用实践表明，基于数字孪生模型，使用人流仿真方法模拟医院人流情况，可辅助医院建筑空间优化，并具有以下优势：

1）利用人流仿真方法可以建立医院的院区级、建筑级和楼层级的人流仿真模型，支持结合医院实际运行数据确定模型输入参数，模拟仿真医院各类人群的流线分布，提高仿真推演的准确性；

2）结合仿真结果可以在三维模型中直观展示不同方案可能会出现的人流拥挤等问题，支持多方案的选择，提高辅助空间优化决策效率。

5.3.2 基于模型的空间优化决策分析

在空间优化决策过程中，运维管理人员可在模型中查询各个楼层的空间布局和楼面荷载、防火墙与结构墙、装饰装修等信息，辅助优化改造决策。

5.3.2.1 楼面荷载查询与分析

医院常常需要根据医疗需求在建筑空间中增加大型医院专用设备，如磁共振成像设备（MR）、计算机断层扫描仪（CT）、直线加速器等。大型医院专用设备的重量较大，导致楼面荷载可能超出设计值。因此，在新增设备前，可以在模型中查看各个房间的楼面设计荷载，如图 5.12 所示，分析楼面荷载能否支持新增设备。如果不能支持，则需要通过增加设备基础或加固楼板保障结构安全，或者变更大型医疗设备的布置位置。

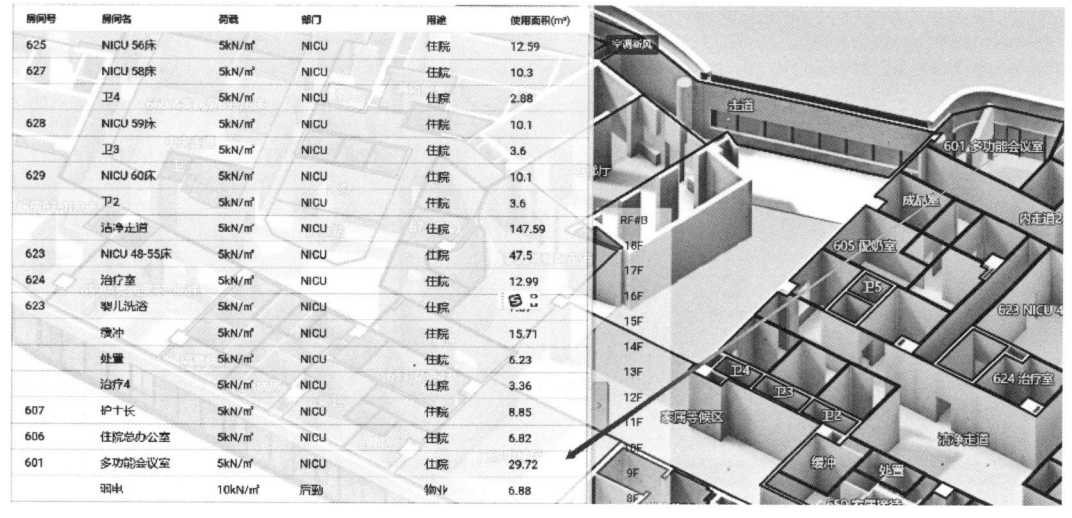

图 5.12　房间荷载查询

5.3.2.2 防火墙与结构墙查询与分析

随着智能物流系统的发展，医院常常需要在既有建筑中新增轨道小车、气动物流、被服自动运送等物流系统。但由于建筑中预留的管井或孔洞空间有限，新增的物流系统管道需要在结构墙、防火墙上重新开洞。基于模型可以快速查询新增物流系统管道是否穿越防火墙、结构墙，如图 5.13 所示，辅助物流系统管道布局优化和改造方案确定。

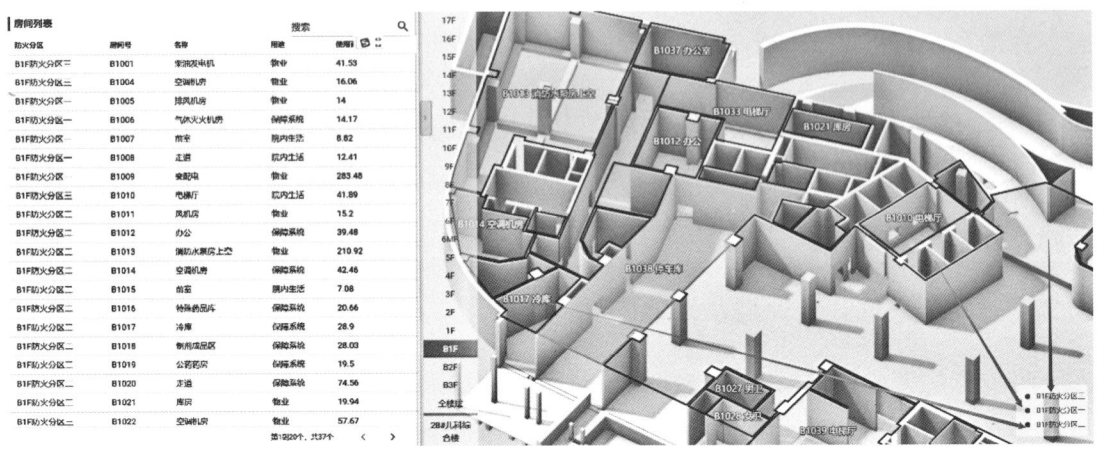

图 5.13　房间的防火分区查询

5.3.2.3　空间装饰信息查询与分析

随着医院建筑使用年限增加，医院需要对门诊室、急诊室、诊疗室等空间进行维修或改造。基于模型可以查阅维修改造区域的墙、顶、地的材料、作法、厂家等信息，辅助制定维修改造方法，如图 5.14 所示，可节约大量查阅建筑图纸的时间。对于作法比较复杂的房间，也可以基于模型查看房间建设过程的全景球，了解电线水管等隐蔽管线布置，辅助确定维修方法，如图 5.15 所示。

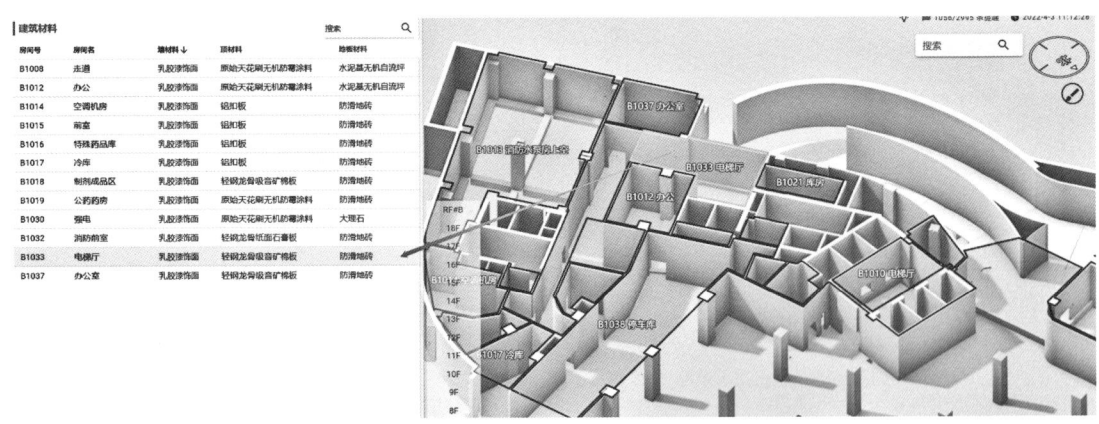

图 5.14　基于模型查阅房间墙顶材料和作法

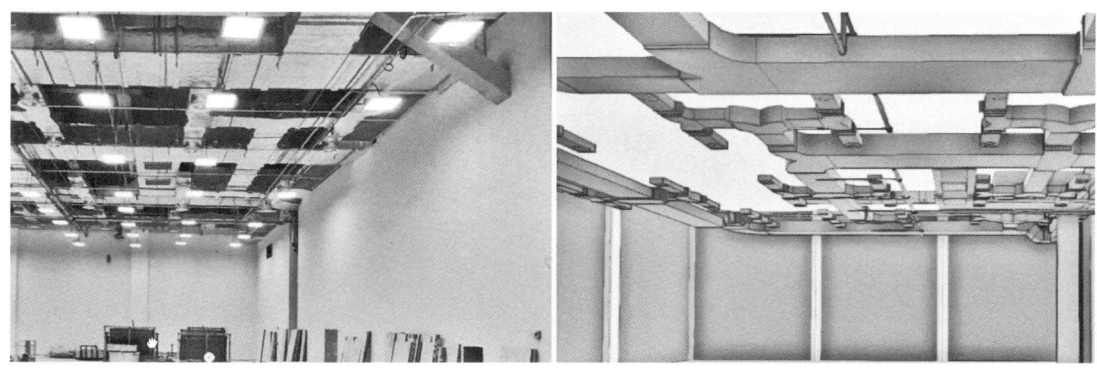

图 5.15　基于全景球的房间隐蔽管线记录与查看

第6章 医院智慧安防与应急管理技术

医院建筑安全防范（以下简称安防）是综合运用人力防范、实体防范、电子防范等多种手段，预防、延迟、阻止入侵、盗窃、抢劫、破坏、爆炸、暴力袭击等安全事件发生[69]，是医院建筑管理的重要组成部分。医院应急管理是应急处置各种突发安全事件或自然灾害事件。基于数字孪生的安防与应急管理，可有机融合各个智能安防和应急系统，实现智能化、协同化管理，有效提升安防管理效率和应急响应速度，对保障医院空间安全性和秩序性价值显著。智慧消防是针对火灾事件的特殊应急管理技术，系统相对独立，技术比较成熟，本书不作赘述。

6.1 医院智慧安防管理

现代医院建筑一般会依照现行国家标准《综合医院建筑设计规范》GB 51039 和《安全防范工程通用规范》GB 55029 等相关标准的规定建设智能安防系统，包括视频监控、入侵报警、门禁管理等系统。这些系统虽然都集成在消控室，值班人员可以统一管理，但各个系统数据实际上没有集成和共享，难以联动分析。另外，由于安防网络和业务网络的物理隔绝，运维管理人员难以直接查看安防系统的监测和报警数据，辅助运维管理。如入侵预警消息只能在消控中心特定电脑中收到，再由消控中心值班人员通过手机等方式通知运维人员。

网格化管理是将管理的空间对象按照一定标准划分成若干网格单元，在城市管理等实践中取得了不错的效果[70]，为医院精细化安防管理提供了新思路。基于模型的医院网格化安防管理是以医院视频监控、人员监测、安防报警等智能安防系统为基础，通过模型分析医院各区域的实时安全态势[71]，联动各级安防管理资源，打通数据流和信息流，实现敏捷高效、精细化安防的管理体系[32]。本书主要介绍基于模型的网格化安防管理方法。

6.1.1 网格化安防管理方法

网格化安防管理具体包括安防网格模型构建、安全风险源识别、安全事件预警、安全态势分析和安全事件处理等内容。

（1）安防网格模型构建

在数字孪生模型基础上，根据网格化管理需求，添加各级安防网格划分信息。根据大型医院安防管理需求，医院安防网格一般按照院区、楼宇、楼层三级进行划分。实际网格划分可以根据各个楼宇、楼层的规模和安保力量进行调整。如上海某医院的院区网格划分如图 6.1 所示，包括成人区、儿科区、医疗保障区和干保后勤区四个分院区（一级网格）。每个一级网格又可以分为各个楼宇、院区道路和室外花园等多个二级网格，如儿科区分为儿科综合楼、儿外科楼、东门路、南门路等。三级网格是建筑（二级网格）中各个楼层，如儿科综合楼 1F、2F 等。对于建筑面积较小、楼层较少的楼宇，多个楼层可以合并为一个网格，或者整个楼宇为一个网格。同样，对于面积特别大的楼层，可以根据功能分区将一个楼层划分为多个网格，如 1FA 区、1FB 区等。

网格划分好后，基于模型可以自动建立各个网格与智能安防系统中各个传感器设备的关联，如儿科综合楼 1F 布置的所有摄像头、安防报警点位会与儿科综合楼 1F 网格关联，从而形成面向安防网格化管理的数字孪生模型。

图 6.1 基于数字孪生的网格化安防管理

（2）安全风险源识别

对医院院区划分网格后，还需要对各个网格内的安全风险源进行识别和管理。危险性较大的风险源需要重点监控。医院风险源分为静态风险源和动态风险源两个类型，见表 6.1。静态风险源主要是由有害物质造成，是指医院内长期存在、无法避免的危险因素，需要运维人员重点关注。静态风险源包括医废间、放射治疗室、化学品仓库和实验室等。结合相关知识，基于模型的房间功能等信息可以对静态风险源进行自动标记。动态风险源是动态变化的风险源，一般由智能安防设备监测得到或者由管理人员临时录入，包括改造施工区域等。

为了优化配置安防人员和应急物资，需要设置各类风险源的危险系数，用于分级管理。风险源的危险系数一般由专家根据各类风险源的相对危害程度打分，也可以参考相关标准和文献。高温异常大致相当于存在易燃物品（危险系数0.10）。改造施工区域是不能通过的区域，危险系数可以设置的相对较高，从而规避此类区域。基于模型可以形成各个建筑的静态风险源信息，见表6.2。

医院风险源类型　　　　　　　　　　　　　　　　　　　　　　　表6.1

类型	状态	举例	危险系数
医疗	静态	医废间、被服间、氧气机房 放射治疗室（CT/MR）	0.10
科研	静态	化学品仓库、实验室	0.10
机电系统	静态	高压、低压配电房	0.06
机电系统	静态	厨房等明火区域	0.05
环境异常	动态	火灾、浓烟、高温区域	0.10
人员聚集	动态	走廊部位拥挤	0.005／人
基建	动态	大修改造施工区域	1
医疗	动态	发热门诊隔离区域	1

医院静态风险源与房间对应　　　　　　　　　　　　　　　　　　表6.2

房间名	类型ID	房间号	房间ID	风险源类型
医废间	12	112	112	医疗
化学品仓库	25	125	125	科研
CT室	2	102	102	医疗
……	……	……	……	……

除了根据专家和管理者经验识别风险源，还可以基于模型的仿真推演识别人员聚集、人车物流交错等风险点。本书6.1.2节将详细介绍基于模型仿真的安全风险源识别方法。

（3）安全事件预警

安全风险源的风险积累到一定程度就会发生安全事件预警。若预警没有及时处理，就会转化为安全事件。安全事件预警包括人工预警和智能预警。人工预警是指在安全事件发生初期，由网格安保人员、医护人员发现和上报预警，人工预警的时间较晚，对应急反应效率要求较高。智能预警一般由入侵报警、消防报警、视频监控等设备智能感知后，自动上报。智能预警可以在安全事件发生前提前感知和预警，为安全事件处理预留充分的时间。医院安全事件分为入侵报警、医闹、消防报警、人流聚集、违规进出、特殊人员识别等不同类型，见表6.3。各类安全事件还可以根据紧急程度分为红色、黄色和蓝色不同等级。本书6.1.3节将详细介绍安全事件智能预警方法。

安全事件识别 表 6.3

安全事件类型	提醒级别	提醒行为
医闹	红色报警	弹窗标识、声音提醒、消息推送、自动弹出监控，需要手动关闭
入侵报警	红色报警	
消防报警	红色报警	
人流聚集	黄色报警	弹窗标识、声音提醒，由管理人员决策是否推送消息
违规进出	蓝色提醒	弹窗标识、提醒关注
特殊人员识别	蓝色提醒	
异常行为识别	蓝色提醒	

（4）安全态势分析

当识别到安全事件后，运维人员可以基于模型查看安全事件预警点附近的空间布局、使用部门、人流分布和现场视频监控情况，对安全事件的风险进行评估，辅助制定安全事件处理的紧急程度。运维人员可以基于模型统计分析各级网格的安防情况，如图 6.2 所示，分析院区的整体态势，包括人流密集、报警次数、安保人数等关键指标。相比于传统的安防系统，本方法基于模型将原本分散的、孤立的安防信息汇聚于一处，可以更准确地计算医院的安防态势，为医院安防管理提供决策依据。

以视频监控联动为例，数字孪生模型通过建立模型与视频监控系统中监控点位的映射关系，支持根据风险源的位置自动定位附近的视频监控，快速展示现场监控情况，如图 6.3 所示。当入侵报警系统发生报警时，在模型中会自动展示报警的位置、所在房间，并自动弹出附近的视频监控，方便运维管理人员快速查看现场情况，提升安防效率。

图 6.2 基于模型的安防态势统计分析

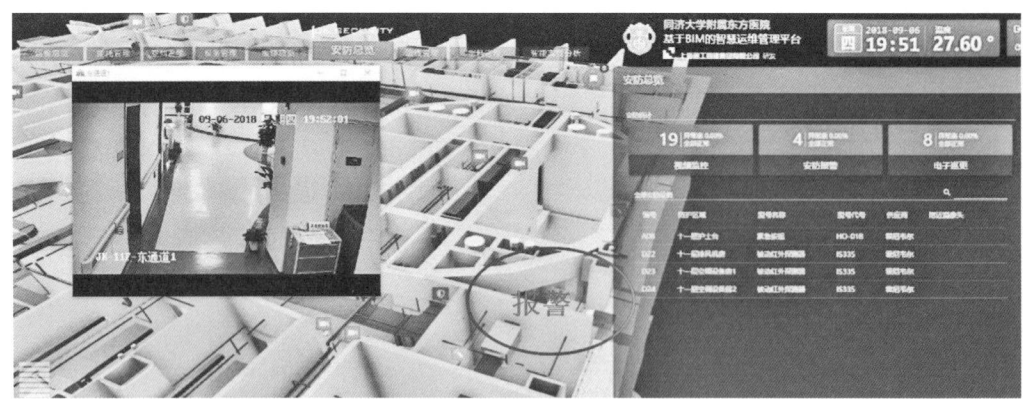

图 6.3 安防报警与视频监控联动应用

（5）安全事件处理

安全事件后台分析后，需要通过登记、分配、处理和追踪等流程实现安防管理。传统的安防管理方法主要通过电话进行上报、分派和处理，管理人员不能及时追踪和掌握安全风险处理情况。网格化管理方法可以针对各种类型、各种紧急程度的安全事件，建立标准的安防处理流程，包括事件接报、任务分派、进度追踪和结果评价等步骤。本书6.1.4 节将详细介绍相关内容。

6.1.2 基于模型仿真的风险源识别方法

除了管理人员根据经验识别医院安全风险源，还可以基于模型仿真推演识别医院运维中的潜在风险源，辅助安保资源优化调配，提前应对可能发生的安全事件。考虑到大型医院的建筑密度高、道路狭窄，人流、物流和车流交错，容易出现人员聚集问题[72]，本书以人员聚集风险源识别为例，介绍基于数字孪生的安全风险源智能识别方法。医院人流包括门诊、急诊、住院、发热门诊和后勤等各种人流，基于模型中人员流线和各个出入口的历史人数，可以通过人流仿真推演各个道路、各个空间高峰期的人员分布和人员密度情况。当就诊人数超过一定阈值后，在模型中预测出可能出现人员聚集的高风险区域，辅助安防管理。

以上海某医院为例，人流仿真结果如图 6.4 所示，用不同颜色表示不同类型人流。可见，该院区日常运行中存在较多的人员流线交织现象，并且高峰期的院区中部（道路 R5 与 R6 交叉处）人员密度最大，其热力图呈现红色，峰值达到 1.288 人 /m^2。基于仿真结果导出 7 条院区道路的人流来源情况见表 6.4，可见成人 - 北入就诊病患、儿科 - 北入就诊病患、成人 - 东入病患等人流均会经过该道路，占总人流比例达 67%，且该道路上存在方向相反的人员流线，对通行速度有一定影响。因此，可以考虑通过在路中布置隔离栏杆等方式引导两个方向的人流分离。另外，R1、R5 和 R7 道路存在儿科门诊、成人门诊、驾车就诊等流线交织的问题，容易导致交叉感染和安全事件。其中，以成人－东入的就诊人流为例，从东门入口进入院区后，纵向穿过整个儿科区域，到达北边成人门诊大楼，途中与儿科区域就诊患者等多个人员流线均有明显交织。为解决该问题，医院运维管理者可以通过电子导览、短信提示等技术引导成人就诊人员从北门入，儿科就诊人员从东门入，从而减少人员交织和拥堵。

院区道路人流占比表　　　　　　　　　　　　　　　表 6.4

道路	人流占比				
	成人－北入	成人－东入	儿科－东入	儿科－北入	驾车就诊
R1	0.00	0.20	0.30	0.16	0.34
R2	0.00	0.23	0.19	0.35	0.24
R3	0.00	0.28	0.00	0.19	0.53
R4	0.00	0.57	0.00	0.43	0.00
R5	0.31	0.37	0.00	0.32	0.00
R6	0.80	0.18	0.00	0.02	0.00
R7	0.52	0.23	0.02	0.22	0.01

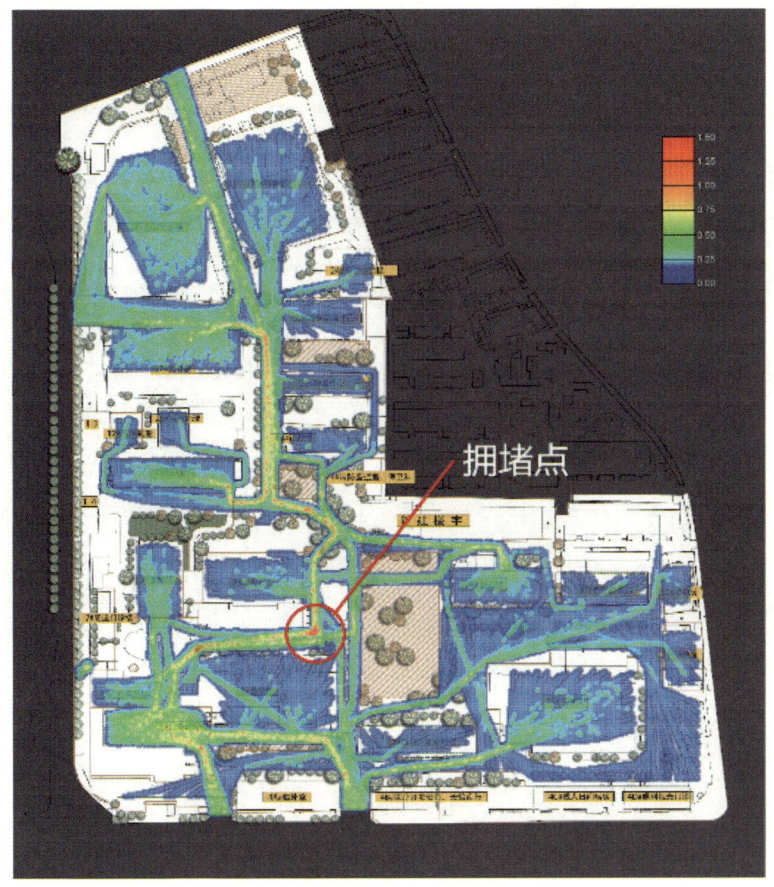

图 6.4　院区人员分布热力图

6.1.3 基于智能感知的安全事件预警

安全事件智能预警是智慧安防管理的基础功能。传统安防管理模式主要靠值班安保人员人工识别、上报安全事件,具有一定延迟性,可能安全事件已经发生了一段时间,不良影响已经造成。考虑到医院建筑一般会使用 BA 系统、安防系统、消防系统等智能设备监测建筑内的安全事件和火灾风险,因此,基于数字孪生模型可以通过对接智能安防设备采集的数据进行分析,及时识别各类动态安全事件,提升安防管理效率。本书主要介绍用电安全事件预警、人员聚集事件预警、出入口人流异常事件预警、人员异常行为预警等。

(1)用电安全事件预警

以配电系统为例,通过对接 BA 系统的配电柜监测数据,可以在模型中查看配电柜各回路的电流、电压和用电功率情况,并在模型上用从红到蓝不同颜色反映配电柜设备的实时负载情况,如图 6.5 所示。当某个回路出现功率过大或电流电压急剧变化时,在模型中用红色标出预警的回路及配电箱位置和其服务的房间和设备位置,辅助分析影响范围。进一步地,应主动通知运维人员到现场查看情况,从而避免引起电气火灾,或因为停电影响医院手术室、ICU 等重要区域的运行运转。

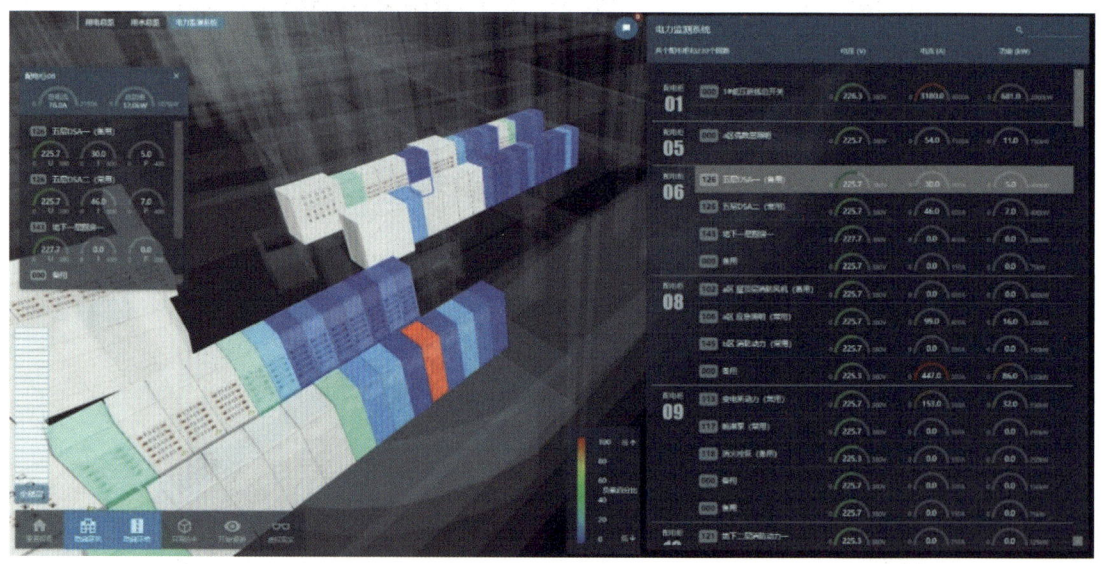

图 6.5 配电管理系统监测与安全事件预警

(2)人员聚集事件预警

医院的门急诊大厅、输液等待区、各挂号收费处、取药处等区域,发生人员聚集的风险较高。采用基于视频监控的人员计数技术可以识别人员聚集风险,提升管控效率。该技术具体包括以下步骤:1)基于模型划定需要监控的开放区域,并计算区域面积;

2）提取该区域高处布置的视频监控画面；3）基于人肩 AI 识别算法实时统计监控区域的人数，如图 6.6 所示；4）根据区域面积和实时人数自动计算监控区域人员密度；5）当人员密度超过该区域的二级阈值时，发出黄色预警，标记为动态风险源，通知安保人员远程重点关注；6）当人员密度超过一级阈值时，表明风险较高，增加风险源的危险系数，主动通知安保人员控制或疏散人流。应用表明，该技术适用于无遮挡的开放区域，人数误差 5% 左右，满足医院智慧安防管理需求。

图 6.6 开放区域人员密度监控与预警技术

（3）出入口人流异常事件预警

医院出入口数量和类型多，人流密度高，人员复杂，存在一定的安全风险。如某门诊综合楼的出入口类型包括双向通行、只进不出、只出不进、医护专用、后勤专用、消防专用、污物专用等，为了掌握各个出入口的人员进出情况，可以安装人数监测设备，统计各个出入口的人数。通过对接人数监测系统，可以在模型中展示和分析各个出入口的人流情况，如图 6.7 所示。

进一步地，在模型中设定各个出入口出入人数阈值。当某个出入口的人流数量超过阈值后，标记为动态风险源，主动提醒安保人员重点关注。如后勤专用出入口为内部出入口，每小时出入人数阈值为 50 人，若出入人数超出阈值则标记为风险源，可能是外部人员（病患）从该出入口进出，应通知安防人员进行进出口管控，避免交叉感染等风险。

可以通过人数监测技术辅助分析出入口较少的封闭空间的人流密度。如医院可以对等待区、报告厅等人员可能聚集的相对封闭式区域进行人流量管控，如图 6.8 所示，在人流密度超限时发出提醒。

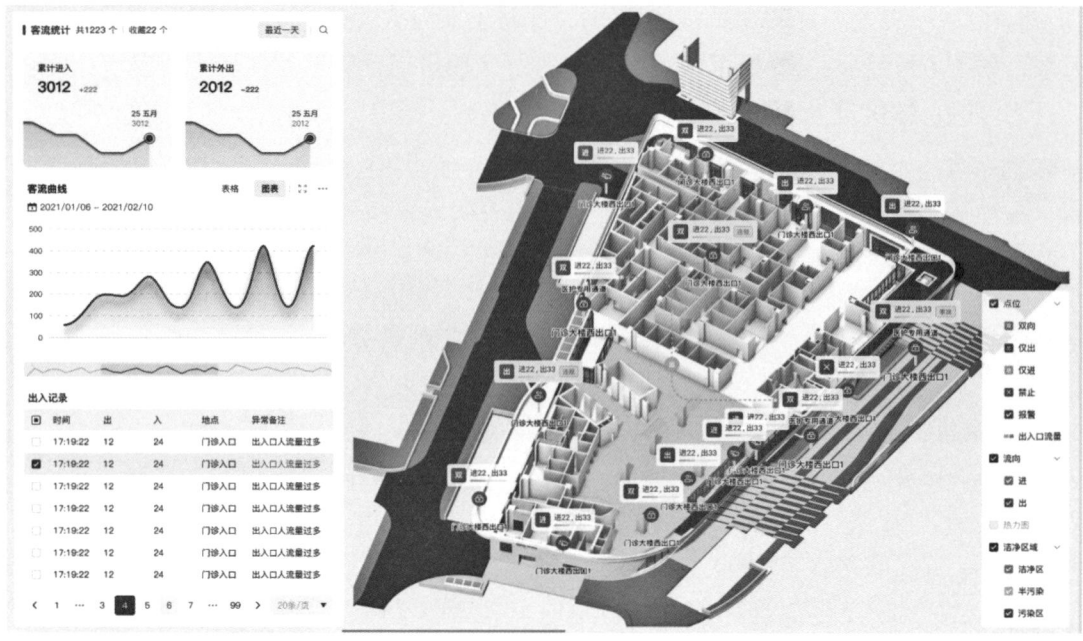

图 6.7　出入口人数监测

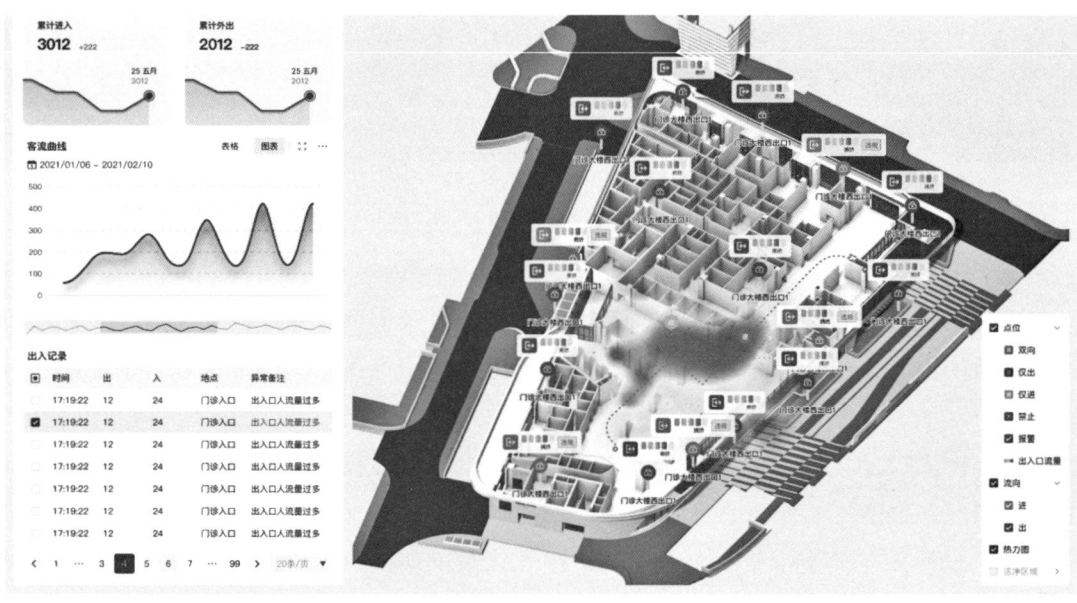

图 6.8　人员密度监测

（4）人员异常行为预警

针对楼梯口、屋顶花园、门诊大厅等可能存在人员摔倒、坠落、奔跑等高风险行为的区域，可以采用基于视频监控的人员异常行为识别技术进行事件预警。该技术包括以下步骤：1）在模型中选择高风险区域；2）提取监控该区域的多个摄像机的监控画面；3）采用人员追踪和异常行为识别 AI 算法，识别高风险区域的人员倒地、奔跑、高空坠落、穿越警戒线等异常行为，如图 6.9 所示；4）当发现异常时，立即在模型中标出红色预警信号点位，并推送预警消息和位置地图给安保人员，通知最近安保人员立即到现场处理。应用表明，该技术识别穿越警戒线、高空坠物、人员倒地等高风险行为准确度较高，但识别奔跑等低风险行为时，需要根据各个空间设置合理的阈值，避免误报过多的问题。

图 6.9　大厅区域人员奔跑行为识别

6.1.4　安全事件网格化处理

为了落实网格化管理，需要结合医院安保岗位设置，制定安全事件网格化处理流程，从而将分散在不同层级单元格上的安防信息和管理人员串联起来。通过优化各级管理流程，使得各级网格的信息能够层层向上级网格进行上报，上级网格也可将任务有效地向下层网格分配。常见的安全事件网格化管理流程和职责分工如下。

1）零级网格：即全院区，由分管副院长和安保科科长负责，主要是安防工作统筹、协调与监督，可在模型上查看院内各个安保事件和各安防子系统的统计数据。

2）一级网格：即分院区，由安保科副科长或安保队长负责，主要是具体管理工作，包括安排安全事件处理流程、进行网格划分和人员配置；查看各级安全事件消息、事件情况、人员配置情况、现场情况；指派各级事件的负责人审核事件处理结果。

3）二级网格：即楼宇或室外重点区域，由该区域安保分队长负责，主要是任务分解和网格内安保事件汇总和上报，查看和监督下级网格人员工作、事件处理情况等。

4）三级网格：即楼层，负责人为网格内安保人员，具体负责某一个网格的安防管理、事件上报和处理，包括日常安防任务、临时指派工作等；及时将事件信息上报至上级网格负责人。

实际应用表明，相较于基于微信群或电话上报的模式，网格化安防管理模式在安保部门建立了便捷高效的信息沟通渠道，搭建了上传下达的信息反馈网络，高效地组织了安防管理部门、安全保卫人员，可显著提高信息反馈与任务传达的效率。使用数字孪生模型还可以实时记录事件发生的情况和处理过程，提高管理层对事件的感知度，也方便管理层根据统计数据进行决策。

以某医院儿外楼的某医患冲突事件为例。当患者与护士发生肢体冲突时，前台护士按下报警按钮，系统接收到报警消息后，启动网格事件处理流程。

1）系统接收到报警后，自动发送红色报警消息，在模型对应区域弹出红色图标和弹窗，并进行语音播报；自动调取附近的摄像头，展示该区域的人员情况，提醒指挥中心人员关注该事件，如图 6.10 所示。

2）系统推送报警消息和相关数据到对应的一、二、三级网格负责人；同时自动生成事件工单并指派到儿外楼 1F 的三级网格负责人，如图 6.11 所示。

3）三级网格负责人接收到工单后，赶到现场处理事件；处理完毕后对事件细节进行描述并拍照上传，通过系统统一上报到二级、一级和零级网格负责人。

4）二级和一级网格负责人对事件进行审核，审核通过后数据归档保存。

5）各级管理人员可以随时查看安全事件处理的记录和统计分析情况，如图 6.12 所示。

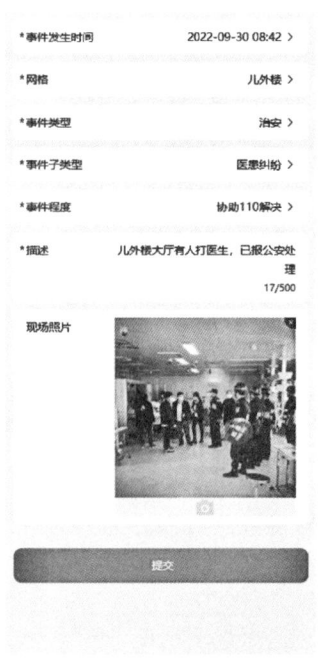

图 6.10　安全事件上报

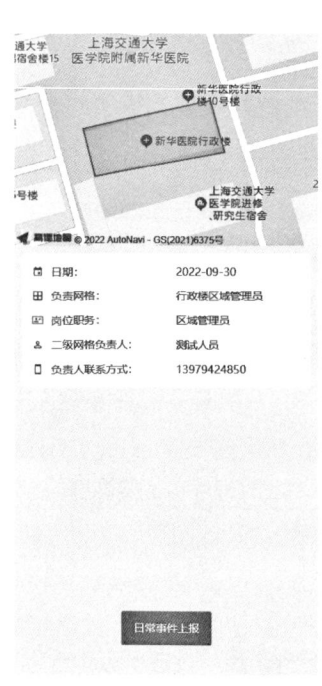

图 6.11　事件处理任务推送

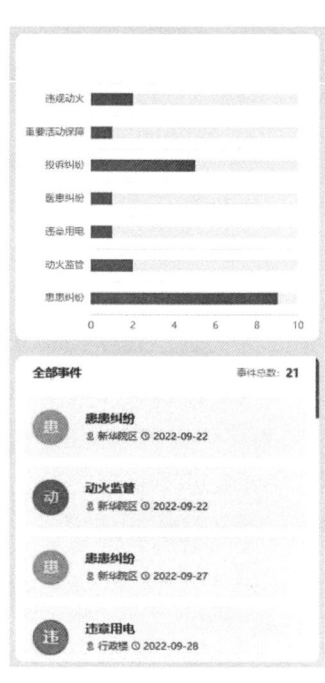

图 6.12　事件处理统计

6.2　医院智慧应急管理

应急事件是负面影响较大、紧急程度较高的突发安全事件，需要多部门协同处理。

医院常见的应急事件主要包括自然灾害事件（如大雨、台风等）、事故灾害事件（如火灾、停水等设备故障）、公共卫生事件（如重大传染病）和社会安全事件（如人员丢失、医患纠纷等事件）。医院应急管理是为有效降低应急事件所产生的负面影响而采用的计划、组织和协调等管理工作。医院应急管理工作是以"一案三制"为基础，其中"一案"是突发公共事件应急预案，"三制"是应急管理体系、运行机制和法制。[73]

调研表明，由于缺乏数字化工具支撑，目前应急事件处理一般采用线下管理模式，普遍存在效率低、决策依赖经验等问题。基于数字孪生和网格化管理方法，可以实现应急管理精细化、标准化，提升医院后勤应急管理能级。考虑到在应急事件处理过程中，人员快速疏散和特殊人员寻找是重要工作内容，本书介绍基于模型的人群智能疏散方法和特殊人员定位与追踪方法，支持提升人员疏散和特殊人员定位速度。

6.2.1 数字化应急管理方法

基于模型的数字化应急管理方法，具体包括职责分工、在线化工作流程、提前布防等内容。考虑到各种应急事件中自然灾害最为常见，且负面影响范围广，本书以自然灾害为例对数字化应急管理方法进行详细介绍。

6.2.1.1 各部门职责分工

针对各类应急事件，医院一般会成立相应的应急指挥中心，负责统一推进各项应急措施落实。应急指挥中心负责协调安保部、后勤部、工程部等各部门根据职责分工进行协同工作。每个部门应根据院区网格划分安排应急状态下的网格负责人，落实各区域的应急措施。某自然灾害应急事件的各部门职责分工如下。

1）指挥中心：发布进入应急状态，通知管理人员到达重症科室以及泵房、地下车库入口处等重点区域加强巡查。

2）安保部：负责组织人流绕开危险区域，疏散人流到安全区域；负责对室外易坠物、屋面地漏等加强巡视。

3）后勤部：负责应急物资采购、存储、分配和管理等工作；负责清除枯枝败叶以及塑料袋等影响排水的杂物，确保排水畅通；处理各区域的清洁和屋内积水。

4）工程部：对工程抢险设备、设施的检查、准备和操作等工作；通知管道疏通人员待命，快速疏通下水管道；负责对高大树木进行绑扎加固，减少倒塌风险。

6.2.1.2 在线化工作流程

为有效预防、及时控制和尽快消除应急事件造成的危害，确保应急事件下医院的正常运转，医院应急指挥中心一般会制定针对各种应急事件的工作流程。工作流程主要用于规范各个部门的协同工作步骤，提高各部门的应急反应速度和能力。自然灾害事件的在线化应急管理工作流程如图 6.13 所示，与线下管理工作流程略有差别，具体介绍如下。

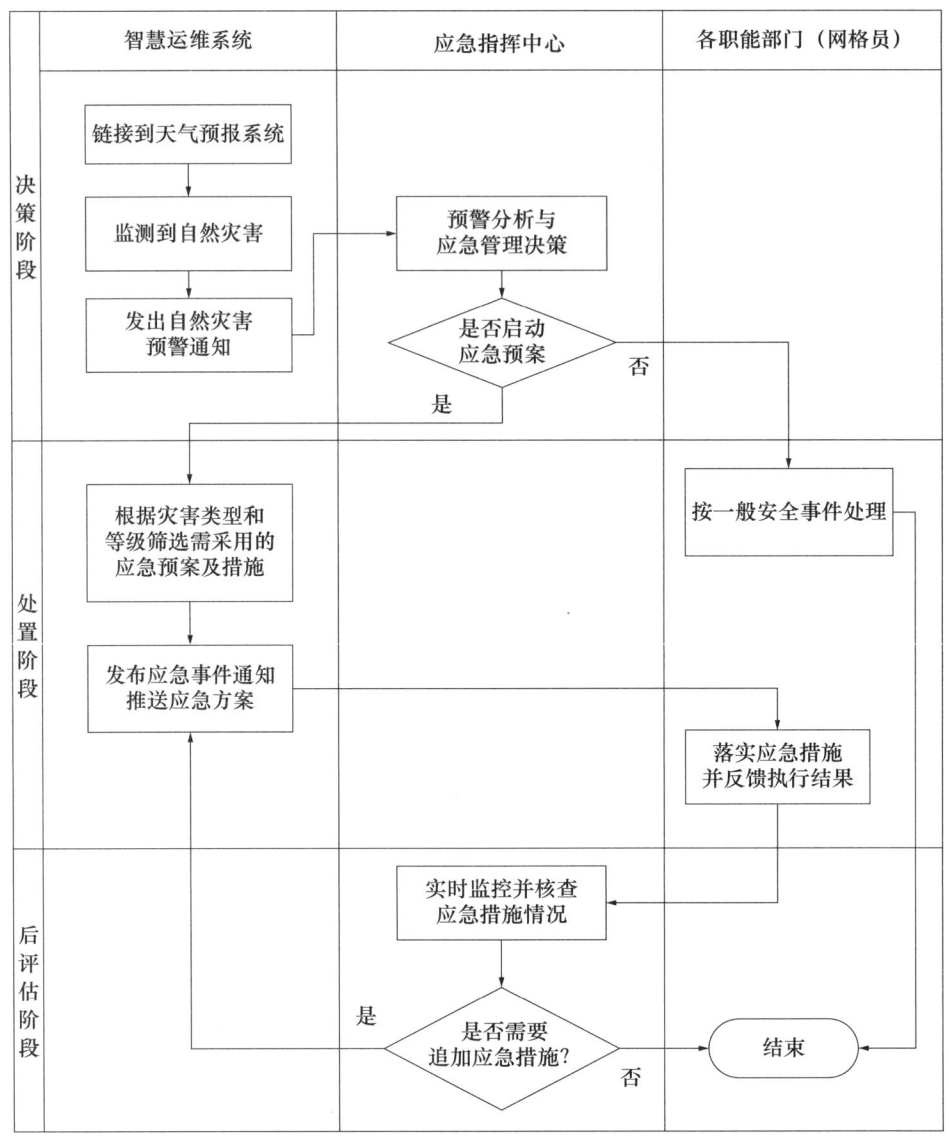

图 6.13　自然灾害应急管理工作流程

1）智慧运维系统通过对接政府气象灾害预警系统，实时获取预警信息；相比线下收取天气预报，更及时、更全面。

2）当系统收到预警信息时，自动向应急指挥中心和相关人员发出自然灾害预警通知，如图 6.14 所示。

3）应急指挥中心在综合分析的基础上，决定是否启动应急预案；若不启动应急预案，应作为一般安全事件进行上报和处理。

 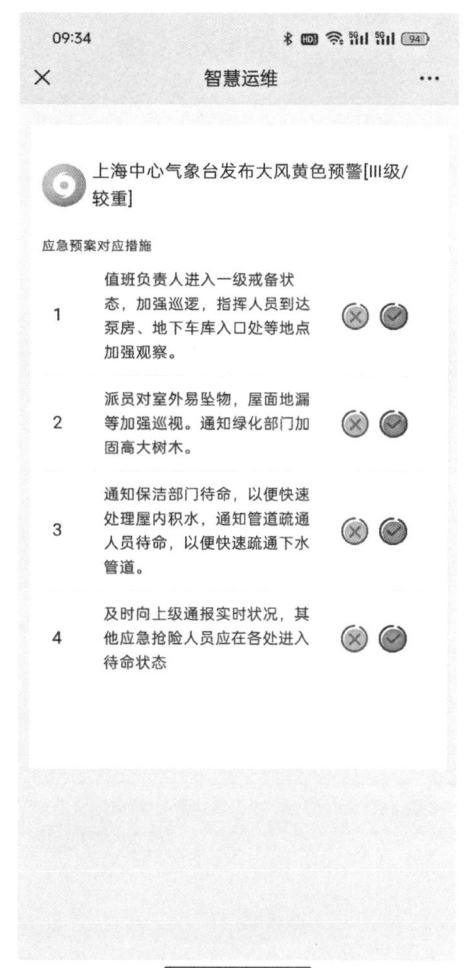

图 6.14 自然灾害应急预警通知和应急任务处理

4）应急指挥中心启动应急预案后，智慧运维系统根据预警类型和预警等级自动匹配相关的应急预案。应急预案一般分为"蓝、黄、红"三级预警，相应的应急响应工作略有不同。

5）系统将对应的应急方案和措施推送给安保、后勤、工程等职能部门的网格管理员，提醒尽快完成应急预案规定的相关工作任务，从而避免线下管理模式存在的预警消息通知遗漏或不及时等问题，如图 6.14 所示。

6）根据 6.2.1.1 节所属的应急预案中各部门的职责分工，各部门的网格管理员及时到现场落实相关应急措施，并将执行结果反馈到智慧运维系统，形成应急管理闭环。

7）应急指挥中心实时监控现场执行情况，并对已落实的应急措施进行现场核查。若发现现有应急措施不能满足需求时，追加新的应急措施，并通过系统发布，要求相关部门协调处理；若无需追加新的措施，即可结束流程。

6.2.1.3 重点部位提前布防

基于模型中历史应急信息和实际监测情况，可以识别出应急事件负面影响严重或经常出现问题的重点区域，提前制定应对措施，进行布防。如在重点区域增加应急管理人员，负责监测和处理相关任务。针对台风等自然灾害，一般需要提前布防的重点区域包括给水排水机房、高压配电机房、重症监护室／手术室重点区域，见表6.5。

重点区域提前布防 表6.5

区域	险情	主要任务	负责部门
地下室MR等特殊科室	进水	切断电源、沙袋堵漏、排水、收尾	保洁班组
	漏水	切断电源、堵漏、接水、警示牌、收尾	
	积水	开启污水泵、打开窨井盖、排水、疏通堵塞管道、潜水泵吸水、收尾	
重症监护室／手术室	积水	切断电源、堵漏、接水、排水、收尾	后勤部
	停电	启用应急电源	
高压配电房	部分停电	检查线路、查出故障、供电线路切换、联系电站、恢复供电	后勤部
重点设备机房	管道漏水	关闭水阀、组织抢修、恢复调试等	工程部

6.2.1.4 虚拟演练

基于模型可以对各类应急事件进行虚拟演练。如智慧运维系统发布一个台风预警的演练消息，自动推送预警消息到应急指挥中心，应急指挥中心经过分析后，启动应急预案；然后，智慧运维系统根据预警类型和等级匹配相关的应急预案，并将应急措施推送给相关人员，相关负责部门安排应急人员到现场落实应急措施；最后应急指挥中心统计分析各个小组到位的及时性和准备工作的完成情况，分析应急演练的效果和优化方向。

应用实践表明，数字化应急管理模式可以帮助运维管理者建立和完善应急管理体系，包括制定清晰的流程、明确的责任分工和准确的重点区域识别，从而逐步实现从"人防"到"人防＋技防"的应急管理模式升级。

6.2.2 特殊人员应急定位与追踪

医院应急管理中时常需要根据人脸信息查询医闹、病患、遗失儿童等特殊人员在医院建筑中的位置和行动轨迹。传统通过人工查看视频监控进行查找和定位，效率较低，经常需要多个人查看1个多小时才能完成。因此，不少医院通过安装人脸识别摄像机，实现基于人脸快速检索特定人员。但通用AI技术只能定位特殊人员出现在哪些摄像头中，而无法定位人员出现的实际位置，定位精度较粗，具有一定误差。特别是在医院建筑中，人脸识别摄像机安装数量少，且视频监控画面范围广，误差可能超过 50m，无法确定特殊人员最终进入哪个诊室或会议室，难以满足需求。

本书介绍一种基于模型与视频虚实融合的高精度人员室内定位和轨迹追踪方法。该方法首先通过对室内活动空间和摄像机进行 BIM 建模，并通过现场标定等方式进行摄像机畸变校正；接着基于模型计算人员活动空间网格点及其空间路线图建立活动空间网格点与各个监控画面的像素点的映射关系，并使用上述映射关系和监控画面 AI 识别信息，进行人员室内定位；最后使用人脸定位序列数据与网格点坐标，计算人员在活动空间的轨迹，如图 6.15 所示。基于模型还可以调取和查看人员抓拍画面，了解当时现场情况。考虑到医院建筑设置的大部分摄像机没有 AI 识别功能，因此在硬件选型方面，可以采用后台 AI 服务对常规视频监控画面进行 AI 人脸抓拍。总体而言，该方法对前端摄像头要求低，适用于需要大面积进行人员定位的应用场景。本书 8.6 节详细介绍了该方法的算法实现过程。

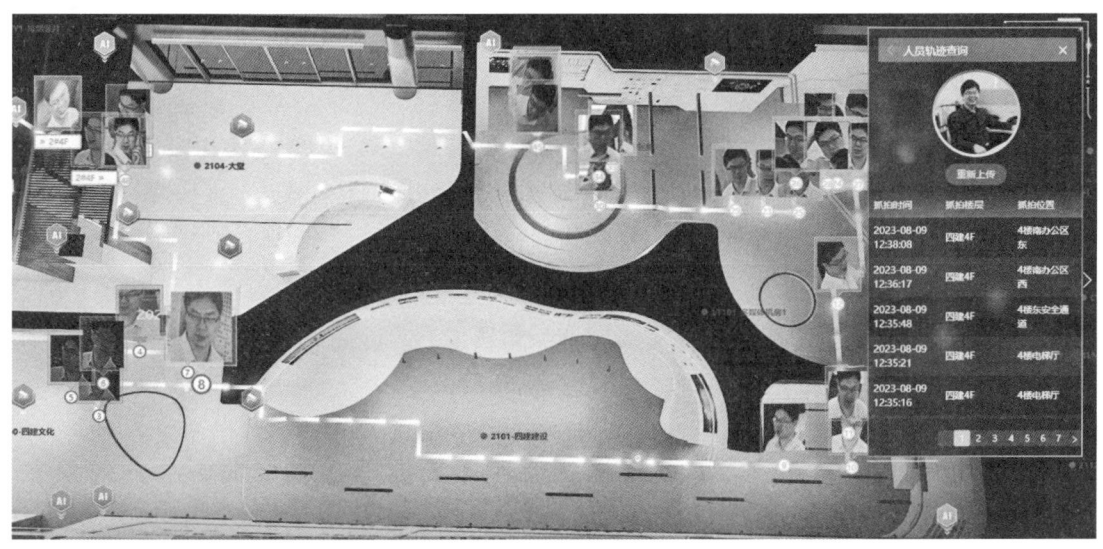

图 6.15　基于人脸识别的特殊人员定位与轨迹追踪

6.2.3　应急疏散智能指引方法

在应急事件发生时，如何快速、有序地引导医院内人员及时疏散，远离危险，是应急管理的重点工作之一。但是，近年来随着医院建筑规模越来越大，空间越来越复杂，应急疏散指引已经成为一个难题。主要体现在以下方面：1）如何根据建筑空间和突然出现的动态风险源分布，快速建立一个疏散网络；2）如何为各个空间的人员动态计算疏散路线，在疏散过程中尽可能避开风险源；3）如何将疏散指引消息直观推送给建筑内人员，指引其快速、安全疏散。针对以上问题，基于数字孪生模型的动态应急疏散指引方法可以实现基于模型智能生成最短疏散路线,并基于物联网设备指引人员避开危险源,从而提高疏散效率和安全性。具体介绍如下。

6.2.3.1 疏散路线智能生成算法

基于模型中空间拓扑信息(如本书 2.3.2 节所述),可以结合神经元网络算法计算出最优的疏散路线,具体包括训练集生成、AI 模型构建和训练与测试等步骤。

(1)优质疏散路线训练集生成

为了构建疏散指引 AI 模型,采用计算机模拟方式生成不同区域发生应急事件时,医院内各个空间位置共几万条疏散路线。计算疏散路线时,综合考虑最快到达和路线危险程度两种因素。如果途经静态或动态风险源,则选择该方向的概率会降低。这些模拟疏散路线具有一定的避险能力,形成训练集用来训练形成的智能疏散决策 AI 模型也具有避险能力。具体包括以下步骤。

1)模拟不同区域发生安全事件。

2)采用最短路线生成方法,根据模型中空间拓扑关系,生成在各位置应急事件下医院内各个空间位置的几万条疏散路线。

3)计算每条疏散路线的安全指数,安全指数计算方法见公式(6-1)。该安全指数综合考虑了路线长度和途经风险源的危险程度两种因素。

$$S = 1 - 0.1\left(\frac{L}{D} - 1\right) - \sum E_m + 0.2\sum E_n + 0.01(C + \sum E) \qquad (6\text{-}1)$$

其中 L 为路线实际长度,D 为房间到最近安全疏散口的直线距离,E_m 为路线直接经过区域的危险系数,E_n 为经过区域的所有相邻区域的危险系数,C 是路线经过的子空间总数,$\sum E$ 是场景中总的危险系数之和。公式(6-1)中加上($C + \sum E$)项的意义在于补偿较长路线。

4)选择 S 得分最高的前 20% 的路线作为最终的训练集。如果途经风险源,则该路线的安全指数会降低,列入训练集的数量就越少,因此,使用该训练集构建的 AI 模型生成的疏散路线具有一定的避险效果。图 6.16 为高层空间的疏散路线训练集中的一条路线,距离较短,得分较高,图 6.17 为另一条高层区域路线,路线较长,但途经的风险源较少,因此也列入了训练集。

(2)AI 模型构建

采用一种适合描述建筑空间分层结构的组合式全连接神经网络,用于对疏散路线进行计算和优化。以一个 18 层楼的建筑为例,其 AI 模型的构造如图 6.18 所示。AI 模型的第一层就是该楼层的 36 个输入端,包括 18 个指示当前路线在 18 层楼中位置的输入(图 6.18 上方),和 18 个表示安全事件在 18 层楼中分布的输入(图 6.18 下方)。位置输入向量里,当前子空间位置赋 1,其余都是 0;危险状况输入向量里,赋给每个空间危险系数值。网络的输出是一个一维 one-hot 向量,指示下一步的位置。使用 Python 的 keras 框架实现 AI 模型。

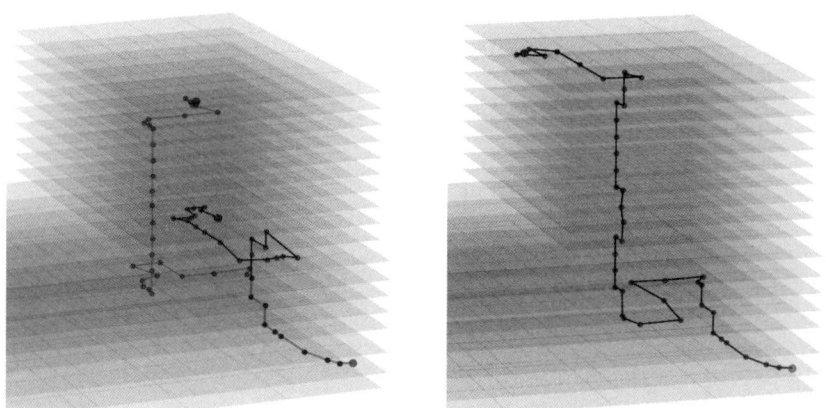

图 6.16　高层区域路线例子 1　　　　图 6.17　高层区域路线例子 2

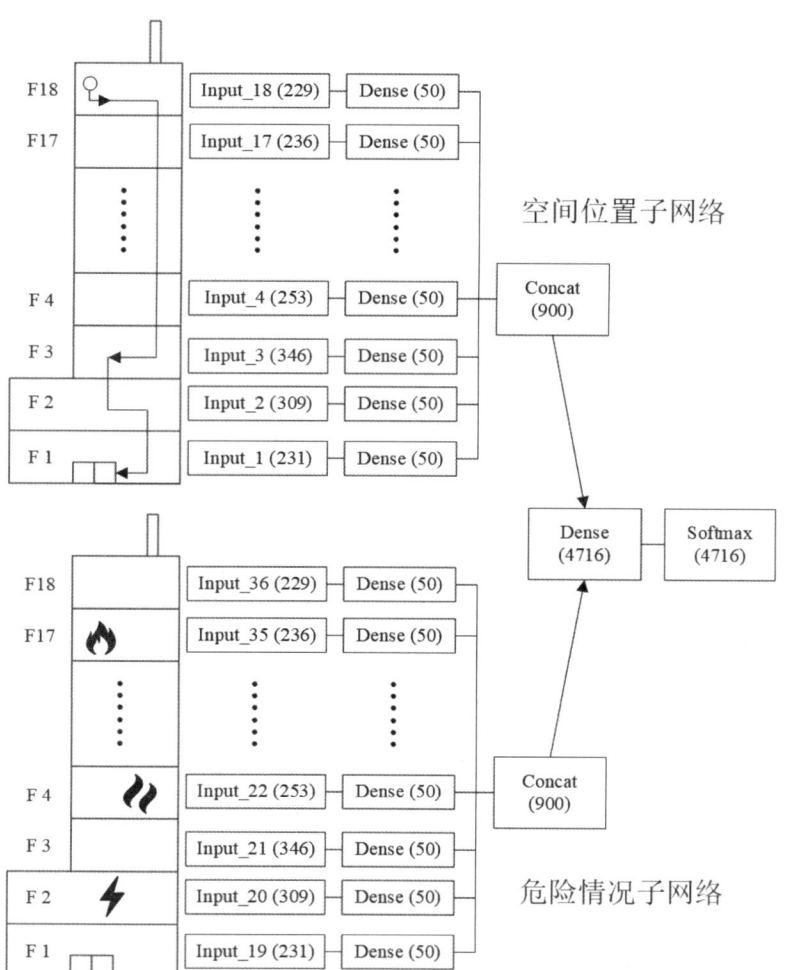

图 6.18　疏散路线优化 AI 模型的结构

（3）AI 模型训练与测试

使用模拟生成的疏散路线训练集，选择 RMSprop 优化器进行充分训练。以某 18 层楼为例，全楼有 1224 个房间、走廊、楼梯区域和 1341 个连通门，经自动空间分割成 4716 个输出节点。训练集有 8 万条路线，使用 TensorFlow-GPU 框架和 NVIDIA Quadro 显卡，训练时间约为 30min。训练完成后，对构建的 AI 模型进行测试和调优，形成最终部署应用的 AI 模型。

6.2.3.2 疏散指引物联网设备

为了将动态计算的路线推送给医院中的人员，指引他们快速疏散，需要一种能与智慧运维系统连通，指示附近人员按优化路线疏散的物联网设备。该指引设备的物理结构应包括 3 个部分：边缘侧物联网设备、4G 网络通信模块和云端智慧运维系统（包括疏散指引决策服务模块），如图 6.19 所示。边缘侧物联网设备包括树莓派计算主板、烟雾传感器、温湿度-气压传感器、蜂鸣器和智能 LED 点阵屏等。边缘与云端之间通常采用成熟的内网传输，例如 ZigBee 或 LoRa 网络。疏散指引设备实物如图 6.20 所示。

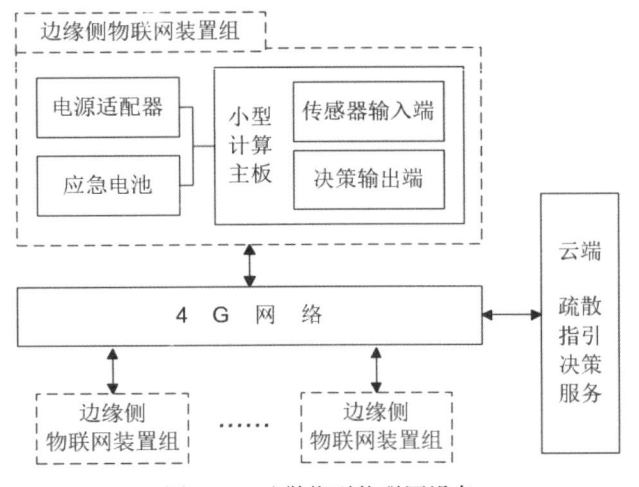

图 6.19 疏散指引物联网设备

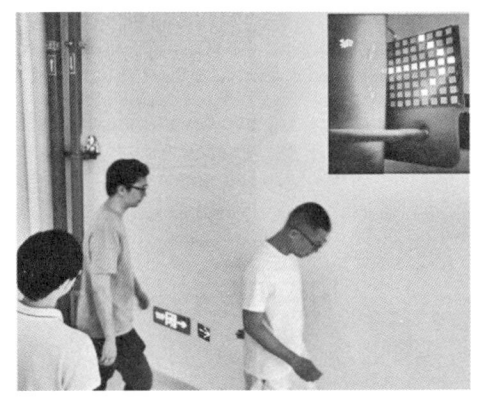

图 6.20 疏散指引物联网设备实物及应用

智能疏散指引设备的信息流如图 6.21 所示。首先，边缘侧计算主板上的控制-协调-分析集成模块负责收集所有传感器采集的数据，并做必要的初步分析。如当烟雾传感器感知到可燃气体和烟雾信号，或温湿度明显超出正常值时，则向云端智慧运维系统发送危险系数升高信息。智慧运维系统汇总边缘侧分析信息后，输入疏散决策网络进行深度分析。空间拓扑数据存储模块负责对网络输出做解码，得到指引方向对应的现实世界位置，发送至 4G 网络模块，然后 4G 网络模块负责将决策指令再分发至每个边缘侧装置。边缘侧装置通过蜂鸣器发出明确的声音以指示位置，并通过 LED 屏幕输出光信号，指示最优疏散方向。

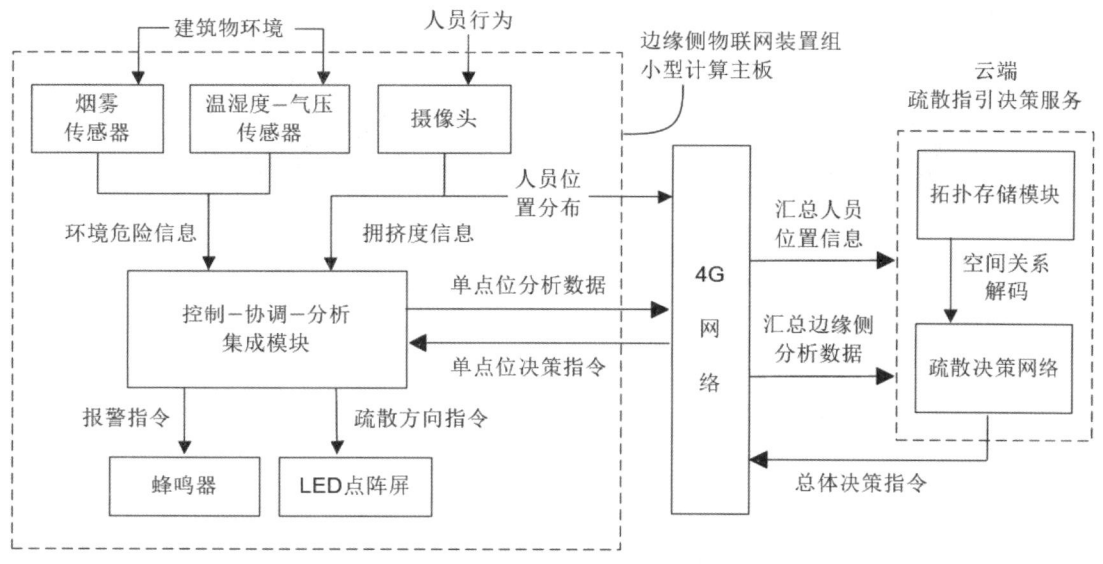

图 6.21 智能疏散指引设备的信息流

6.2.3.3 疏散指引算法测试

为了测试指引算法和装置的效果，招募了 16 名对环境较为陌生的试验人员进行试验。2 人一组进行了 4 次条件不同的试运行，即两个出发位置和有无智能导航的情况组合。跟踪记录了经过的试验区域，计算了路线的长度扣分、危险度扣分和安全指数总得分 S。如图 6.22 所示，可以看到有导航得分明显高于无导航的自由疏散得分，主要差距在动态安全度的提升，并且有导航时更容易在复杂的楼层平面上找到合适的向下楼梯。此外，测量了平均的所需安全疏散时间（$RSET$），有导航情况下的疏散时间可以降低 50~60s。可见，智能指引算法和设备可以减少疏散路线的危险程度，更好应对动态危险因素。

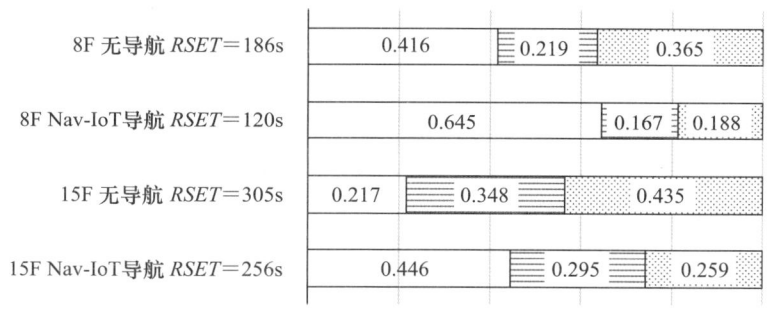

图 6.22 物联网导航与无导航对比

第7章 医院建筑智慧运维系统应用策划

智慧运维建设与应用策划是指医院管理者在建设建筑智慧运维系统前，对系统应用方案进行提前策划，包括目标确定、组织架构设计、工作分工和保障措施等内容。由于建筑智慧运维系统建设和应用难度较高，充分的策划是十分有必要的。医院管理者应根据智慧管理评级目标、医院建筑建设运营情况、投入资金规模等实际情况，对建筑智慧运维系统应用的范围和深度进行界定。智慧运维系统策划工作应尽量在建筑施工图设计阶段开始，最晚应在建筑智能化工程招标前完成，否则可能存在建筑智能化系统数据对接困难等问题。

7.1 目标确定

在进行智慧运维应用策划时，首先应明确应用的目标。应用目标的深度可以从应用的建筑范围、融合的系统范围和实现的功能等不同维度进行划分。其中，应用的范围从新建建筑、重点建筑到全院区所有建筑，应用范围越广，资源投入越大。融合的系统范围包括BA系统、能耗监测系统、环境监测系统、安防管理系统等，融合的系统越多，智慧运维系统功能越强大，实施难度也越高。实现的功能包括"以虚映实"（如构建数字孪生模型）、"以虚预实"（如故障预测与主动式运维）、"以虚控实"（如运行智慧节能）、"以虚优实"（如人流仿真与空间布局优化）等。在确定目标时应参考以下基本原则。

（1）从实际条件出发

建筑智慧运维实施涉及建筑建设和使用多个环节和多个参与方，应充分考虑医院自身软硬件环境、管理团队能力和资金投入等。特别是下列问题：1）项目建设预算是否充足；2）建筑智能化系统等硬件配置是否满足智慧运维系统建设对数据的需求；3）运维管理团队哪些部门有能力使用智慧运维系统。

（2）充分考虑各类用户的需求

调研表明，医院不同人群对智慧运维系统的需求差别较大，如医院管理者主要关注提高运行效率和节能，医护人员和病患人员更关注医院的舒适性。因此，在策划阶段应全面了解病患、医护和管理者等不同人员的需求，确保智慧运维系统能服务于目标群体的主要需求。

(3) 平衡技术成熟度和创新性

在数字化转型大背景下，新技术不断涌现。但是，新技术的过度曝光也让部分建设者忽略了其成熟度和实用性问题，从而难免产生创新技术难以落地的问题。在建筑智慧运维策划中，应平衡技术成熟度和创新性，确保系统落地使用。

(4) 整体规划，分期实施

面对医院一院多址、多部门、多维度的运维管理需求，在建筑智慧运维策划时可以采用整体策划、分期实施的方式推进。例如整体架构设计可以考虑一院多址的需求，但要先在本部院区实施。对于包括既有建筑和新建建筑的大型医院，则可以考虑在新建建筑中先行先试。针对后勤、安防、基建等不同部门需求，可分阶段分部门逐步满足。总而言之，智慧运维的整体规划、分期实施，既可以保障系统建设顺利完成，也可以把投入和难度控制在可接受的范围。

(5) 符合政府相关政策要求

医院建筑智慧运维是智慧医院建设的重要组成部分，需要参考国家发布的相关标准和政府文件。主要的文件的如表 7.1 所示，包括《智慧医院综合评价指标（2015 版）》和《医院智慧管理分级评估标准体系（试行）》等。

智慧医院建设国家相关标准和文件 表 7.1

时间	发布部门	文件名称	相关内容
2015年	原国家卫计委	《智慧医院综合评价指标（2015 版）》	主要从能力建设、应用管理和成效评价三个方面来评估医院的智慧建设和应用水平，包括 3 个一级指标、16 个二级指标、144 个三级指标，并确定了首批 12 家智慧医院试点。该评价指标是国家卫计委首次提出智慧医院评价指标体系，其中包含了对智慧后勤管理的相关要求
2021 年	国家卫生健康委	《医院智慧管理分级评估标准体系（试行）》	针对医院管理的核心内容，从智慧管理功能和效果两个方面进行评估。评估对象为使用信息化、智能化进行管理的医院。评估结果分为 0~5 级。涉及设备设施管理、运营成本管理、后勤安保管理等医疗专业服务
2020 年	国务院办公厅	《关于推动公立医院高质量发展的意见》	医院应当充分利用现代化信息技术，加强医院运营管理信息集成平台的标准化建设。强调注重内涵发展、技术发展、能力水平发展、服务质量发展，善于运用现代管理理念和工具
2021 年	国家卫生健康委	《公立医院高质量发展促进行动（2021—2025 年）》	探索医院后勤"一站式"服务，建设后勤智能综合管理平台，全面提升后勤管理的精细化和信息化水平，降低万元收入能耗支出

7.2 组织架构设计

组织架构是建筑智慧运维成功实施的重要保障。本书建议的组织架构是业主（医院）牵头的模式，如图 7.1 所示。该模式是指医院管理者直接与智慧运维实施单位签订合同，协同建设工程总包、智慧运维实施单位和物业单位等参与方共同完成智慧运维系统建设和应用。此种模式有三个方面优势：1）可以充分发挥医院的优势地位，高效处理各参与方之间的协调工作；2）可以聚焦实际使用需求，高质量地完成智慧运维系统建设；3）顺畅地衔接建造阶段与运维阶段，对需求和成果把控性好，能将产品需求更好地落地应用。

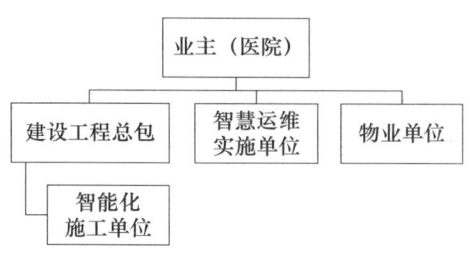

图 7.1　医院牵头的智慧运维应用组织架构

由于医院牵头的组织模式对医院管理人员和运维管理人员的能力有较高要求，因此也有医院采用施工（工程）总包代管的模式。该模式是智慧运维实施单位与施工总包单位或工程总承包单位（简称总包）签订合同，并根据工程合同要求，协助完成智慧运维的实施工作，如图 7.2 所示。该模式可利用总包对建筑工程全过程管理的特点，较好地衔接建设与运维，减少不必要的返工和资源浪费。同时，该模式可以支持医院将工程建设管理团队和智慧运维实施团队合二为一，降低协调工作量。此模式主要缺点在于施工总包工程建造以履约为核心目标，对于实际应用需求了解不充分，因此，总承包牵头的组织模式适合于运维目标明确的项目。

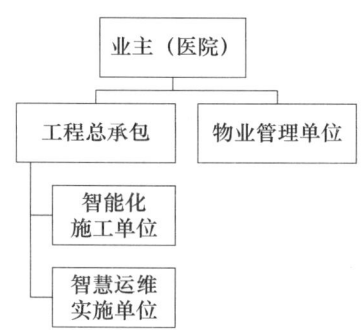

图 7.2　工程总包代管的智慧运维系统建设组织架构

7.3　工作分工

组织架构设计完成后，应将智慧运维系统建设和应用相关工作分配给相关参与方。智慧运维系统建设与应用的工作流程如图 7.3 所示，包括四个阶段九项工作。具体包括需求调研与整体策划，竣工 BIM 创建、审核与转化，智能化系统数据集成，智慧运维系统定制开发，配套软硬件安装，智慧运维系统部署与初始化，系统培训，管理体系建设与应用推进，应用反馈与系统优化等步骤，各步骤具体工作分工见表 7.2，具体介绍如下。

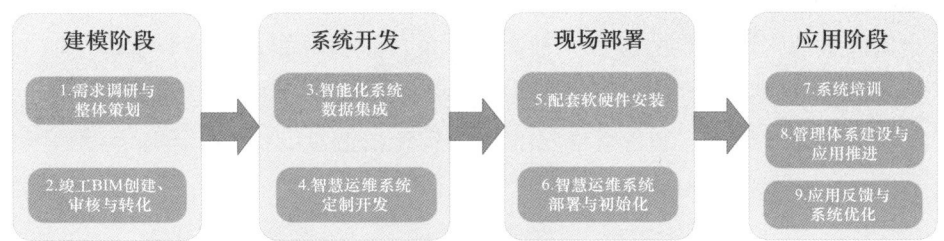

图 7.3 新建建筑智慧运维系统实施流程

医院建筑智慧运维实施流程与分工表　　表 7.2

序号	阶段内容	负责单位	配合单位
1	需求调研与整体策划	医院	智慧运维实施单位
2	竣工 BIM 创建、审核与转化	工程总承包	智慧运维实施单位
3	智能化系统数据集成	智慧运维实施单位	智能化系统分包单位
4	智慧运维系统定制开发	智慧运维实施单位	医院
5	配套软硬件安装	工程总承包	智慧运维实施单位
6	智慧运维系统部署与初始化	智慧运维实施单位	工程总承包
7	系统培训	智慧运维实施单位	医院
8	管理体系建设与应用推进	医院	智慧运维实施单位
9	应用反馈与系统优化	智慧运维实施单位	医院

（1）需求调研与整体策划

需求调研工作由医院负责，由智慧运维实施单位配合，主要工作包括：1）编制具有针对性的调研计划；2）调研主要用户需求，编写《需求规格书》；3）编写《系统原型设计稿》和《关键功能流程图》等文件；4）听取主要用户对《需求规格书》的反馈意见；5）根据用户反馈，修改完善《需求规格书》；6）根据需求，进行系统建议的整体策划工作，包括编制系统开发与应用计划。

（2）竣工 BIM 创建、审核与转化

由智慧运维实施单位负责提出《运维 BIM 标准》（以下简称"标准"），由工程总承包创建和修改竣工 BIM 模型，由智慧运维实施单位根据标准进行审核。标准应特别关注以下内容：1）几何模型要与建筑实体基本一致，特别是重要设备和主要管线；2）要保证模型中设备编号与智能化系统中设备编号的一致性；3）建立设备与管线的物理连接关系，确保机电系统的物理连接完整；4）空调机组、水泵、冷却塔等运维重点设备的模型应达到LOD500。

工程总承包还应负责在竣工阶段搜集运维需要的各类信息和竣工资料，包括机电系统和设备的厂家、型号、材料、运维要求、配件型号等信息以及设计图纸、使用手册、维修手册等资料。智慧运维实施单位负责将搜集的信息录入到BIM或智慧运维系统。

（3）智能化系统数据集成

智能化系统数据融合应由智慧运维实施单位负责，智能化系统分包单位配合。主要工作包括汇总各个智能化系统提供的点位表和接口协议，根据运维要求，针对楼宇自控、能耗监测、环境质量、智能安防等系统进行接口调试。

（4）智慧运维系统定制开发

智慧运维系统开发由智慧运维实施单位完成，包括系统功能设计、物理架构设计、数据库设计、系统开发、测试与部署等工作。系统开发应优先采用成熟的智慧运维系统，若有特殊需求，可在成熟的智慧运维系统基础上进行二次开发。

（5）配套软硬件安装

智慧运维系统的配套软硬件包括服务器、网络设备、展示屏等。其安装调试由施工总承包单位完成，由智慧运维实施单位提出技术要求，并配合安装和调试。配套硬件也可能包含部分新增的智能化系统，如人流统计、人脸识别系统、环境监测系统、移动式设备监控系统等。

（6）系统部署与初始化

智慧运维系统部署与初始化应由智慧运维系统实施单位负责，主要工作包括在医院内网中搭建运维数据服务器，并与项目设备网络、安防网络和内部管理网络连通。在服务器中部署智慧运维系统，完成运维指挥中心的硬件部署和软件调试，并支持使用系统的网页端、微信端访问系统的服务器。

（7）系统培训

系统培训应由智慧运维系统实施单位负责，由医院协助。系统建设完成后，智慧运维系统实施单位应对运维管理团队和物业管理单位进行智慧运维系统使用培训，让运维团队会用、用好智慧运维系统。

（8）管理体系建设与应用推广

管理体系建设应该由医院负责，智慧运维实施单位配合。系统建设完成后，医院应建立运维管理体系和组织架构，将智慧运维系统融入日常管理中。医院运维管理者应制定例会制度、考核制度等推进各运维单位使用智慧运维系统进行运维管理。

（9）应用反馈与系统优化

智慧运维实施单位应负责定期搜集各类用户的系统应用反馈，并根据反馈对系统的功能和性能进行持续优化，保障系统满足核心用户的使用需求，且应定期对运维数据进行深入挖掘和分析，辅助医院运维管理决策。

7.4 保障措施

基于数字孪生的新建建筑智慧运维建设贯穿建筑设计、施工、竣工和运维全过程，涉及医院、设计方、施工总包和各专业分包单位，协调工作量较大，因此，需要在策划阶段明确相关保障措施，确保各参与方积极配合医院完成相关工作。

7.4.1 设计阶段保障措施

设计阶段保障措施主要包括审核建筑设计图纸中智能化系统数据互用标准是否符合要求，以及是否预留了智慧运维所需空间。

（1）明确智能化系统数据互用标准

智能化系统的数据互用标准包括系统的对外通信协议和互用数据的内容。其中通信协议应是智能化系统厂家提供的通用接口通信协议；互用数据的内容包括智能化系统的传感器数据点位表、数据结构、编号规则等。智能化系统数据互用标准应在智能化系统设计文件中明确，并作为智能化系统招标的技术要求，避免造成二次开发费用。特别是互用数据的内容至关重要，直接影响智慧运维实施单位能否准确理解智能化系统数据的意义。

（2）协调智慧运维应用所需空间

考虑到医院空间紧张，建议在设计阶段明确智慧运维系统应用所需的数字孪生模型交互空间和数据存储空间。其中数字孪生模型交互空间一般包含建筑智慧运维指挥大屏、运维管理人员操作席位等。建议在医院信息机房、弱电机房或消控机房中预留专门的机柜用于部署数据存储空间服务器。

7.4.2 施工阶段保障措施

施工阶段的保障措施主要是审核竣工 BIM 的准确性和智能化系统的数据互用标准，支持构建高保真的数字孪生模型。

（1）建造过程模型审查

在机电安装工程、装饰工程等分部分项工程验收以及隐蔽工程验收等施工的关键节点，应分阶段审核分部分项工程的模型与现场的一致性。否则，工程隐蔽后，难以审核模型与实体的一致性，导致模型准确性不高，影响运维应用。

（2）建筑智能化系统深化

建设阶段，智慧运维实施单位应参与智能化系统的深化设计工作，确保智能化系统的数据点位满足智慧运维需求，具体包括以下内容：

1）确保各个建筑智能化子系统的功能设计和传感器点位部署符合建筑数字孪生模型构建和医院建筑智慧运维需求。

2）确保各个建筑智能化系统提供标准化的数据共享协议和接口，支持智慧运维系统在建筑设备局域网内互用其数据。如果有控制需求，应要求智能化系统提供远程控制接口。

3）建筑智能化系统应具有通路监测模块，支持断路自动预警。

（3）智慧运维配套软硬件安装

弱电分包应负责智慧运维系统所需的配套软硬件设备的采购、安装和调试工作。智慧运维实施单位应审核设备是否符合智慧运维需求，若不符合需求，应提出整改意见。

7.4.3 竣工阶段保障措施

竣工阶段是从建设向运维转化的重要环节。在竣工阶段，医院应组织相关单位对竣工BIM进行审核，对智能化系统数据进行测试和融合，保障高保真数字孪生模型的快速构建。

（1）竣工模型审核与交付

针对目前竣工模型质量不高、竣工模型与建筑实体不一致等普遍问题，医院应在接管验收阶段对竣工模型进行审核。该工作应由医院联合施工总包、物业管理等单位，使用移动式设备，在现场直观对照BIM和建筑实体进行审核。在审核过程中，若发现建筑实体与竣工模型存在几何尺寸和位置的差异，应在模型中标记问题，并发送给相关单位修改竣工模型。若发现模型中属性不全、不准确，可以直接修改属性信息。使用BIM进行接管验收，一方面提升了竣工模型的质量，另一方面也让运维人员提前熟悉了BIM，为在运维中使用BIM奠定了基础。

另外，应审核竣工模型中关联工程竣工的完整性和准确性。重点关注以下两类文件：1）电子化的竣工图纸等设计文件，特别是智能化系统的点位布置图和点位表；2）机电设备的使用手册、维修维保手册等电子文件。

（2）建筑智能化系统竣工交付

由于智慧运维系统的感知端以建筑智能化系统为主，因此，智能化系统的可靠度、准确性、实时性很大程度上决定了数字孪生模型的保真度。应在系统竣工交付时，审核建筑智能化系统互用数据是否符合运维要求，该工作应由弱电分包负责，智慧运维实施单位配合。由于目前智能化系统常规竣工验收工作往往忽略了系统可靠度与数据质量等问题，建议智能化系统验收重点关注以下内容。

1）系统可靠性验证：即审核智能化系统在长期运行中可能发生的接口访问不通、长期待机、传输延迟等风险；

2）数据质量验证：即审核智能化系统采集的设备运行数据与建筑设备真实运行数据的一致性和完整性等；

3）通信质量验证：即审核智能化系统采集的设备运行数据与智慧运维系统接收的

数据的一致性、完整性和及时性等；特别关注智慧运维系统发送的控制指令的实际执行情况，包括延迟时间和准确性等。

7.4.4 运维阶段保障措施

在运维阶段，智慧运维系统应用离不开组织和制度保障，否则容易出现运维系统与运维管理"两层皮"的问题。主要的保障措施包含以下内容。

（1）工作流程梳理与配置

系统应用前，医院应梳理工程维修流程、设备巡检流程、设备维保流程、空间分配流程、应急事件处理流线和安防巡检流程等建筑运维管理流程。然后在智慧运维系统中配置以上运维管理流程，保障医院管理者在运维系统中能处理大部分建筑运维工作，实现建筑运维管理的在线化和标准化。

（2）工作分工与权限配置

医院管理者应根据现有组织架构明确智慧运维系统各个功能的主要用户，使得系统工作流程中每个步骤有明确的人负责，保障系统顺畅运行。进一步地，应根据工作分工，建立各级医院管理者、护士长、常驻维修班组、外包班组和病患等不同角色，为各个角色分配系统使用权限，方便各个用户根据任务分工在系统中完成相关工作。

（3）建立运维管理指标体系

为了不断优化运维管理水平，体现智慧运维系统价值，医院管理者应逐步建立数据驱动的运维管理评价指标体系，定期分析和挖掘数字孪生模型汇集的海量运维数据，并进行科学评价。同时医院还可以根据《智慧管理评价标准》计算建筑运维相关内容的智慧化等级，识别需要提升的运维工作，持续优化系统功能。

第8章 医院建筑智慧运维系统建设

医院建筑智慧运维系统是数字孪生模型与建筑实体交互的载体，是实现智慧运维的重要支撑。根据软件工程的方法，建筑智慧运维系统建设包括需求分析、系统建设方案设计、核心算法研发、系统部署与交付等工作，其中核心算法研发是智慧运维系统的关键。本章将从数字孪生模型构建、设备设施运维、运行智慧节能和智慧应急管理等方面介绍核心算法，专业性较强，读者可以选择性阅读。

8.1 需求分析

系统需求分析一般包括需求调研、功能需求分析、性能需求分析和数据存储需求分析等工作。

8.1.1 需求调研

智慧运维系统的总体需求是实现"主动、高效、可靠和低碳"运维，但不同用户侧重点可能不同，具体需求会有一定差异。因此，需要在系统建设前对后勤、基建、安保和资产等部门进行需求调研，明确各方需求。

在需求调研过程中，可以采用5W2H的方法来了解各方的需求，具体如下：

（1）Who：用户，运维业务流程涉及哪些参与方；

（2）When：时间，用户在什么时间应用该系统；

（3）Where：地点，用户会在什么地点应用该系统；

（4）What：目标，用户使用系统希望达到什么目标，获得什么价值；

（5）Why：原因，应用智慧运维系统希望解决什么问题；

（6）How to：实施流程，应用系统的操作步骤和工作流程；

（7）How much：成本，系统建设和应用增加或减少的成本。

在需求调研过程中，为提高效率，可以由有经验的智慧运维实施单位提供一份常见的系统功能清单，由医院的相关用户进行选择。如医院建筑智慧系统的常规功能包括建筑信息模型管理、设备设施运维管理、运行节能管理、空间管理、安防与应急管理、综合决策分析和系统管理等模块。每个模块还可以细分为多项子功能，如设备设施运维管理可以细分为设备运行监测、设备故障预警与处理、维保管理、维修管理等；还可以进一步调研每个模块的应用范围，如设备设施运维管理应用范围可以包括供电设备管理、给水排水设备管理、暖通空调设备管理、电梯管理、污水处理设备管理等。

系统需求调研完成后，应形成需求调研报告，包括以下内容。

（1）系统建设概况：系统建设需求提出方、应用建筑规模、系统建设的主要目标、需要解决目前建筑运维中存在的哪些问题、期待系统应用带来哪些具体价值、系统部署的位置等。

（2）医院建筑运维现状：包括医院运维组织结构、运维人员规模、已有的运维信息系统功能和供应商等。

（3）建筑设施设备情况：包括建筑空间布置、机电设备配置情况、建筑智能化设备配置等。

（4）系统功能需求清单：各部门需要哪些智慧运维功能，包括功能名称、功能描述、应用范围和主要用户等，也可以采用排除法，列出用户不需要的功能清单。

8.1.2 系统功能需求分析

在需求调研基础上，需要对智慧运维系统的各个功能进行需求分析，作为后续系统研发的依据。智慧运维系统主要功能模块包括设施设备运维管理、建筑运行节能管理、建筑空间智慧运维和智慧安防与应急管理四个方面。本书简单介绍智慧运维的主要需求，供读者参考。

8.1.2.1 设施设备智慧运维需求分析

医院使用模型进行建筑设施设备运维管理的主要需求包括设备运行远程监控、维修在线管理、维护在线管理和电子台账管理等方面。

（1）设备运行远程监控

支持运维人员通过网页等方式随时随地在三维模型中查看各个设备的运行状态和报警消息；支持根据系统、设备类型、楼层等方式过滤相关设备，只查看某个系统、某个楼层或某类设备的运行状态，如只查看空调机组运行状态。在医院授权的前提下，可以对空调、照明等设备进行远程、集中控制。可以根据运行数据，预测重要设备的重要故障，避免设备停机等问题。

（2）维修在线管理

支持根据设备监测和报警信息自动生成报修工单，也支持人工在线填写故障报修工单；根据报修类型和空间推送给相关维修班组进行在线处理；修理完成后，支持维修人员在线填写修理反馈信息；支持运维管理人员填写验收和评价等信息，形成一个闭环流程。支持根据楼层、报修类型、维修班组和报修时间等多维度对报修工单进行统计分析;支持自动识别反复报修问题。可以梳理如图8.1所示的工作流程,体现使用智慧运维系统后的工作流程与原有流程的区别。

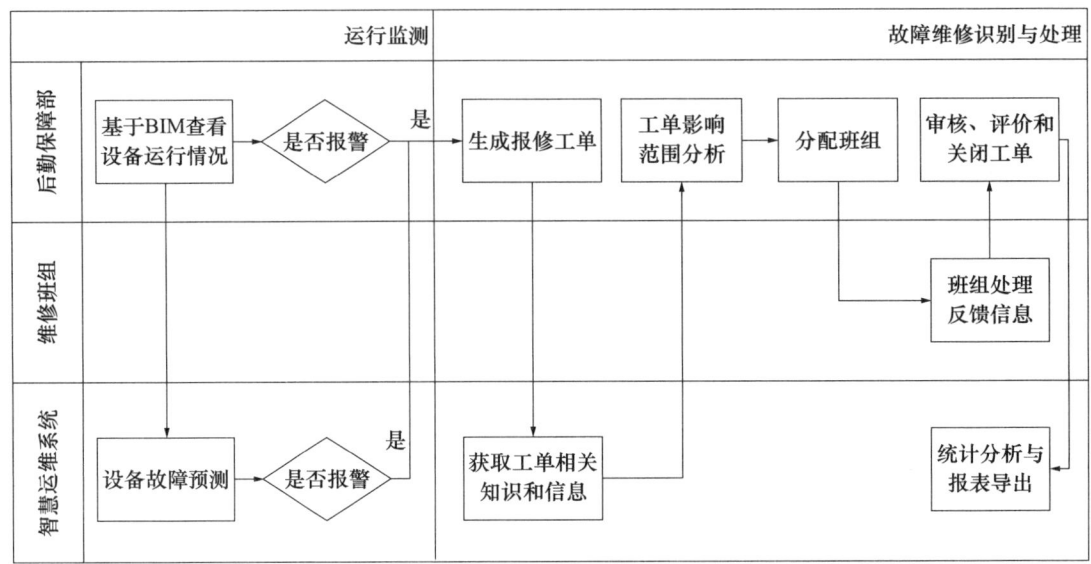

图 8.1　应用智慧运维系统的设备运行管理流程

（3）维护在线管理

支持在模型上记录和查询各个设备的计划性维保信息,包括维保计划、历史维保工单信息、维保评价和下一次维护维保日期等;支持根据维保计划分析各维保单位的维保工作完成度和及时性。

（4）电子台账管理

支持查看和导出建筑设备的电子台账,包括设施设备编号、名称、类型、运行状态等信息;支持在模型中查看台账中各个设施设备的空间位置。

8.1.2.2　建筑运行智慧节能需求分析

（1）建筑能耗多维度查询与分析

支持运维人员在模型中查看医院建筑的各个楼层、各个系统的用电情况,分析各个空间的能耗密度;支持根据空间、照明、插座等不同分项查看建筑用电、用气情况;支持查看不同时间、区间的能耗情况。

（2）能耗异常行为识别

通过对能耗监测数据的分析,智能识别用能超标的楼层或系统,支持精准化的节能管理,实现在保障建筑舒适性前提下,提升建筑节能性。

（3）耗能系统低碳运行控制

支持对空调、照明等耗能系统的运行策略进行优化,联动楼宇自控系统对耗能系统进行智能控制，达到降低能耗的效果。

8.1.2.3 建筑空间智慧运维需求分析

（1）空间环境智能维护

支持在模型中查询各个空间的环境温湿度等信息，当环境温湿度不满足要求时，在模型中标出预警空间和信息。基于模型能够联动空调和新风等系统，保障环境舒适性。

（2）空间优化改造

支持基于模型查看各个空间的墙顶地作法、楼面荷载、防火分区、空间功能等信息辅助空间优化改造决策；支持使用模型仿真结果识别人员聚集或交叉区域，优化辅助空间功能和设施布局。

（3）空间资产管理

支持基于模型查看和导出房间台账，包括楼层、房间号、使用部门、建筑面积、实际面积等；支持根据使用需求便捷地更新房间的使用部门和使用功能等信息；支持基于模型查看建筑空间的布局和使用功能；支持对房间使用情况进行多维度的统计分析，包括各个科室的空间面积占比和使用效率等，辅助领导决策。

8.1.2.4 智慧安防与应急管理需求分析

（1）智慧安防

医院对智慧安防的需求主要包括基于模型查看视频监控、入侵报警、出入口人流统计数据和区域人员密度等信息，支持安全态势预判。

（2）智慧应急管理

医院对智慧应急管理的主要需求包括基于模型查看应急事件的位置；计算应急疏散路线；引导人员快速疏散；支持基于视频监控抓拍特殊人员的进出医院的位置，分析其在医院的行走轨迹。

8.1.3 系统性能需求分析

从软件工程的角度，智慧运维系统的性能需求一般包括以下内容。

（1）智慧运维系统是一个内部的管理系统，并发数不多，建议支持至少 50 人并发访问。

（2）运维系统的大部分管理功能系统较为简单，响应时间要求不低于 10s；但如果涉及大量历史数据的分析，响应时间可以延迟到 30s。

（3）1000 万个三角面片模型的渲染不小于 24 帧/s。

（4）支持 1 万个动态数据的实时接入和分析，接入和分析频率不低于 1Hz。

（5）系统运行的内存和 CPU 占用率不高于 70%。

8.1.4 数据存储需求分析

智慧运维系统的数据存储需求一般根据运维的建筑的规模和时间进行估算。智慧运维系统的数据包括静态数据、动态数据和实时流数据。其中,静态数据主要是描述建筑几何、物理与机理等基本不变信息的数据。以 10 万 m^2 建筑面积的综合医院建筑为例,全专业、LOD400 的静态数据约为 25GB,包括 BIM 模型、轻量化模型文件和工程资料文件等。动态数据主要是维修、维保等业务数据,更新的频率较低,约为每年 1×10^5 条。实时流数据主要是视频监控、智能传感器监测的数据,假设 2000 个传感器,以 0.1Hz 的频率存储数据,每天的数据量一千万条,5 年的数据量将接近 1.8×10^{11} 条。

总体而言,智慧运维系统的数据量较大,需要考虑数据库的并发访问效率和存储扩展性问题,避免出现随着运维时间变长,数据存储空间不足的问题。

8.1.5 数据安全需求分析

在系统需求分析时,应调研和明确系统的数据安全需求和保障机制,一般包括以下五个方面的内容:

1)访问控制:通过网络访问控制策略和用户角色权限,控制用户对服务器、数据库等系统资源的访问。

2)身份认证:采用手机号实名身份认证机制防止攻击者假冒合法用户获得资源的访问权限,保证系统和数据的安全,以及授权访问者的合法利益。

3)数据加密:使用加密算法对网络中传输的数据进行加密,防止中间人劫持;使用加密算法对数据加密存储,避免非法用户攻击数据库获得项目数据。

4)容灾备份:服务器数据的异地备份,支持系统在遭遇故障和灾害时能迅速切换到备份服务器,保证系统正常运行。数据宜每天备份,当数据信息丢失或损坏时,可快速恢复。

5)安全审计:通过部署日志审计、入侵检测防御以及安全运维与审计,实现对整个网络系统的性能和流量日志的监控、分析与审计,实现网络和系统的"事前"管理、"事中"监控和"事后"分析,保障系统安全。

8.2 系统建设方案设计

在系统功能需求分析基础上,可以对系统建设方案进行详细设计,包括系统总体架构设计、系统物理架构设计、系统功能架构设计和系统数据库设计等工作。

8.2.1 系统总体架构设计

医院建筑智慧运维系统总体架构设计需要考虑系统应用的三个核心问题:1)大体

量数字孪生模型的构建、交互与管理；2）基于模型的智慧运维系统与建筑运维管理流程的深度融合；3）面向不同医院差异化需求的系统快速部署与更新维护。因此，智慧运维系统总体架构设计应采用符合以下原则：1）数据层应采用大数据仓库统一存储大体量的建筑数字孪生模型；2）业务层应结合医院基建、后勤和安防等运维管理部门的应用流程，开发模型驱动的建筑运行、维护、维修相关流程，实现系统与运维管理流程融合；3）应用层采用"云＋多客户端"的模式，满足不同医院不同类型用户的差异化需求，多客户端包括桌面端、网页端和移动端，分别适用于院长、管理者和操作者等各类用户的需求。

根据以上分析，智慧运维系统总体架构如图 8.2 所示，包括建筑实体感知层、数据模型层、平台层、业务层和应用层，具体介绍如下。

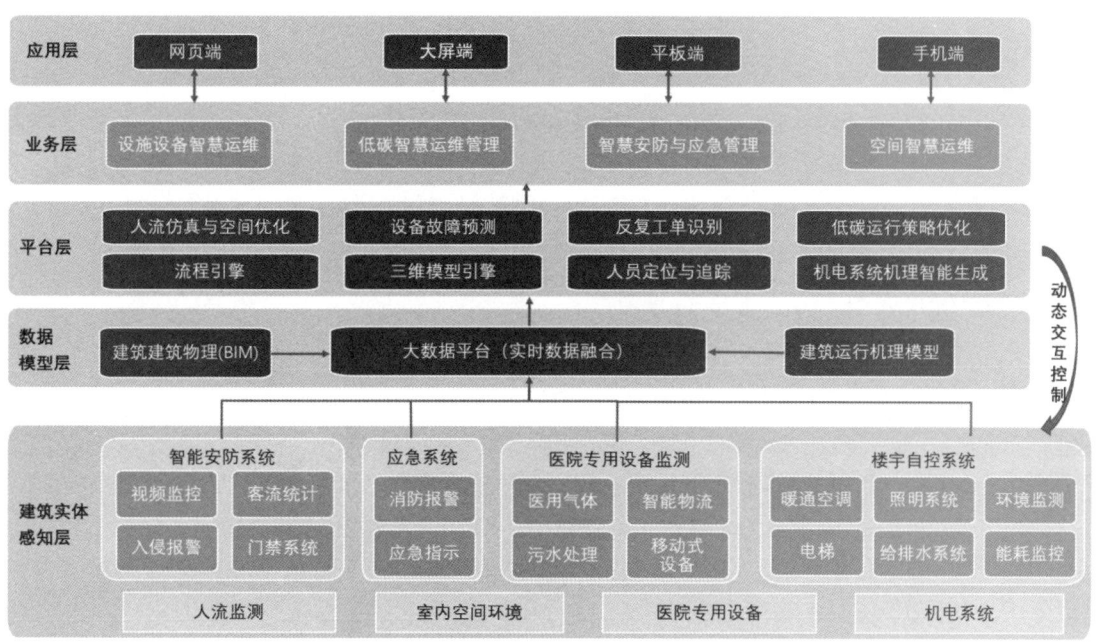

图 8.2　医院建筑智慧运维系统总体架构

（1）建筑实体感知层

建筑实体感知层是部署在建筑实体上的各种智能传感系统，实现对建筑实体内的人员、空间和系统的实时监测。建筑实体感知层包括楼宇自控系统、智能安防系统、智能应急系统、能耗监测系统等。

（2）数据模型层

数据模型层用于构建和存储建筑数字孪生模型，支持以多源异构建筑数据融合的大数据平台为核心，以 BIM、机电系统运行机理为基础，融合感知层各种系统的动态监测数据。

（3）平台层

平台层主要包括基于数字孪生的仿真、推演、分析和预测算法。为支持不断扩展的智慧运维需求，平台层采用"搭积木"式算法部署框架，支持设备故障预测、运行智慧节能算法、反复故障智能识别和人员定位等算法的研发与部署。

（4）业务层

业务层主要是针对各种运维业务需求开发的应用功能，主要包括建筑设施设备运维管理、智慧节能管理、空间智慧运维管理以及智慧安防与应急管理等功能模块。各个模块还可以细分为各项子功能。各项子功能的实现需要调用平台的相关算法和模型层的数据。

（5）应用层

应用层包括用于不同场景的指挥大屏端、网页端、手机端等客户端。不同客户端根据需求可以访问业务层提供的各项业务功能。

1）大屏端：用户为医院院长和各部门管理人员，使用场景为应急指挥和综合决策分析。大屏端可充分利用大型服务器的三维模型渲染能力，实现逼真的模型渲染和交互使用，支持跨部门的集成管理和决策。

2）网页端：用户为运维管理人员，使用场景为日常运行监测、维护维修管理工作。运维管理人员可使用网页随时随地访问系统，并通过结构化的图表和流程化的表单代替纸质资料和线下流程，提升日常管理效率。

3）平板端：用户主要为驻场的运维操作人员，使用场景为快速接收、处理维护维修任务，基于模型查询各类信息（包括设备运行、报警等），支持上传运行维护的现场照片等信息。

4）手机端：支持运维管理者随时随地查询建筑运维统计数据，支持运维决策，也支持非驻场的运维操作人员在医院外接收消息和处理维护维修工作。

8.2.2 系统物理架构设计

智慧运维系统物理架构设计要考虑的核心问题是系统数据安全和现场条件。根据现场条件不同，物理架构一般包括以下两种模式。

1）智慧运维系统服务器部署在医院信息机房，委托医院信息部门管理。该模式优点在于智慧运维系统容易与医院内网打通，一般有三级安全等保措施，数据安全性较高。该模式缺点是智慧运维系统实施过程中需要医院信息部门协调内网与外网和设备网的安全连接通道，工作量较大。

2）智慧运维系统服务器部署在弱电机房，由基建管理部门管理。该模式的优点是智慧运维系统与部署在设备网的智能化系统数据对接容易，实施难度较小。该模式的缺点是弱电机房一般没有三级安全等保措施，需要额外采购网络安全设备，用于保障系统和数据安全。

项目实施时应根据医院提供的数据存储环境和数据安全要求等情况进行物理架构选择。随着网络安全需求的不断提升，建议医院选择第一种模式。选择了总体模式后，在系统物理架构设计时还需要考虑以下问题。

1）医院业务网络（内网）和设备网的界面划分：以医院业务科室使用为主的电脑和服务器划分在业务网络中，以医院后勤管理人员内部使用为主的设备划分至设备网络，因此，智慧运维系统服务器和客户端主要部署在设备网中。

2）跨网络的连通策略：为了支持医院管理者在医院内网中查看建筑运行情况，需要实现设备网与内网、外网的跨网络连通。跨网络连通一定要加网关和防火墙等网络安全设备，避免不安全的连接。

3）硬件设备的部署空间：不同网络层级的硬件物理空间选址和安全管理，包括物理隔绝和安全管控方法、软件防范方法等。

某医院的建筑智慧运维系统的网络架构如图 8.3 所示。该架构主要采用运行在医院信息机房的私有云数据中心提供数据存储和分析计算服务，并通过硬件防火墙连通外网和设备网。设备网内部的总交换机将智能化系统、智能安防系统和智慧运维系统的数据中心连接。私有云数据中心采用 OpenStack 平台，将若干台服务器组合为一个云服务。本系统的文件服务、应用服务、Web 服务、数据库服务等作为部署在该云服务上的虚拟服务器，通过网络安全设施将部分数据加密推送到公有云端服务器进行异地容灾备份，并向手机端发送消息。公有云部署的服务包括用于运行手机端的 Web 服务器和用于备份系统数据的备份服务。Web 服务器使用公有云 ECS 服务，系统备份使用公有云数据备份服务。

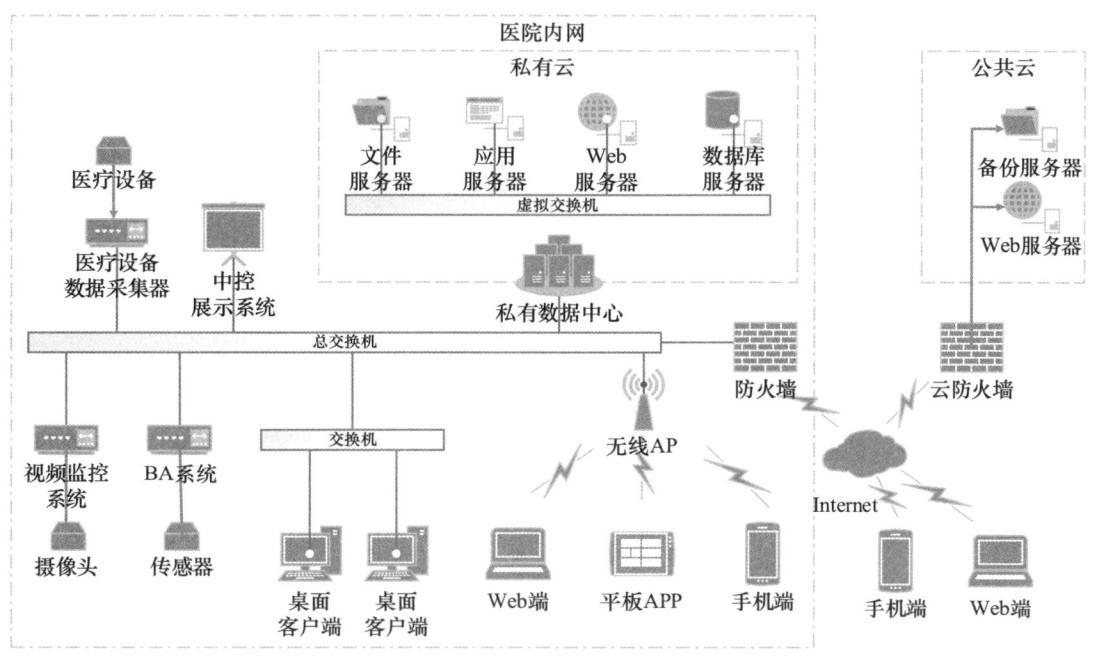

图 8.3　物理架构图

8.2.3 系统功能架构设计

根据医院建筑智慧运维系统的需求分析,可以对智慧运维系统的功能架构进行设计,形成功能列表,如某医院整理形成的智慧运维系统功能列表见表 8.1。根据系统功能列表,智慧运维实施单位可以在已有智慧运维系统基础上,选择需要的已有功能。若医院还有特殊需求,而已有功能不能满足,可以通过对系统的二次开发拓展系统功能,以满足医院需求。

某医院智慧运维系统功能列表　　　　表 8.1

系统模块	功能	功能描述
模型管理	模型导入	将 BIM 模型导入智慧运维系统,并读取模型中空间、设备等静态信息
	模型更新	支持根据需求将修改后的 BIM 模型导入系统,实现模型更新
	模型浏览	支持基于模型查看房间布局、设备管线布局等几何物理信息
空间管理	空间台账管理	支持在台账和模型中查看房间信息,修改房间的使用部门、名称和功能等信息
	防火分区	支持在模型中查看建筑附近的防火分区、防火墙等
	建筑荷载	支持在模型中查询各个房间的楼面荷载
	材料信息	支持在模型中查询各个房间的墙顶地材料信息
建筑设施设备运维管理	设备台账管理	支持暖通空调、配电、给水排水、电梯等机电系统和医用气体、气动物流、污水处理等专用系统的设备台账查询,以及分系统、分楼层、分类型的统计和筛选等
	设备运行监控	支持在三维视图中查看机电系统和专用的实时监测数据和运行情况
	设备维保管理	记录和管理建筑设备维保计划和执行情况,支持查询设备维保任务实际完成情况等;支持维保班组使用移动端对设备维保任务的接收、处理、上传图片、消息推送等功能
	工程资料管理	支持基于模型关联和查看工程资料,支持工程资料的上传、分类、检索与归档等功能
	设备故障预测	根据设备运行数据提前预测故障,并发送消息推送给相关运维管理人员,支持主动的设备维护维修
	维修管理	支持故障报修工单新增、查看、修改、分配等功能,支持基于模型查看各个空间、各个机电设备的维修情况;支持维修班组使用移动端进行故障维修的接收、查询、筛选、消息推送、处理和评价等功能
	移动式设备管理	支持移动式设备的定位、资产盘点、分类统计、使用效率分析、异常情况识别等功能
运行节能管理	用电管理	支持在模型上查看各个用电回路的服务范围及其实时用电情况;支持根据时间、区域和类型等方式统计用电分类情况
	低碳运行管控	支持根据室内人员密度和室内外环境信息,优化耗能系统运行策略,降低建筑能耗
	能耗异常识别	通过大数据分析识别能耗超标的回路、空间、设备和系统,辅助主动式、精细化节能管理
安防与应急管理	视频监控管理	支持基于三维模型的视频监控画面调取和查看;支持根据空间位置查询预警点位附近的视频监控
	人流管理	支持基于模型的人流统计,查询关键出入口的人流数据和空间的人流密度
	安防报警	支持在模型上显示各个楼层的安防报警设备信息,并快速发送相关信息给各区域安保人员
	应急管理	支持快速计算应急疏散路线,支持根据人脸信息快速检索特殊人员在楼内的行走轨迹

8.2.4 数据库设计

完成系统功能架构设计后，可以根据系统功能分析需要存储和使用的数据进行数据库设计。数据库设计一般采用 E-R 模型（Entity-Relationship）方式进行设计，如图 8.4 所示。即对需要存储的对象，如建筑构件、楼层、类型等对象，分别建立 Entity（BimElement）、Entity（BimFloor）、Entity（BimElementType）等数据表。接着，梳理每个存储对象的属性，作为数据表的列，如构件有构件名称、构件类型、构件 ID 等属性，应对 Entity（BimElement）添加属性 BimElement（Name、Type、ID）。然后，建立各个对象之间的关系表，关系表分为一对多和多对多两种。如设备属于某个楼层的从属关系，是一对多关系，可以通过在构件对象中增加一个属性所属楼层 ID（FloorID），即 BimElement 增加一个属性，变为（Name、Type、ID、FloorID），建立 Entity（BimElement）和 Entity（BimFloor）之间的关系。对于多对多关系，需要新建一个 Relationship 表，并在表中添加两个属性，建立两者之间的关系。如构件（BimElement）与维护工单（MaintainTask）是多对多关系，需要建立 RelElementMaintainTask 表，并添加两列（BimElementID，MaintainTaskID）表示它们之间的关系。最终，可以形成标准化的数据库设计文档，用于指导数据库构建。如图 8.5～图 8.7 所示，是数据库设计文档中构件（BimElement）、楼层（BimFloor）和类型（BimElementType）的标准化描述。

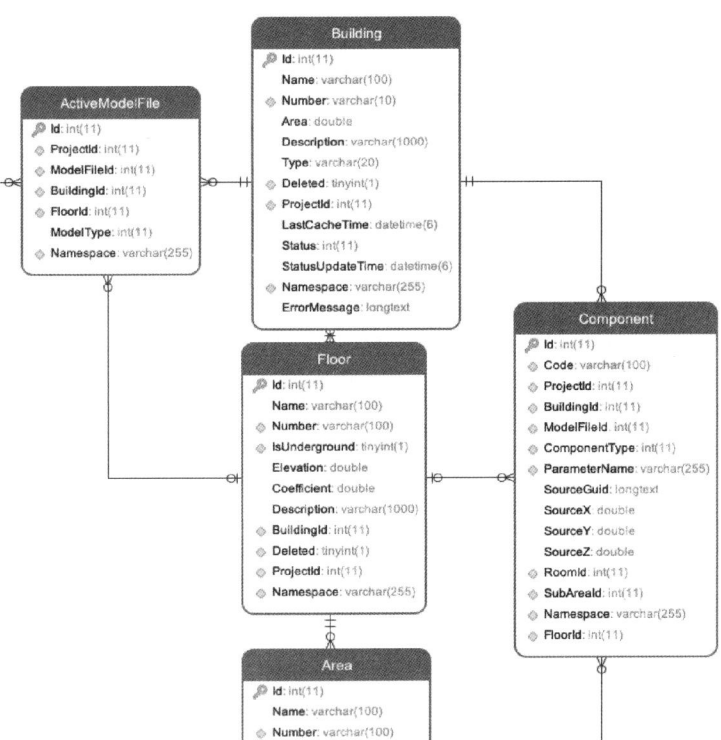

图 8.4　智慧运维系统的数据库设计的 E-R 模型

BimElement

模型中的构件，房间等虚拟构件也会被先导入到这个表中

字段名	类型	必须	说明
Id	Int32		Id
Name	String[100]	√	名称
Guid	String	√	在建模软件中的全局唯一ID，对应Revit中的UniqueId或Ifc中的GlobalId
ElementId	String	√	在建模软件中的用户可见的ID，对应Revit中的ElementId
FloorId	Int32		对应的楼层Id
SpaceId	Int32		对饮的房间Id
TypeId	Int32	√	对应的类型Id
ModelFileId	Int32	√	模型文件的Id
BoundingBoxMinX	Double	√	包围框
BoundingBoxMinY	Double	√	包围框
BoundingBoxMinZ	Double	√	包围框
BoundingBoxMaxX	Double	√	包围框
BoundingBoxMaxY	Double	√	包围框
BoundingBoxMaxZ	Double	√	包围框
Deleted	Boolean		已删除
ProjectId	Int32	√	所属的项目Id

外键约束:
- FloorId => BimFloor
- SpaceId => SpaceSpace
- TypeId => BimElementType
- ModelFileId => BimModelFile

图 8.5　数据库中建筑构件的 Entity 描述

BimFloor

BIM中的一个楼层

字段名	类型	必须	说明
Id	Int32		Id
Name	String[100]	√	名称
Guid	String[80]	√	原始模型中的Guid
Elevation	Double	√	高程（单位mm）
ProjectFloorId	Int32		匹配后的项目的楼层
Count	Int32	√	构件数量
ModelFileId	Int32	√	模型文件的Id
Deleted	Boolean		已删除
ProjectId	Int32	√	所属的项目Id

外键约束:
- ProjectFloorId => SpaceFloor
- ModelFileId => BimModelFile

图 8.6　数据库中楼层 Entity 的说明

BimElementType

源模型中的类型信息。对应Revit中族实例的Family，非族实例的Type以及Ifc中的IfcElementType。

字段名	类型	必须	说明
Id	Int32		Id
Name	String[100]	√	类型的名称，对于Revit里的族的名称或IFC中IsTypedBy属性的名称。对于墙板等非族Revit构件，对应其类型
Deleted	Boolean		已删除
Category	String		类别，对应Revit里的Category或IFC中的Class
Family	String		族名称
FamilySymbolName	String[100]		
Count	Int32	√	构件数量
ModelFileId	Int32	√	模型文件的Id
ProjectId	Int32	√	所属的项目Id

图 8.7 数据库中构件类型的 Entity 说明

数据库设计应形成正式文档，作为后续研发和管理的重要依据。数据库设计文件也可作为智慧运维系统的数据共享说明文档。

8.3 数字孪生模型快速构建算法研发

在完成关键技术研究和系统设计后，即可以进行系统开发工作。由于篇幅有限，本书只介绍智慧运维关键技术的算法实现工作。在数字孪生模型快速构建方面，核心算法主要包括机电系统物理连接自动修复、机电系统运行机理模型自动构建和模型轻量化处理等，详细介绍如下。算法实现细节的专业性较强，建议读者选择性阅读。

8.3.1 机电系统物理连接自动修复算法

通过调研分析发现，机电系统物理连接的常见问题是跨文件断点和几何错位，可以通过最近两个断点的快速配对进行修复。具体实现方法如下。

8.3.1.1 物理连接典型问题分析

（1）物理连接定义

当前主流的 BIM 软件，通常采用连接器表示机电设备与管件、管件与管件之间的关联。1个连接器用于约束 2 个构件的相对位置和连接关系。如图 8.8 所示，设构件 S_1 与构件 S_2 的接口形心位置坐标分别为 P_1，P_2，接口的法向量分别为 V_1，V_2，则理论上当 $P_1 = P_2$，$V_1 = -V_2$ 时，可建立连接器（P_1，V_1）连接这两个构件。

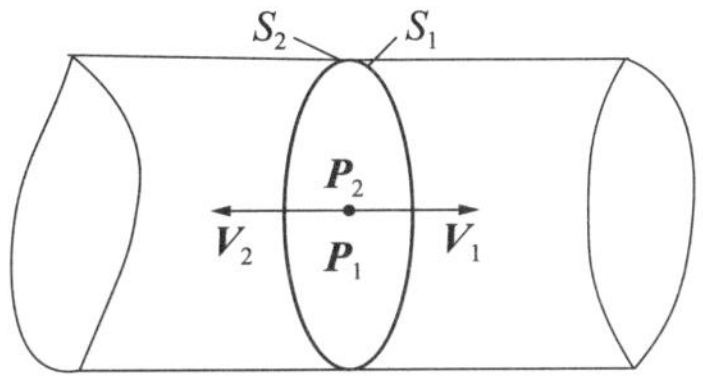

图 8.8 机电系统构件连接

（2）跨文件断点问题

在模型创建过程中，为避免因文件体量过大，影响建模效率，往往将不同楼层的模型保存在不同文件中，从而导致位于不同文件的构件之间的物理连接缺失。末端无连接的管道末端会生成一个自由连接器。所谓自由连接器是指一端与管道或设备连接，另一端没有连接的连接器，需要修复。如图8.9所示，贯穿1到2层的管道，分别为位于1层的管道1和位于2层的管道2，在模型中两处的管道在物理层面是没有连接的。跨文件断点问题的数学模型如图8.10所示，本应连接的构件1与构件2未能通过连接器正确建立两者间的连接关系，从而导致了跨文件断点问题。

 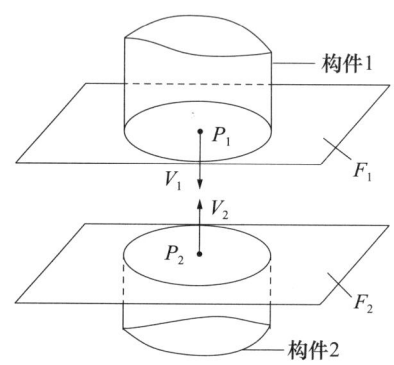

图8.9 跨文件的管道断点实例　　　　图8.10 跨文件断点定义

（3）几何错位问题

即使同一文件中的机电系统模型，也会出现机电设备接口与连接管道几何位置错开，或管道与末端错开、管道与管件错开等问题，从而导致物理连接缺失。该问题通常由建模人员的失误造成，实际工程中难以避免。如图8.11所示，左侧管道与管帽的连接在连接平面内出现错位，右侧弯头表面与连接的立管下表面出现了垂直于连接平面的错位。

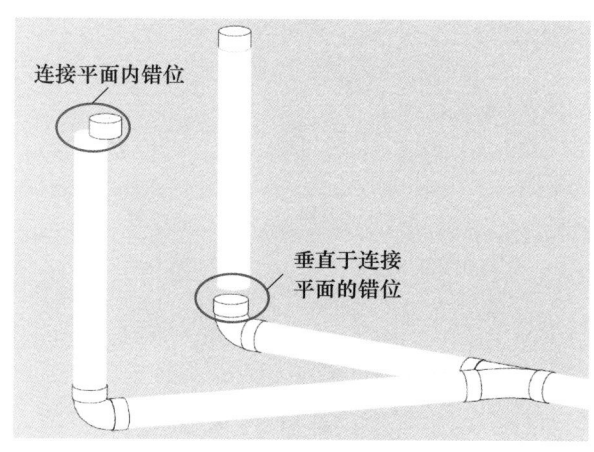

图8.11 接口错位断点

8.3.1.2 物理连接自动修复方法设计

针对上述典型问题，设计了自由连接器的匹配和修复方法，步骤如下。

步骤 1：自由连接器识别。对于一个完整的模型，遍历分析所有连接器，若连接器只连接了一个目标构件，则加入自由连接器集合 $C = \{c_i = (P_i, V_i)\}$，并提取其中心点坐标 P_i 和方向信息 V_i。

步骤 2：自由连接器距离判断。如图 8.12 所示，设 C 中两个自由连接器 c_1 的形心 P_1 和 c_2 的形心 P_2 的距离为 d，对于管径为 D 的连接器，当 $d < D/2$ 时认为 2 个连接器比较接近，可能有连接关系，形成集合 $CC = \{(c_1, c_2)\}$。

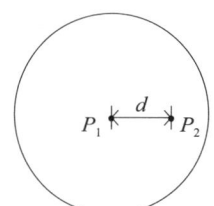

图 8.12 连接平面内距离

步骤 3：方向判断。遍历 CC 每个元素中的两个连接器，若 V_1、V_2 夹角 $\alpha > \theta$（方向夹角容许误差），则认为连接器 1 与连接器 2 没连接关系，从 CC 中删除。

步骤 4：经上述步骤 1 至 3，识别到应该具有连接关系的自由连接器集合 CC；遍历 CC 中每个元素（c_1 和 c_2），新建 1 个连接器 c_3；将 c_3 设为 c_1 的连接对象和 c_2 的连接对象；c_3 的连接方向为 V_1 和 V_2 的平均值，中心点为 P_1 和 P_2 的平均值；从模型中删除 c_1 和 c_2。

在实际工程应用中，一个医院建筑模型中有大量自由连接器，若采用两两匹配的暴力算法识别物理连接，其时间复杂度可达 $O(n^2)$，物理连接修复算法的效率极低。因此，本书介绍一种采用空间均匀剖分法的连接器快速匹配方法。

8.3.1.3 自由连接器快速匹配算法

（1）算法流程

设 R_0 为包含机电系统所有自由连接器的三维空间包围盒（axis-aligned bounding box，AABB）。自由连接器快速匹配算法步骤如图 8.13 所示。

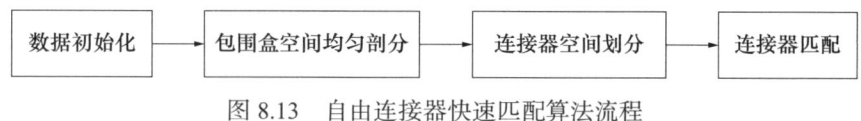

图 8.13 自由连接器快速匹配算法流程

步骤 1：数据初始化。逐个读取 BIM 文件，获取模型中所有自由连接器 ID、坐标

$P=(X_i, Y_i, Z_i)$ 和方向向量 (V_i),存入连接器集合 $C=(c_1, c_2, \cdots, c_n)$。根据 C 中所有连接器的坐标 P 的 X、Y、Z 值,计算最大值点 $A=(X_{\max}, Y_{\max}, Z_{\max})$ 和最小值点 $B=(X_{\min}, Y_{\min}, Z_{\min})$,以 A 和 B 为两个角点组成包含所有连接器的三维空间包围盒 R_0。然后输入自由连接器匹配的距离容许误差 d,方向夹角容许误差 θ。

步骤 2:包围盒空间均匀剖分。将 R_0 均匀剖分成边长为 a 的立方体子空间 R_1,R_2,$\cdots$,R_n,即

$$R_0 = \bigcup_{i=1}^{n} R_i,\ R_i \cap R_k = \emptyset\ (i \neq k) \tag{8-1}$$

如图 8.14 所示,其中,子空间立方体边长 a 的确定是均匀剖分的关键。边长 a 过大,子空间过大,其所包含的连接器数量越多,连接器匹配的效率就越低。因此取 $a=d$,以得到最高的匹配效率。对于子空间立方体 R_i,记录其最小值点坐标 $(X_{i\max}, Y_{i\max}, Z_{i\max})$ 并将其标记为 A_{x_i, y_i, z_i},其中,下标通过式(8-2)计算:

$$\begin{cases} x_i = \text{INT}\ [(X_{i\min}-X_{\min})/a] \\ y_i = \text{INT}\ [(Y_{i\min}-Y_{\min})/a] \\ z_i = \text{INT}\ [(Z_{i\min}-Z_{\min})/a] \end{cases} \tag{8-2}$$

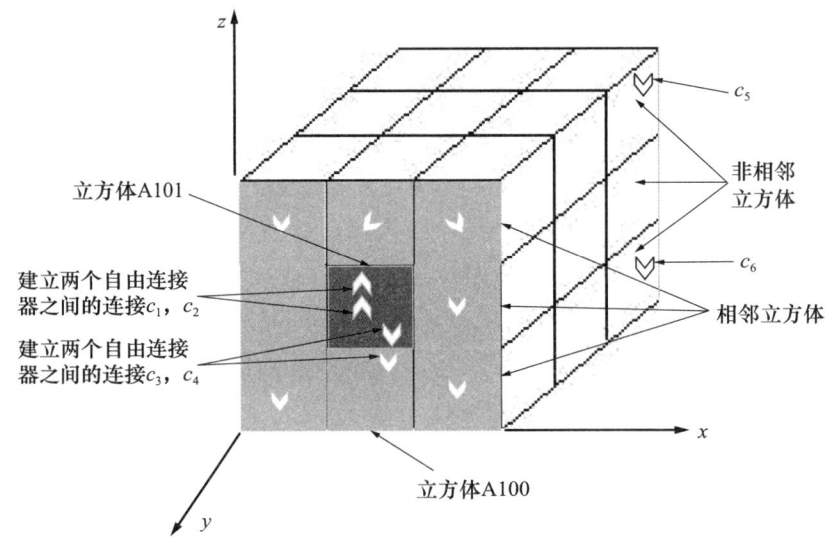

图 8.14 空间均分示意图

步骤 3:连接器空间划分。针对集合 C 中每个连接器 c_i,根据其坐标 (x_i, y_i, z_i) 找到其所在的子空间 $R_i = A_{x_i, y_i, z_i}$,将其添加到子空间立方体连接器集合 C_{x_i, y_i, z_i}。

步骤 4:连接器匹配。在集合 C_{x_i, y_i, z_i} 中依次遍历所有连接器,当 2 个连接器 c_i、c_j 的距离 $dist(c_i, c_j)$ 和方向向量夹角 K 分别小于容许误差,即 $dist(c_i, c_j) < d$,$|K-180°| < \theta$ 时,建立 c_i 与 c_j 的物理连接,存入数据库,将 c_i、c_j 从集合 C 中删除;若在子空间 R_i 中找不到匹配 c_i 的节点,则在与该空间相邻的子空间中进行查找,为减少比

较次数，查找顺序依次为：与 R_i 共面、与 R_i 共边、与 R_i 共顶点的相邻子空间。最优情况下，进行 1 次查找，最差情况下进行 27 次查找。若在上述立方体中找不到满足条件的节点，则认为不存在自由连接器与之匹配，将 c_i 从集合 $C_{x_i y_i z_i}$ 中删除。

（2）算法时间复杂度分析

假设包围框尺寸为 $l_x l_y l_z$，划分的立方体边长为 a，自由连接器数量为 n 且在空间中均匀分布，构建每个立方体需要的时间为 t_1，将连接器数据关联到立方体所需的时间为 t_2，比较连接器之间位置关系所需的时间为 t_3，则使用直接遍历的方式计算所需的总时间期望为 $t = \frac{1}{2} t_3 n^2 + t_4 n$，即时间复杂度为 $O(kn^2)$，$k = \frac{1}{4} t_3$。而使用本算法所需总时间期望为 $t' = \frac{l_x l_y l_z t_1}{a^3} + \left(t_3 + \frac{27 a^3}{2 l_x l_y l_z} n t_3 + t_4 \right) n$，当 $\frac{l_x l_y l_z t_1}{a^3} = \sqrt{\frac{27 t_3}{2 t_1}} n$ 时，时间复杂度最小为 $O(k'n)$，其中，$k' = t_2 + \sqrt{\frac{27}{2} t_1 t_3}$。对于典型的医院建筑模型，$n = 10000$，取 $t_3 = 10 t_2 = 10 t_1$，本算法比常规匹配方法提升效率约 800 倍。

在实际应用中，本方法可以修复 85% 以上的机电系统物理连接问题，并标记出其他未能修复的问题，辅助建模人员人工修复。智能修复算法效率较高，建模人员可以便捷地交叉采用智能修复和人工修复方法，快速完成模型修复。

8.3.2 机电系统运行机理模型自动构建算法

机电系统物理连接关系修复后，可以基于物理模型自动计算机电系统运行机理模型，这是构建建筑数字孪生模型的关键。鉴于机电系统运行机理模型构建工作量较大，本书介绍一种自动构建算法，包括机电系统物理连接图构建、机电系统运行逻辑关系图计算和机电设备连接路线计算三个步骤。

8.3.2.1 机电系统物理连接图构建

基于 BIM 模型建立机电系统物理连接图的算法如图 8.15 所示，包括以下步骤。

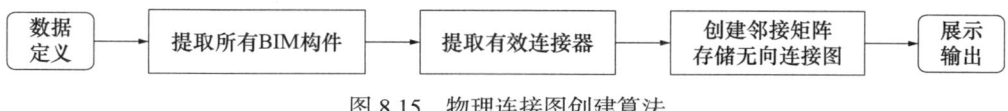

图 8.15 物理连接图创建算法

（1）数据定义

设图 $G(V, E)$ 是机电系统物理模型的连接图，V 是 G 内各个顶点的集合，E 是图中所有边的集合。进一步地，$V = \{V'_d, V'_p\}$，其中 V'_d 是所有运维对象的节点集合，V'_p 是非运维对象节点的集合，即 $V'_d = \{v_{d1}, v_{d2}, \cdots, v_{dn}\}$，$V'_p = \{v_{p1}, v_{p2}, \cdots, v_{pn}\}$；$E = $

$\{E'_\mathrm{d}, E'_\mathrm{p}\}$，其中 E'_d 是连接图中运维对象所连接的边的集合，E'_p 是除 E'_d 之外的全部集合，即 $E'_\mathrm{d} = \{e_{\mathrm{d}1}, e_{\mathrm{d}2}, \cdots, e_{\mathrm{d}n}\}$，$E'_\mathrm{p} = \{e_{\mathrm{p}1}, e_{\mathrm{p}2}, \cdots, e_{\mathrm{p}n}\}$。

（2）提取所有 BIM 构件

提取所有 BIM 构件的信息，并将机电设备、阀门、管道、管件等建筑构件抽象为连接图的节点加入 V 中。其中机电设备、阀门等运维对象将进一步划分到 V'_d 集合中。

（3）提取有效连接器

提取 BIM 中有效连接器（非自由连接器），将构件与构件之间的连接器抽象为连接图的边，加入 E 中，从而形成物理连接图 $G(V, E)$。遍历 E 中每个连接器 $e_{\mathrm{d}1}$，如果其连接的目标之一 $v_{\mathrm{d}1}$ 在 V'_d 中，则将 $e_{\mathrm{d}1}$ 加入到 E'_d 中。

（4）创建邻接矩阵存储无向连接图

根据连接图建立机电系统中各个元素之间的邻接矩阵。G 的邻接矩阵见公式（8-3）。如果两个节点之间有边连接，则对应邻接矩阵中的元素为两个节点构件元素中心点的距离，否则为 0。某空调水系统的物理连接图如图 8.16 所示，对应的邻接矩阵的部分见公式（8-4）。

$$A[i, j] = \begin{Bmatrix} w_{ij}, & (v_i, v_j) \in E(G) \\ 0, & (v_i, v_j) \notin E(G) \end{Bmatrix} \tag{8-3}$$

其中，$(i, j) \in (1, n)$，w_{ij} 表示边的权值。

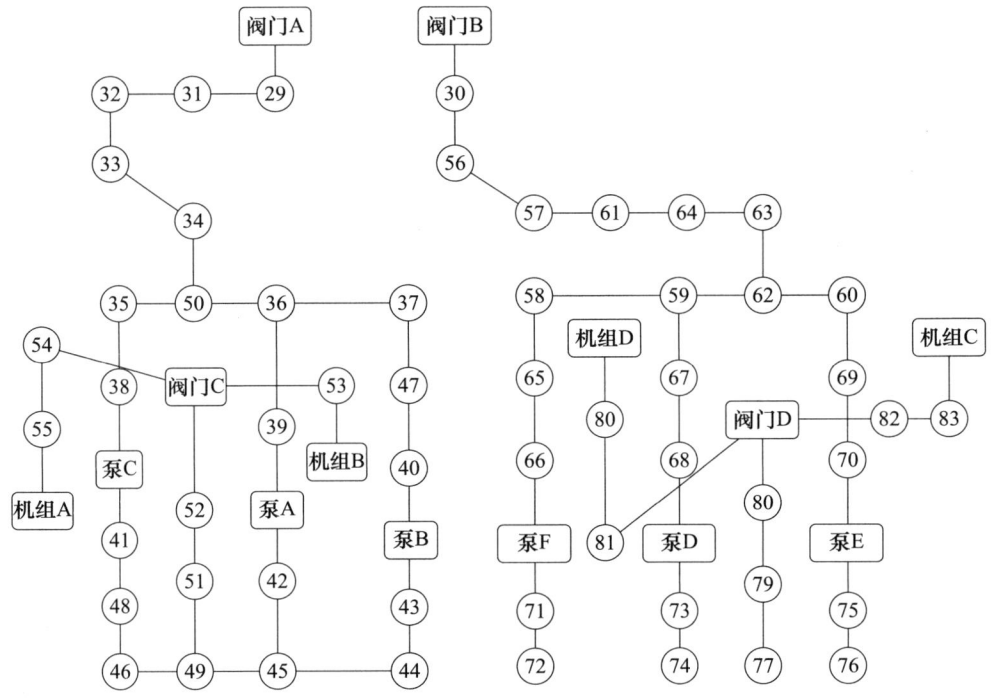

图 8.16 某空调水系统的连接图

$$A = \begin{Bmatrix} 0 & v_{d1} & v_{p1} & v_{p2} & v_{p3} & v_{p4} & v_{p5} & v_{p6} & v_{d2} \\ v_{d1} & 0 & w_{12} & 0 & 0 & 0 & 0 & 0 & 0 \\ v_{p1} & w_{21} & 0 & w_{23} & 0 & 0 & 0 & 0 & 0 \\ v_{p2} & 0 & w_{32} & 0 & w_{34} & 0 & 0 & 0 & 0 \\ v_{p3} & 0 & 0 & w_{34} & 0 & w_{45} & 0 & 0 & 0 \\ v_{p4} & 0 & 0 & 0 & w_{54} & 0 & w_{56} & 0 & 0 \\ v_{p5} & 0 & 0 & 0 & 0 & w_{65} & 0 & w_{67} & 0 \\ v_{p6} & 0 & 0 & 0 & 0 & 0 & w_{76} & 0 & w_{78} \\ v_{d2} & 0 & 0 & 0 & 0 & 0 & 0 & w_{87} & 0 \end{Bmatrix} \quad (8\text{-}4)$$

（5）展示输出

根据上述步骤的计算结构，采用有向箭头在模型中展示各个管道的介质流向，体现设备之间的物理连接关系。

8.3.2.2 机电系统运行逻辑关系图计算

机电系统逻辑关系计算方法的输入为机电系统物理连接图 G，输出为设备与设备之间二分有向图。算法包括以下步骤。

步骤 1：删除运维对象顶点，提取非连通管道团。查询两个运维对象之间的逻辑关系需要将运维对象之间的大量管道抽象为一个管道团，将运维对象与大量管道的复杂连接转换为运维对象到若干管道团的简单连接。如图 8.16 所示的机电系统中，移除顶点集合 V'_d 中所有运维对象，将一个完整的图变为包含多个不相交的图集合，如图 8.17 所示。图集合中每个 G_p 都是一个管道团。

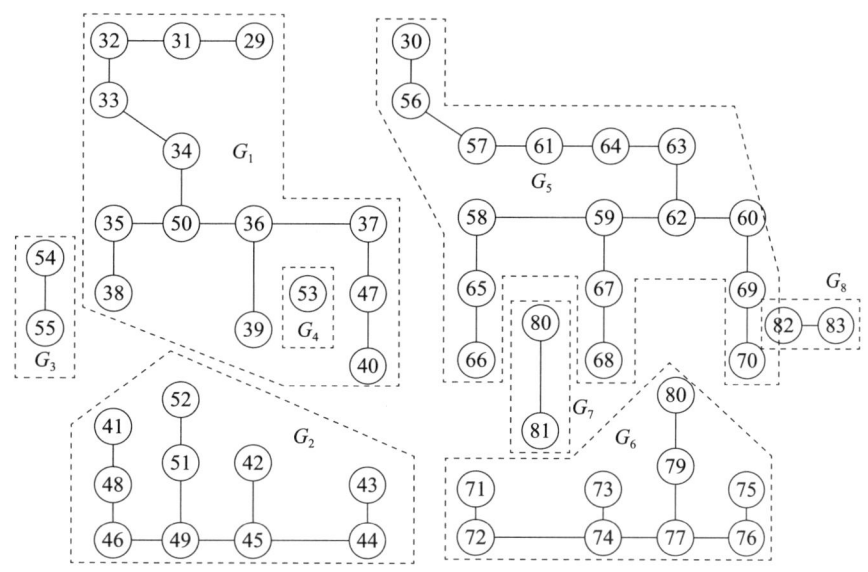

图 8.17　删除运维对象顶点集合

步骤 2：将管道团 G_p 重新连接到运维对象 v_d。即对 G 图中每个运维对象 v_d，提取与其关联的所有管道节点 v_p，计算 v_p 所属的管道团 G_p，将运维对象 v_d 重新连接到相关的管道团 G_p，获得新的子图集合 G'_d，如图 8.18 所示。1 个运维对象可能连接到 1~2 个不同的子图，1 个子图可能连接多个运维对象。连接到同 1 个管道团的两个运维对象即认为它们有逻辑关联。

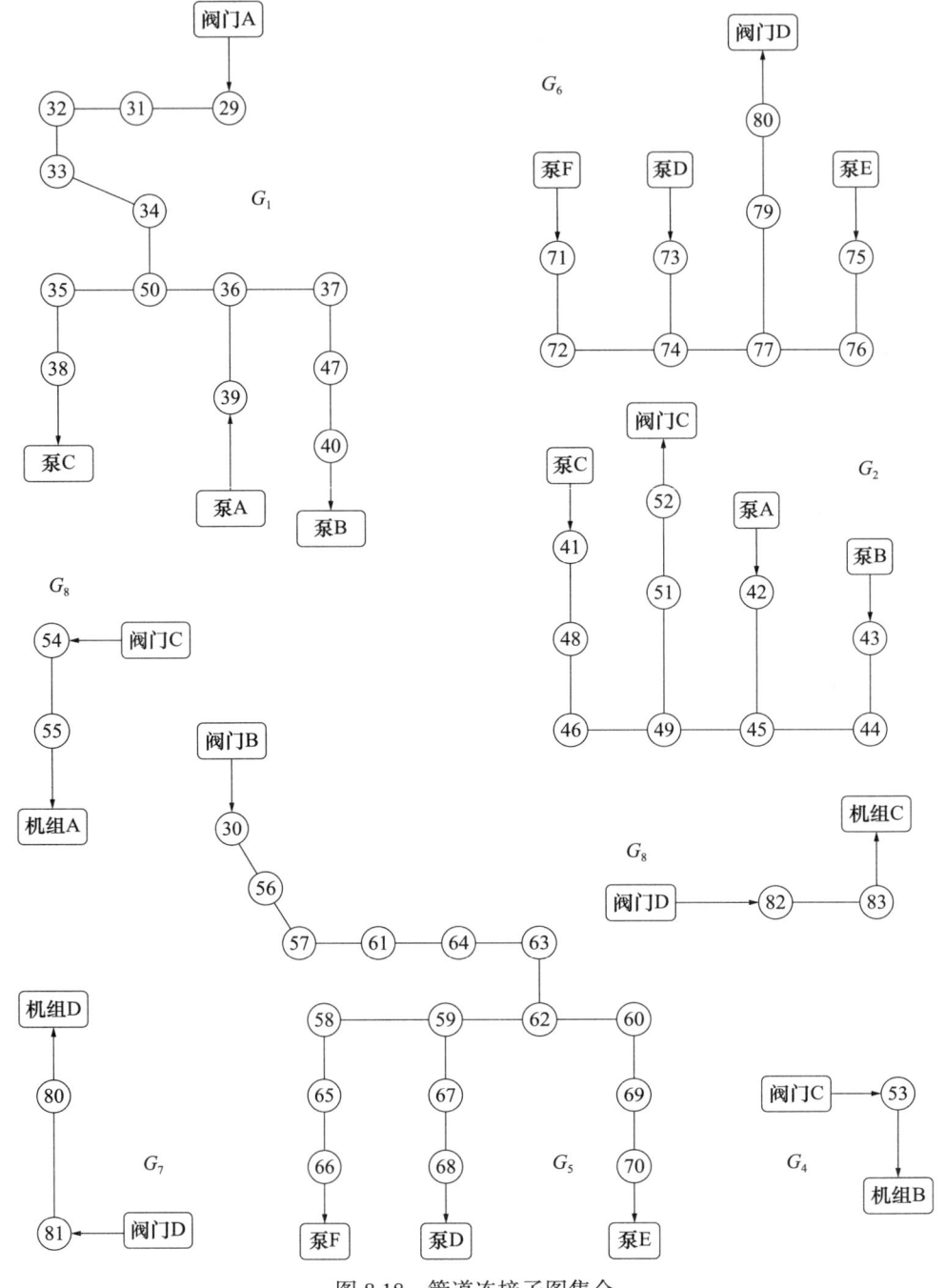

图 8.18 管道连接子图集合

步骤3：管道团的流向方向修复。考虑到物理模型中管道团的流线可能缺失或错误，因此需要对管道团的出入口流向进行修复。由于机电系统的介质不会在管道团中循环或停止，因此一个管道团通常不会出现多个入口和多个出口的情况，常见情况为一个入口一个出口、一个入口多个出口、多个入口一个出口。假设管道团有 n 个出入口，接口方向为 $D_1, D_2, \cdots, D_n$，其中 D_n 方向缺失，则可以根据公式（8-5）进行修复。

$$\begin{cases} 若 n = 2, D_1 = d, 则 D_2 = -d, 即一进一出; \\ 若 n > 2, \begin{cases} D_1 = D_2 = \cdots = D_{n-1} = d, 则 D_n = -d; \\ D_1 = D_2 = \cdots = D_{n-2} = d, D_{n-1} = -d, 则 D_n = d \end{cases} \end{cases} \quad (8\text{-}5)$$

步骤4：确定运维对象之间连接方向。对于集合 G_d 中的每个子图 G_i，根据 G 图中各个运维对象与子图 G_i 中连接器的方向，建立运维对象与 G_i 的连接关系，形成二分有向图 G_{bi}，如图 8.19 所示，表述运维对象之间的上下游控制逻辑关系。

步骤5：将所有二分有向图合并后形成机电系统逻辑结构图的图 G_l。图 8.16 所示的空调供水系统局部运维对象的逻辑关系二分图如图 8.19 所示，在模型上的展示结果如图 8.20 所示。

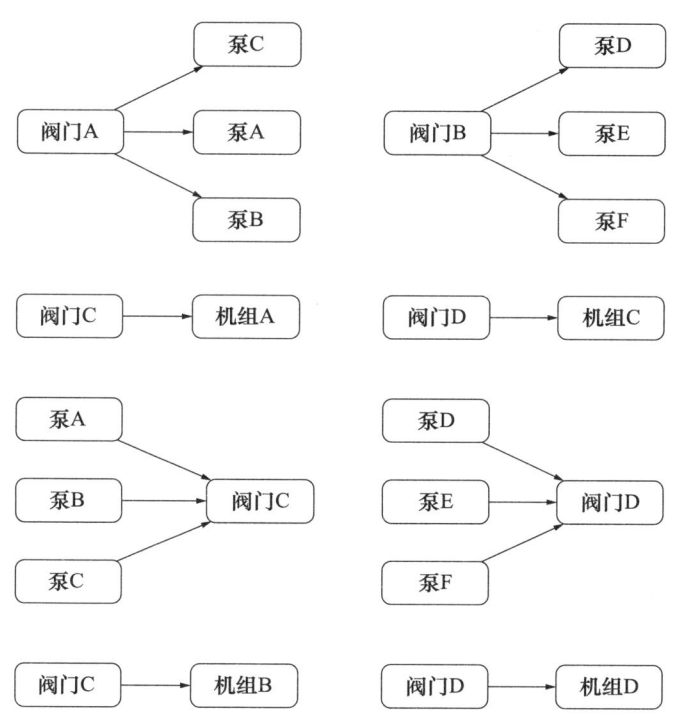

图 8.19 运维对象逻辑关系及流向

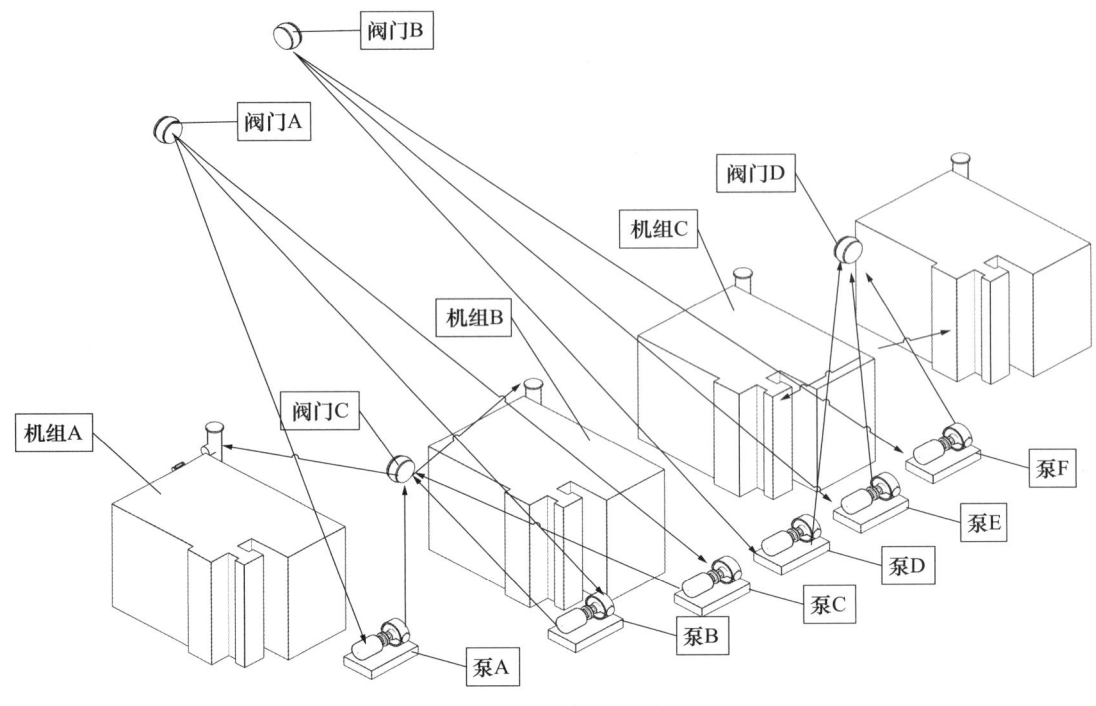

图 8.20　运维对象的连接关系

8.3.2.3　机电设备连接路线计算

确定了设备的逻辑关系之后，需要从管道团中计算运维对象之间的连接路线，即寻找从运维对象起点到运维对象终点的最短连接路线，这实际上是在图 G 中寻找两个运维对象顶点之间最短路线的问题。Dijkstra 算法是计算图中单源最短路线的常用算法，可用于求解运维对象与运维对象之间的最短连接路线。该算法的输入是图 G 以及其中有逻辑关系的两个运维对象 v_1 和 v_2，输出是两个运维对象之间经过的所有管件节点列表。具体包括以下步骤。

步骤 1：从 G 中提取 v_1 和 v_2 之间关联的管道团 G_d；

步骤 2：采用 Dijkstra 算法求得源头运维对象 v_1 和末端运维对象 v_2 之间的最短路线；

步骤 3：记录最短路线所经过的所有管道、管道附件。

由以上方法得到 G_l 的运维对象间连接路线结果如图 8.21 所示，图中灰色部分为连接路线。

应用表明，该方法能够有效地构建出运维对象之间的上下游逻辑关系，解决 BIM 中缺乏机电系统运行逻辑的问题，为设备故障溯源和影响范围分析提供基础数据。以某三甲医院的儿科综合楼为例，有多达 16 万个设备，可在 30min 内完成各个设备之间的连接关系计算，其结果如图 8.22 所示。

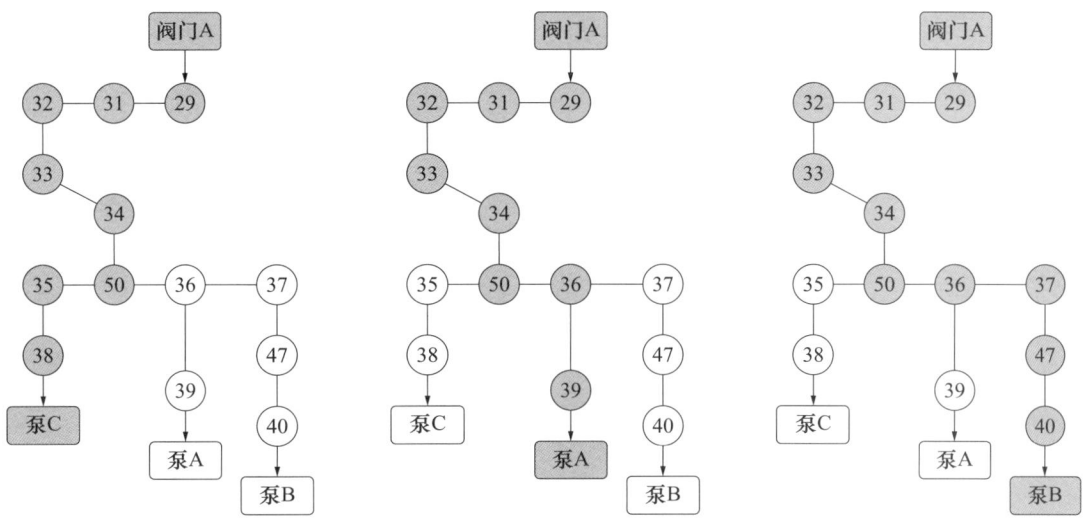

图 8.21 运维对象之间的连接路线

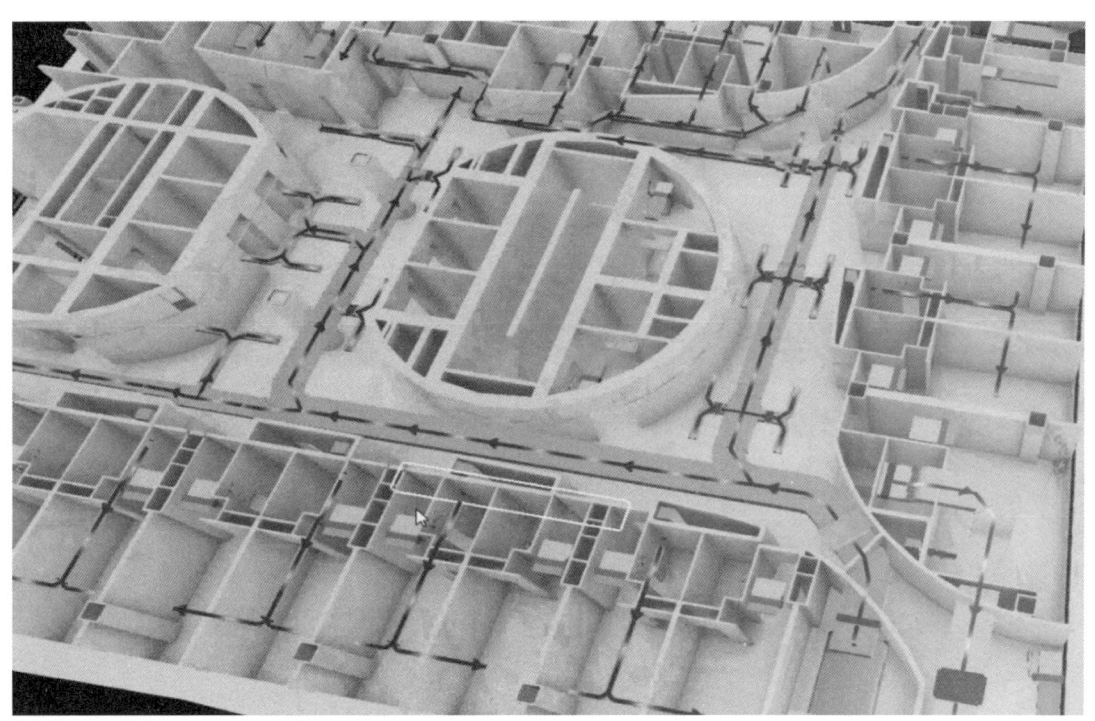

图 8.22 机电系统运行逻辑关系查看

8.3.3 数字孪生模型轻量化处理方法

大型医院建筑的高保真数字孪生模型的几何模型精度高、体量大，对三维可视化交互设备性能要求高，为提高智慧运维系统使用体验，需要对几何模型进行轻量化处理。常见的三维模型轻量化处理包括以下方法：

（1）几何形体简化：通过减少模型的多边形数量、删除不必要的细节和平滑曲面等方法来降低模型的复杂度。

（2）材质和纹理优化：优化模型的材质和纹理，例如压缩纹理、减少纹理分辨率和使用共享纹理等，以减小模型文件的大小，提高渲染性能。

（3）按需加载模型元素：即只加载需要查看的模型元素，不加载当前无需查看的模型元素。

其中，按需加载是最有效的轻量化处理方法，既可在满足使用需求前提下减少干扰信息，又可以提升模型加载速度和交互体验。因此，本书首先分析运维中模型应用场景及模型使用需求，然后介绍按需加载模型的轻量化处理方法。

8.3.3.1 模型应用场景分析

需求调研表明，在建筑运维管理中用户可能会查看建筑外形模型、单系统全楼层模型、单楼层全专业模型、重点房间精细模型、重点设备精细模型，具体说明如下。

（1）建筑外形模型，由各楼层的建筑外立面和屋顶组成，用于从建筑外部查询整体建筑模型。建筑外形模型附加的运维信息和几何面数较少，主要用于院区整体管理，提供三维空间信息，如图8.23所示。

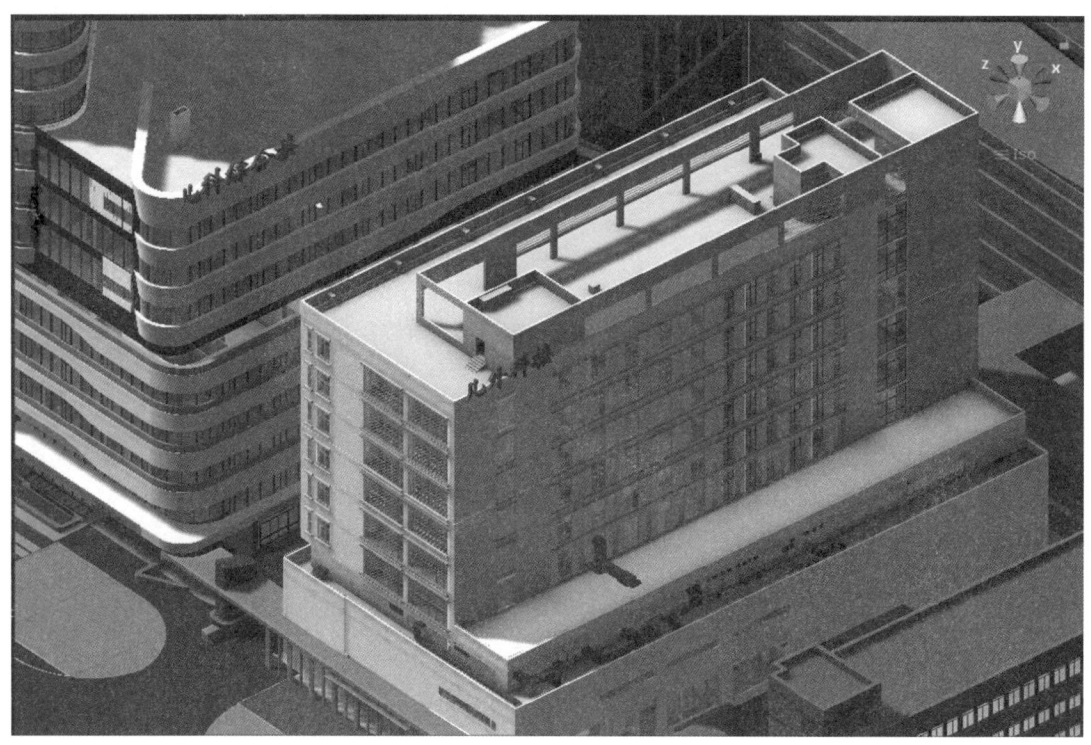

图 8.23 建筑外形模型

(2)单楼层全专业模型是根据模型元素所在的空间标高位置,提取在某一个楼层的所有运维对象和非运维对象元素。单楼层模型用于对某个楼面进行运行、维护和维修管理。如某个楼层的空调机组预警,可以在单楼层模型中查看空调机组送风管道的走向,分析该故障影响的范围,如图 8.24 所示。

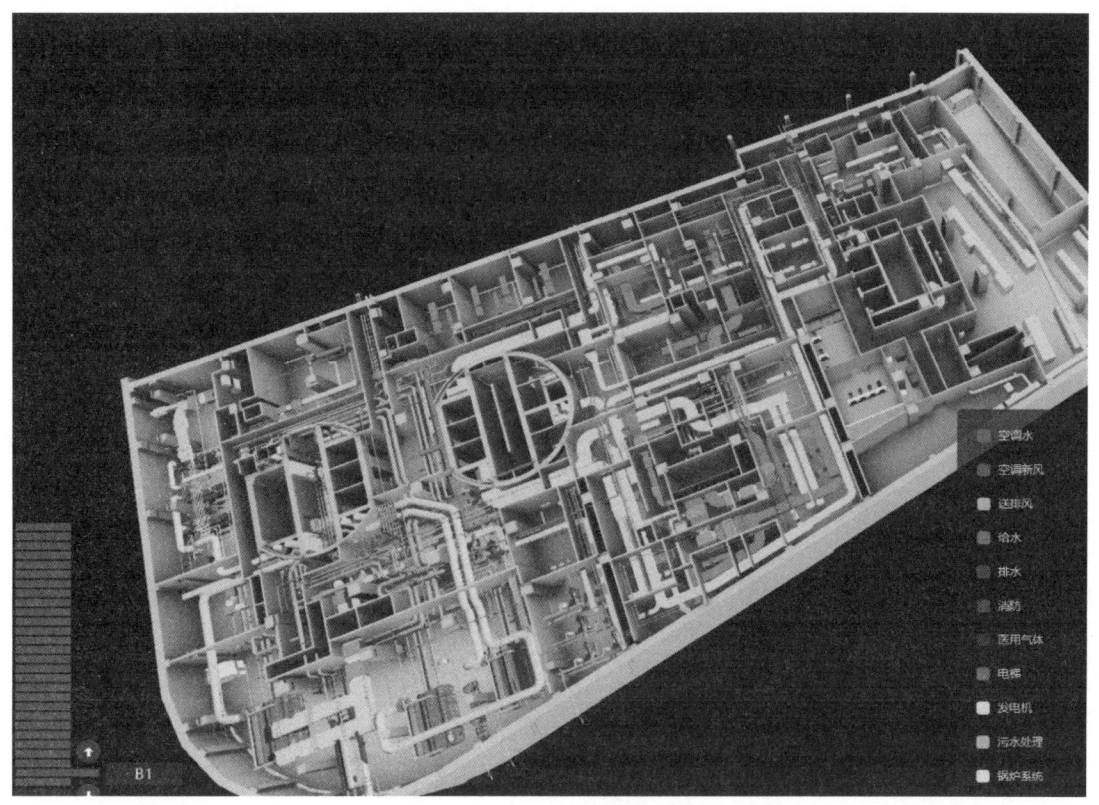

图 8.24　单楼层全专业模型

(3)单系统全楼层模型,包括单个系统的全部元素,也称为单系统模型,用于查询单个系统运行机理,辅助单系统的故障溯源和运维管理,如图 8.25 所示。如当某个楼层空调供冷不足时,可以基于单专业系统模型查询从出风口到楼层空调机组,地下室冷热源机组,再到屋顶的冷却塔,整个供冷回路的连接关系,并进一步查询回路中各个管道的水温等运行状态数据,辅助维修。

(4)重点房间精细模型是某个的房间所有模型元素的组合,包括结构、机电和装饰装修等,用于查询单房间的空间布局、装饰风格、设备配置和室内流线等,如图 8.26 所示。

(5)重点设备精细模型用于查看设备的内部构造和运行监测信息,辅助运维培训、故障分析和维修操作。例如空调机组的精细模型,如图 8.27 所示,包括一级过滤网、二级过滤网、风机、传感器等内部构造,可用于空调机组维护人员的培训和故障诊断。

图 8.25 单系统全楼层模型

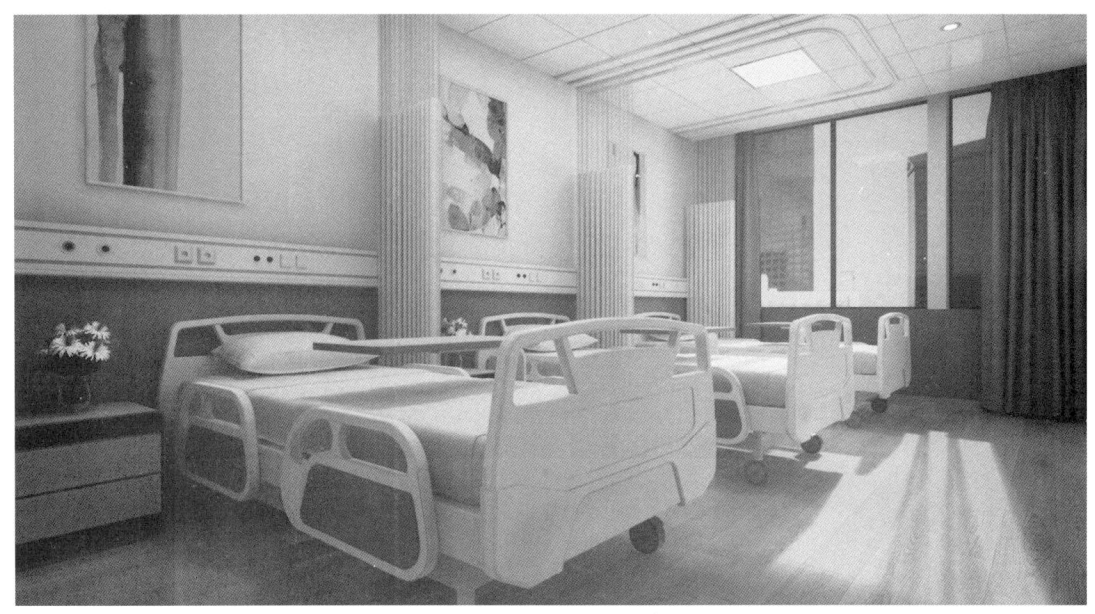

图 8.26 重点房间精细模型

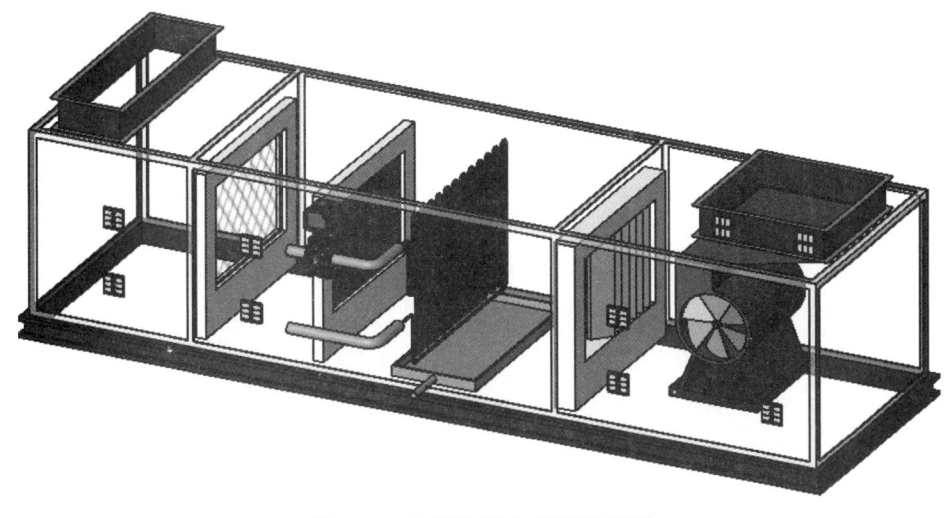

图 8.27 空调机箱内部精细模型

8.3.3.2 按需加载的轻量化处理方法

按需加载的轻量化处理方法总体流程如图 8.28 所示，包括以下步骤：1）将 BIM 中几何模型与属性信息分离存储，并建立数据映射；2）根据运维需求将几何模型进行拆分；3）根据需要将拆分的模型重组为需要加载的模型，从而实现根据应用需求进行渲染，提高效率。该方法具体介绍如下。

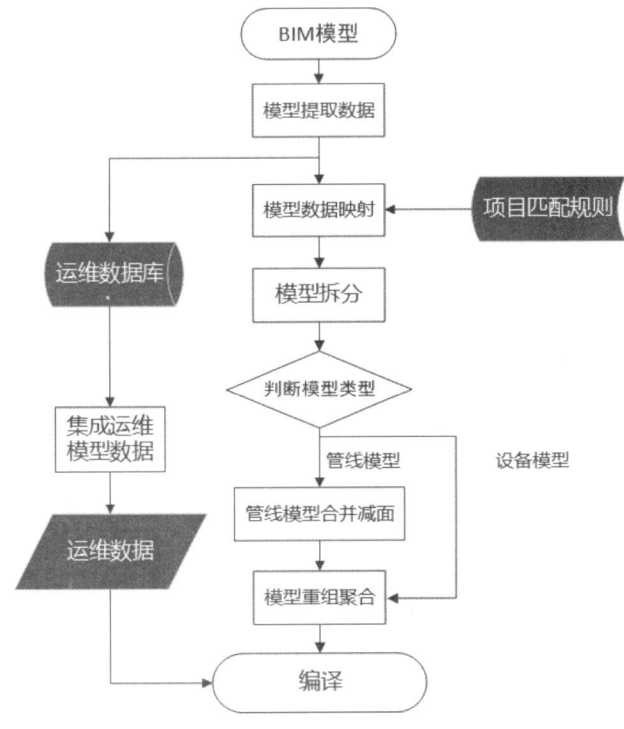

图 8.28 模型轻量化处理方法总体流程

（1）模型数据映射与缓存

根据运维对象模型和非运维对象模型的管理规则，对单楼层机电管线模型进行分类映射。将机组、泵等机械设备模型，阀门、开关、仪表等配件模型，根据其族信息和设备编号信息标识为运维对象模型，并映射到运维的管理信息。对于非运维对象模型管道的连接件，例如弯头、三通、四通等管件，提取管件的几何坐标、连通关系、法向信息、包围盒信息，将这部分信息抽象为设备管件连接节点。对于管线模型，例如风管、水管、冷媒水管，提取管线的管径、中心线信息。

然后将模型的设备所属的系统信息映射到统一的系统类别，用更加通用的系统类别将各个系统进行分类，即可将相应的模型构件映射到统一的系统。设置一套内置的系统表，即可根据运维需求自由的配置运维平台中需要展示的系统，本方法匹配完成的结果见表 8.2。

系统分类　　　　　　　　　　　　　　　　　　　　　　　　　　　表 8.2

ID	系统名称	系统类别 ID	系统类别名称	模型中系统名称
1	空调水系统	3	空调系统	R（冷媒）|CD（冷凝水）
2	消防系统	11	消防系统	PL（喷淋）|FS（消火栓）|湿式消防
3	送排风系统	5	送排风系统	EAD-排风
4	空调新风系统	3	空调系统	SAD-空调送风|RAD-回风|回风
5	生活冷热水	6	给水系统	J（生活冷水）
6	排水系统	9	排水系统	YS（重力雨水）|F（废水）
7	配电系统	12	电力分项计量系统	配电箱

最后，提取所有运维对象和非运维对象的设备属性信息，缓存到数据库，支持数据驱动模型引擎的策略。后端缓存的信息包括项目的建筑信息建筑 ID、建筑名称、建筑的楼层信息、建筑的数据库楼层 ID、建筑包含的所有设备 ID 以及所有系统的 ID、系统类别 ID 等。

相比于传统游戏行业，BIM 运维平台数据和模型在单一场景中往往是静态的。因此，运维平台都能够计算用户操作的每一个应用场景需要加载的模型，将场景需要的模型数据传输给图形引擎。这样图形引擎部分的开发只需要关注模型的加载逻辑即可。

（2）模型拆分和轻量化

本方法将模型数据分类映射之后，利用缓存数据，根据系统分类对模型进行拆分和重组。以如图 8.29 所示的单层模型 M_i 为例，首先将每一层的管道、管线、管道附件、风管管件、风管附件等拆分为集合 P_{ij}，名称为"{楼层 ID}-{系统类别 ID}"。然后根据系统类别信息，将管线模型进一步拆分为集合 S_{ijk}，名称为"{楼层 ID}-{系统类别 ID}-{子系统 ID}"。根据机电系统的分类重新划分机电管线,输出为新的模型,如图 8.30 所示,将原本复杂的单楼层复杂机电模型拆分为更加细化的模型,为后续的轻量化处理做准备,如图 8.31 所示。由于设备运维模型需要附加传感器等数据,对于传感器位置的精准性要求很高,且基于设备类模型的模型深度的要求,因此将原模型中的设备模型按照楼层提取分离为 D_i。拆分完成的模型逻辑关系图如图 8.32 所示。

进一步地,可以采用 3dsMax、Revit 等软件的网格轻量化算法对所有的子系统模型 S_{ijk} 进行模型面数简化,如图 8.33 所示。

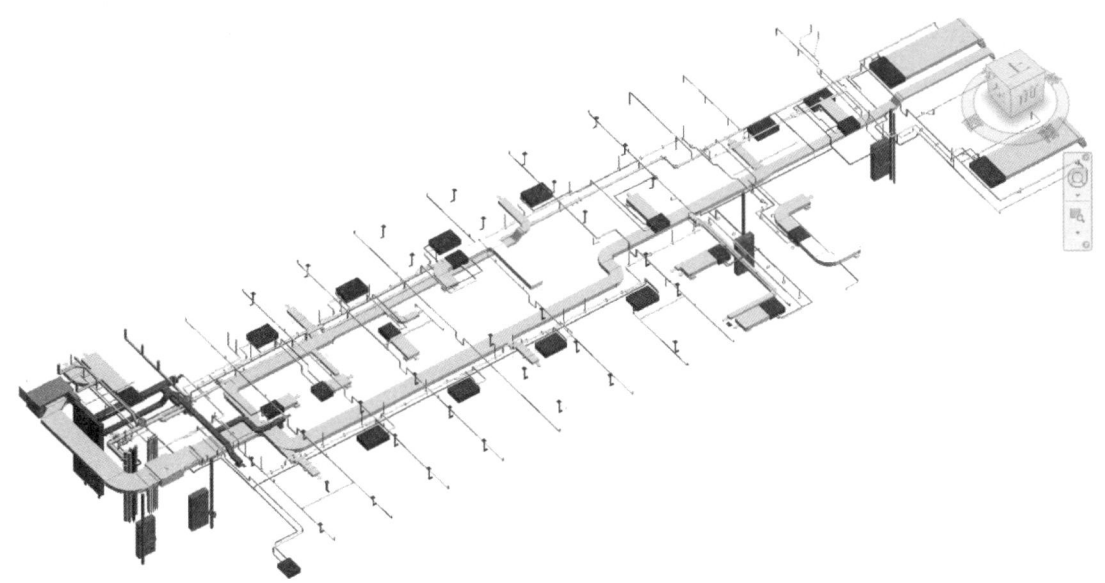

图 8.29 单楼层全专业模型

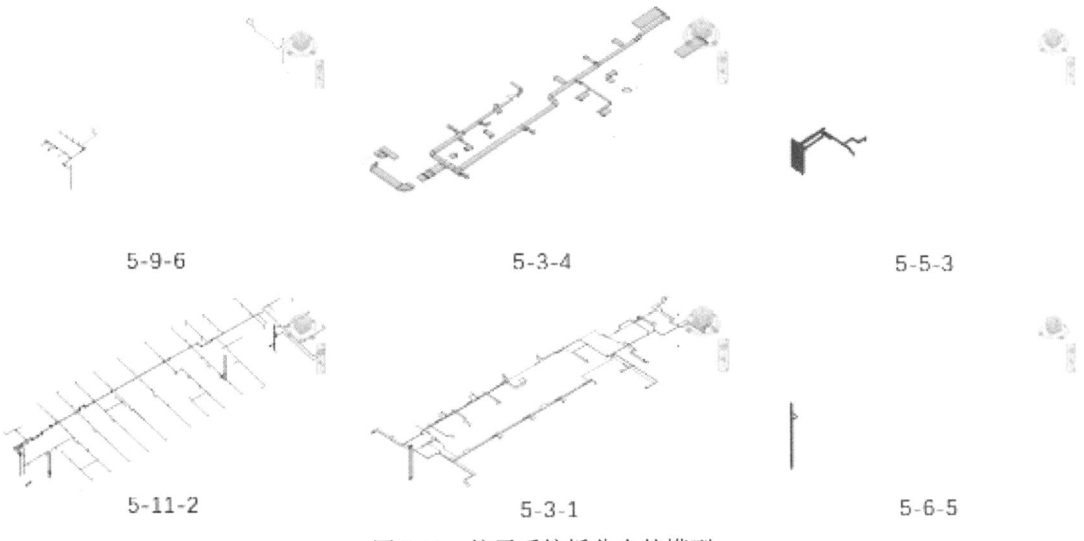

图 8.30 按子系统拆分出的模型

图 8.31　拆分的运维对象模型

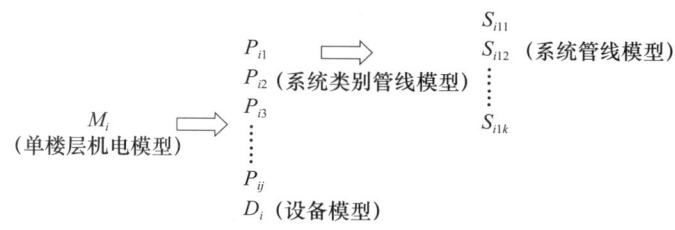

图 8.32　模型拆分逻辑关系

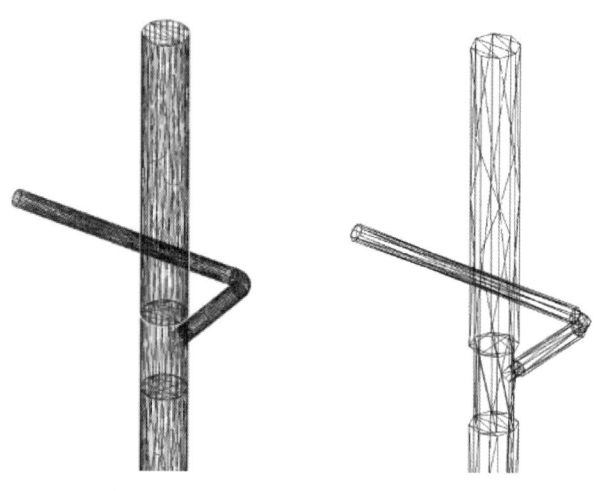

（a）未处理模型　　　（b）轻量化处理完成模型

图 8.33　模型轻量化处理结果

（3）模型重组聚合与加载

在每个使用模型的运维场景中，可以将场景对模型的需求信息抽象为建筑ID、楼层ID、系统类别ID、子系统ID，通过这四个参数即可查询出当前场景下需要加载的非运维对象模型和运维对象模型。依靠这些参数，智慧运维系统可以根据需要加载和卸载模型，减少计算资源的占用。具体方法如下。

1）将所有楼层的设备模型 D_i，管线模型 S_{ijk} 集成到智慧运维系统，在智慧运维系统中将子系统管线模型按照系统类别重新聚合为 P_{ij}；

2）利用智慧运维系统加载场景的方式加载模型集合，每一个集合的名称即为"{楼层ID}-{系统类别ID}-{子系统ID}"；

3）将所有的设备模型 D_i 聚合为设备集合"Device-{建筑ID}"，将 D_i 重命名为"device-{楼层ID}"，该楼层的机电模型编译完成之后的模型集合数量为 $(j+1)$，其中 j 为该层的系统集合数，1 为设备集合。

在智慧运维系统中建立ID至构件集合的字典，加载机电模型只需要加载模型集合。智慧运维系统基于ID等参数动态加载几何模型，组成运维所需要的模型场景，而不再需要管理到每个模型元素，降低了计算复杂度。

8.3.3.3 应用实验

在某医院建筑进行应用验证。该建筑楼层为16层，建筑面积67902.39 m^2，Revit机电模型构件数量141174个。利用本方法将完整模型拆分为387个FBX模型，编译为160个模型应用场景。未处理的原始FBX模型三角面片数量为18.7M，顶点数为15.3M，构件个数为10052，优化之后的模型面数为13.1M，顶点数为10.4M，构件个数为959。在处理完成所有模型之后，将优化模型和原始模型放入智慧运维系统中编译运行，运行结果见表8.3。显示测试模型的面数降低约50%，顶点数降低约56%，构件数量显著降低，有效提高了智慧运维系统使用体验，降低了服务器的负荷。

模型数据对比　　　　　　　　　　表 8.3

对象	面片数量/M	顶点数量/M	文件大小/GB	构件数量/个	运行FPS	加载时间/s
原始模型	299.2	226.7	1.95	141174	16	98
处理模型	150.7	101.7	1.2	8177	34	30

8.4 设施设备智慧运维算法研发

设施设备智慧运维的核心算法是设备故障预测、设备性能评估、设施反复报修识别以及维保质量评价，从而支持精准的设施设备主动式维护、维修和改造，实现数据驱动的运维管理决策。

8.4.1 反复故障报修智能识别算法

建筑反复故障智能识别算法包括以下步骤。

步骤1：从建筑故障维修数据 C 中提取故障描述文本 c_i，形成语料库 R，见表8.4。

故障维修信息表　　　　　　　　表8.4

报修地址	报修时间	报修大类	报修工单描述
餐饮楼1F	2018/12/11 14:54	电	餐 1F　儿外 5F 饭车墙插坏
儿外楼	2018/12/13 17:12	电梯维修	1号梯门打不开人关在里面
儿外楼1F	2018/12/4 16:04	其他	儿外 1F　公用厕所台盆洗手液架子斜
儿外楼1F	2018/12/6 13:49	五金配件	儿外楼 1F　公共厕所洗手液架子掉
儿外楼1F	2018/12/7 13:35	中央空调	儿外楼 1F　大厅空调不制热
儿外楼1F	2018/12/13 16:09	水	儿外 1F　公共男厕所小便池堵
儿外楼2F	2018/12/11 14:10	水	儿 2F　手术室污洗间漏水
儿外楼2F	2018/12/14 15:31	电	儿 2F　相仿楼梯口应急灯掉
儿外楼3F	2018/12/1 14:37	五金配件	儿外 3F　PSICU 大房间女医生休息室橱门锁坏
儿外楼3F	2018/12/3 13:38	五金配件	儿 3F　主治医生办公室换抽屉锁（大房间吧台找人）
儿外楼3F	2018/12/3 13:38	水	儿 3F　护士更衣室台盆感应龙头坏
儿外楼3F	2018/12/3 13:39	五金配件	儿 3F　PSICU 主任办公室换抽屉锁
儿外楼3F	2018/12/4 14:09	医用家具	儿 3F　监护室奶车门锁坏

步骤2：从模型中提取建筑、楼层、空间和房间的名称和编号信息作为故障位置关键词 K^1，提取机电系统、建筑设备、建筑构件的名称、编号和类型名称作为故障分类关键词 K^2，将建筑维修中常见问题描述或其他常用语，作为问题类型关键词 K^3，均加入关键词库 K，作为分词的重要依据。以医院建筑为例，K^1 包括儿 1F、儿 4F、儿外 1F、儿外 4F、门诊 1F、急诊 2F 等位置信息，手术室、厕所、护士站、污物间等房间名称；K^2 包括空调、冰箱、五金、病床、灯、家具、设备；K^3 包括漏水、太热、太冷、坏等。

步骤3：语料库 R 中各个故障描述文本为 r_i，根据关键词 K 和中文分词规则对文本 r_i 进行分割，形成一组词语组 $W_i = \{w_{ij}\}$；如工单 c_1 描述"儿外 4F 401 房间顶灯坏"分割形成的词语组 $W_i = \{$"儿外 4F"、"401"、"房间"、"顶灯"、"坏"$\}$；工单 c_2 描述"儿外 4F 污物间水龙头关不上"分割成词语组 $W_i = \{$"儿外 4F"、"污物间"、"水龙头"、"关不上"$\}$。

步骤4：对于所有语义分割后的 W_i 中的每个词语组 w_{ij}，求其在所有 W_i 中出现的次数 Freq(w_{ij})。若 Freq(w_{ij}) > f_{min}，则认为 w_{ij} 为高频率词语，作为关键词加入关键词

库 K。最小次数 f_{min} 可根据报修描述数量 N 确定，可以是 $N/1000$。

步骤 5：循环执行步骤 3 和步骤 4；当前后两次循环的关键词库的关键词数量维持不变时，达到收敛条件，退出循环进入步骤 6。

步骤 6：将步骤 5 计算的每个故障描述分割的词语组 W_i 中包括的词语，与位置关键词 K^1 匹配，设置故障的位置信息；与分类关键词 K^2 匹配，设置故障对象信息；与问题类型关键词 K^3 匹配，获得问题类型。如 c_1 的故障位置关键词包括 {"儿外"、"4F"、"401"}，故障对象信息关键词为 {"灯"}。然后根据工单的位置和分类信息进行统计，分析占比较高的位置或对象，支持有针对性的维修管理，如图 8.34 所示。

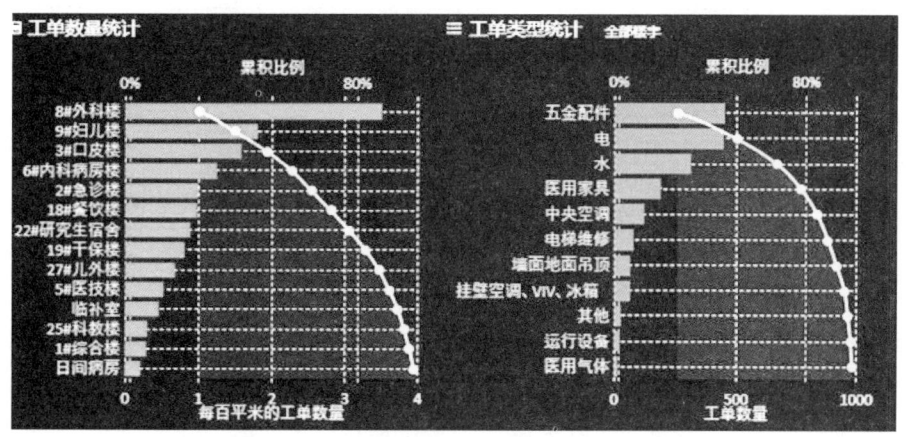

图 8.34　基于位置和对象类型的工单统计分析

步骤 7：对建筑故障维修 C 中任意两个故障 c_i 和 c_j，根据步骤 5 获得的分词词语组 W_i 和 W_j 中的词语，以及 c_i 和 c_j 的报修地址、报修时间、工单大类等信息，定义两个故障的距离度量 $d(c_i, c_j)$。具体方法如下。

步骤 7.1：计算两个故障描述的相似度：根据两个工单 c_i，c_j 各自分词后的词序列集合 W_i 和 W_j，计算其中相同词汇的数量占 W_i 和 W_j 总词汇量的比值，作为两个故障描述相似性度 $\text{sim}(c_i, c_j)$。

步骤 7.2：计算两个故障的距离：综合考虑报修建筑、报修地址、维修状态和报修大类等结构化信息以及故障描述的分词信息，按式（8-6）所示的 m 维向量 c_i 分别表示每个报修工单。

$$c_i = (\alpha_{i1}, \alpha_{i2}, \cdots, \alpha_{i(m-1)}, s'_i) \tag{8-6}$$

其中，α_i 表示故障 c_i 的各个结构化信息，s'_i 表示工单 c_i 分词后的故障描述。考虑到故障不同属性的重要性程度存在差异，引入各属性的权值，采用赋权欧式距离 $d(c_i, c_j)$ 表示两个工单 c_i，c_j 的距离度量，按式（8-7）和式（8-8）计算。

$$d(c_i, c_j) = \sqrt{\sum_{d=1}^{m} \varphi_d (D_{id} - D_{jd})^2} \tag{8-7}$$

$$D_{id} - D_{jd} = \begin{cases} 0, & D_{id} = D_{jd} \\ 1 - \text{sim}(D_i, D_j), & D_{id} \neq D_{jd} \end{cases} \quad (8\text{-}8)$$

其中，φ_d 表示工单各属性的权重，部分取值见表 8.5。其中故障描述的信息量大，权重取较大值；而报修地址从属于报修建筑，子类型从属于报修大类，故权重较小。D_{id}，D_{jd} 分别表示工单 c_i，c_j 的各属性度量，包含结构化属性和非结构化的故障描述。

参与故障距离度量的属性　　　　　　　　　　　　　　　　表 8.5

维度	取值范围	距离标度中的权重
故障描述	分词后的词序列	1.50
报修建筑	建筑编号	1.00
地址	每个楼的楼层或房间号	0.50
报修大类	11 种类型	1.00
子类型	大类下的 45 种子类型	0.50

步骤 8：采用密度检测算法获得彼此间距离相近的工单集群 F_i，定义为一组反复故障。具体步骤如下。

步骤 8.1：计算各工单密度。得到任意两个故障之间的距离后，可采用基于 K-means 的密度检测算法，按式（8-9）计算出单个工单的密度 $local\_density(D_i)$。

$$local\_density(D_i) = \frac{k}{\sum_{i=1}^{k} d_i} \quad (8\text{-}9)$$

其中，k 是预定义的整数，d_i，$i = 1, \cdots, k$ 表示与当前工单相距最近的 k 个工单的距离。一般取 $k = 10$，如果反复故障现象很严重，k 值可适当放大。

步骤 8.2：选择候选反复故障集合。计算出每个故障维修的工单密度后，按照密度从大到小顺序排序，选择前 10% 的工单组成高密度工单集合，作为候选反复故障集合 D。

步骤 9：基于 DBSCAN 的反复故障集合识别。在得到高密度工单集合 D 后，由于此时工单数量仍较多且各工单密度差异不够明显，因此需进行进一步的聚类，得到最终的反复故障集合。DBSCAN 聚类算法是基于密度的聚类方法，相比 K-means 等基于划分的聚类方法，该算法可将足够密度的区域划分为簇，同时拥有对噪声数据不敏感及可发现任意形状类簇的优点。该算法包括以下步骤。

步骤 9.1：选择初始数据对象。从候选反复故障集合 D 中任意选择一个故障作为初始数据对象。

步骤 9.2：形成簇。若选择的初始数据对象是核心对象（即其在半径为 Eps 的邻域内，包含对象数量不少于点数阈值 $MinPts$），则找出所有从该核心对象可达的故障，形成一个簇。若选择的初始数据对象不是核心对象，则选择另一个工单作为初始数据对象，直至可形成簇。

步骤 9.3：迭代。重复步骤 9.2，直至所有工单都被划分到各个簇中，形成最终的反复故障集合 D'。

DBSCAN 聚类算法中，Eps 和 $MinPts$ 需根据工单重复情况和工程经验来确定。判断反复故障至少需包含 3 条工单，则 $MinPts = 3$；Eps 取值不固定，需从 0.01 开始进行参数微调，至结果稳定为止。候选反复故障集合经聚类后，应使得各个簇内部的工单间尽可能相似，而不同簇间尽可能不相似。至此已将相似工单作了进一步分类，形成最终的反复故障集合。

对算法在上海市某大型三甲医院全院区进行了测试。该院区共有 20 多栋建筑物，全部故障维修涉及电梯维修、五金配件、水、电、空调、墙面、地面、吊顶等 11 个工单大类及其下共计 45 个工单小类。从智慧运维系统中选取 2019 年 10 月 1 日至 2019 年 12 月 18 日的所有故障维修工单，作为原始数据样本。样本含 5181 条工单数据，合计约 18 万字符。根据提取出的原始数据样本，精选出约 110 个预定义关键词组成原始关键词库。按照此算法，对所有故障维修的报修内容文本进行分词，输出每一次迭代的结果如图 8.35 所示。

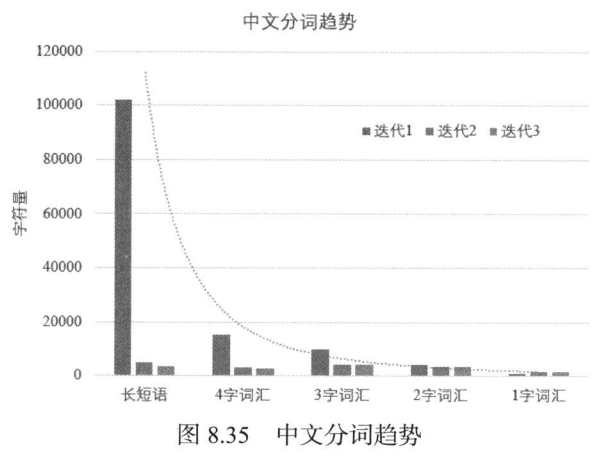

图 8.35　中文分词趋势

本算例进行了三次迭代，可以看到 5 字及以上的长短语数量随迭代急速下降，由 10 万字以上减少为不足 0.5 万字。初始分词不充分的 4 字和 3 字词汇也明显减少。案例取 $f_{\min} = 5$，最终的结果包括少量单字、高词频的 2 字词汇、较少频率出现的 3 字词汇、更少频率但数量较多的 4 字词汇、一些残余的不可分割短语。经过分词之后，按照算法进行反复故障的提取，得到的部分结果如图 8.36 所示。观察各反复故障簇，发现簇内部各工单的报修建筑、报修地址和报修大类等易于人为识别的重要工单属性都相同，并且原本需要人为识别的报修内容描述也有较高相似度，而不同簇间各工单属性则差异大。进一步分析发现，该医院的急诊楼、外科楼和干保楼三栋建筑，不仅故障维修总量大（每月 2000 条以上），重复高频工单也较多（每月 40~60 组），应该识别为故障高发的建筑，需要采取更新改造等手段提升建筑设施设备性能，减少反复故障的发生。

2#急诊楼	急诊楼1F	BX20191017049	完成	水	急1F 抢救室感应龙头水小
2#急诊楼	急诊楼1F	BX20191018049	完成	水	急1F 抢救室复苏室水龙头关不上
2#急诊楼	急诊楼1F	BX20191103001	完成	水	急1F 抢救室污物池龙头漏水
2#急诊楼	急诊楼1F	BX20191120069	完成	水	急1F 抢救室公共女厕台盆感应龙头坏
2#急诊楼	急诊楼1F	BX20191209055	完成	水	急1F 抢救室污物间水龙头关不上

（a）急诊抢救室的水龙头的 5 次重复维修

8#外科楼	外科楼12F	BX20191010002	完成	医用家具	外12F 26床摇不起
8#外科楼	外科楼12F	BX20191011010	完成	医用家具	外12F 26床摇不起
8#外科楼	外科楼12F	BX20191024069	完成	医用家具	外12F 26床摇不起来
8#外科楼	外科楼12F	BX20191026027	完成	医用家具	外12F 26床摇不下
8#外科楼	外科楼12F	BX20191104041	完成	医用家具	外12F 26床摇不起
8#外科楼	外科楼12F	BX20191107052	完成	医用家具	外12F 26床摇不起
8#外科楼	外科楼12F	BX20191207005	完成	医用家具	外12F 26床摇不起
8#外科楼	外科楼12F	BX20191211005	完成	医用家具	外12F 26床摇不起
8#外科楼	外科楼12F	BX20191217003	完成	医用家具	外12F 26床摇不起

（b）外科楼某病床的 9 次重复维修

2#急诊楼	急诊楼4F	BX20191104092	完成	中央空调	急4F 手术室24间空调不制冷
2#急诊楼	急诊楼4F	BX20191119109	完成	中央空调	急4F 手术室22间空调太冷
2#急诊楼	急诊楼4F	BX20191126085	完成	中央空调	急4F 手术室24间空调太冷
2#急诊楼	急诊楼4F	BX20191127091	完成	中央空调	急4F 手术室22间空调太热
2#急诊楼	急诊楼4F	BX20191128100	完成	中央空调	急4F 手术室23间空调太热
2#急诊楼	急诊楼4F	BX20191209100	完成	中央空调	急4F 手术室24间太热

（c）急诊手术室的空调的 6 次重复维修

19#干保楼	干保楼	BX20191012005	完成	电梯维修	干保楼3#电梯坏
19#干保楼	干保楼	BX20191112019	完成	电梯维修	干保楼 3#电梯黑屏
19#干保楼	干保楼	BX20191119051	完成	电梯维修	干保楼3#电梯1F黑屏
19#干保楼	干保楼	BX20191210057	完成	电梯维修	3#电梯外面黑屏
19#干保楼	干保楼	BX20191211002	完成	电梯维修	干保楼3#电梯黑屏
19#干保楼	干保楼	BX20191212045	完成	电梯维修	3#电梯黑屏

（d）3 号电梯的 6 次反复故障

图 8.36　高频重复维修识别结果

实际应用表明，该算法可以将传统故障分析中容易忽视的故障文本描述纳入分析范围，精准识别反复故障，也可以辅助大中修和改造决策，对于提升运维管理效率和精细化水平具有显著价值。

8.4.2　建筑设备故障预测算法

基于数字孪生的设备故障预测算法（AI 模型）包括定义故障特征参数、提取静态和动态信息、构建 AI 模型训练集、AI 模型训练与测试等步骤。为方便读者理解，本书以净化空调机组为例，进行举例说明，该算法具体包括以下步骤。

步骤 1：定义设备故障特征参数

以故障时设备的运行特征参数（F）定义"设备故障情形"，用于训练预测模型。F包括设备运行参数、故障特征参数、环境参数等与故障相关的参数，见公式（8-10）。

$$F = \{\underbrace{D, S}_{\text{空调机组运行参数}}, \underbrace{T, K, P}_{\text{故障特征参数}}, \underbrace{W, E}_{\text{环境参数}}\} \quad (8\text{-}10)$$

设备运行参数包括名称 D 和运行监测数据集合 $S = \{s_{ij}\}$。以净化空调机组为例，包括冷热水阀开度反馈、送风温度、运行状态、初效滤网报警、系统启停等 16 种类型，如图 8.37 所示。所有的数据接口的返回频率为每分钟一次，这保证了故障预测与识别的实时性。

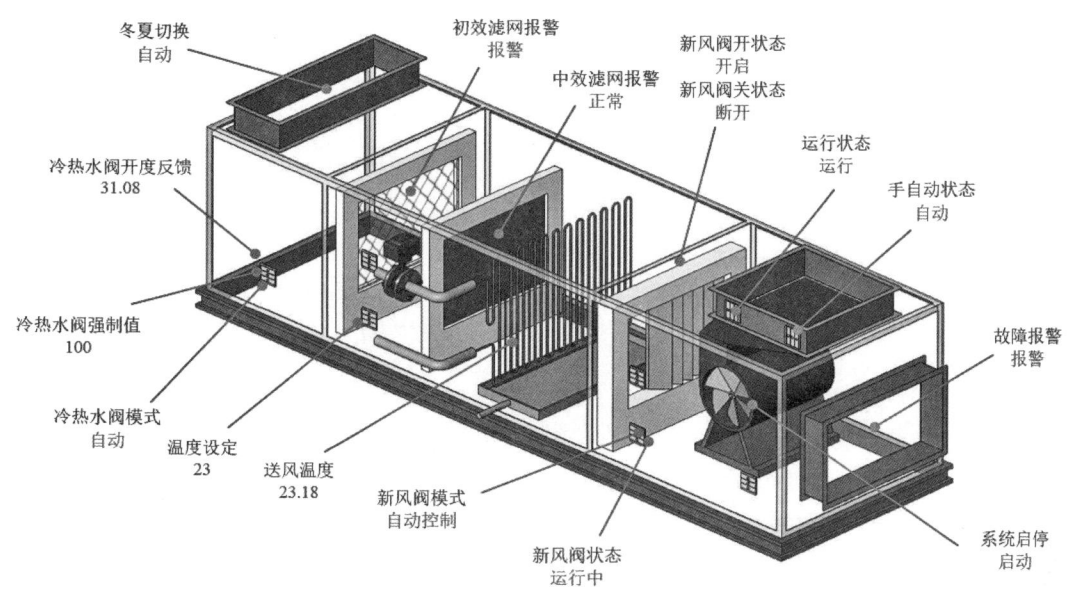

图 8.37 空调机组传感器监测数据

故障特征参数包括故障时间 T、类型 K 和故障概率 $P = \{p_i\}$。以净化空调机组为例，常见的故障类型见表 8.6。从模型中提取净化空调机组的故障维修记录 $R = \{r_i\}$，确定空调机组发生故障时间 T；并通过对故障描述语义分析和故障类型关键词匹配，标记每个故障的故障类型 K，详细方法见本书第 8.4.1 节的介绍。环境参数包括天气数据 $W = \{w_i\}$。其中 W 通过实时查询当地温度、湿度等天气数据获得。耗电量标准化通过提取该空调机组对应的供电回路的耗电量 n_i 计算，$N = \{n_i^* = n_i/\overline{n}\}$，$\overline{n}$ 为 2 小时的平均耗电量。

净化空调机组常见故障类型　　　　　　　表 8.6

序号	故障类型	故障原因	风险类型
1	噪声太大	轴承磨损	晚发性故障
2		叶轮不平衡磨蹭蜗壳	中发性故障

续表

序号	故障类型	故障原因	风险类型
3	风量偏低	风阀未正常开启	晚发性故障
4		过滤网压差过大	晚发性故障
5	不制冷	未供电源	早发性故障
6		温度设置过高	早发性故障
7		电机未启动	早发性故障
8	轴承过热	轴承损坏	中发性故障
9	机组漏水	盘管锈蚀出现沙眼	中发性故障
10		阀门损坏、管道破裂或管道接口漏水	晚发性故障
11		冷凝水管脏堵	晚发性故障

步骤2：提取设备静态和动态信息

从模型中读取机电系统监测数据集合 $S=\{s_i\}$、建筑设备信息 $E=\{e_i\}$、建筑设备逻辑关系 $C=\{c_{ij}\}$、空间信息 $R=\{r_i\}$。如 S 包括空调系统、给水排水系统、供电系统，空调系统的设备 E 包括冷水机组、分集水器、空调箱和出风口等，空间信息包括各个楼层和房间信息，C 包括冷水机组与分集水器逻辑关系 c_1、分集水器与空调箱逻辑关系 c_2、空调箱与各个出风口之间逻辑关系 c_3。其中建筑设备信息 E 包括设备名称、所属系统 s_i、所在空间 r_i，如冷水机组 e_1 和分集水器 e_2 在 B1 层 B105 房间，空调箱 AHU-B101 处于 B1 层空调机房，出风口 FK-B1005 位于 B105 房间。

从模型中提取待预测设备 eq_j 以及同类型设备的运行参数 P_j 和报警状态 c_j 等实时监测数据，形成设备监测数据集 $D=\{t, eq_j, P_j, c_j\}$，t 为时间，用于构建训练集。

步骤3：构建AI模型训练数据集，具体包括以下步骤。

步骤3.1：根据建筑设备逻辑关系 C，计算待分析设备 eq 所属的机电系统 s_j、设备类型 e_j 和服务的所在空间 r_j，加入集合 $Tc=\{r_j, s_j, e_j\}$；

步骤3.2：从模型中提取故障维修信息 $W=\{w_i\}$，w_i 包括报修时间 t、报修空间 r_i、故障描述 P_i；采用8.4.1所述方法对每个工单 w_i 的工单文字描述进行语义识别，确定每个工单关联的空间 r_i、机电系统 s_i、设备类型 e_i，记为 $tc_i=(r_i, s_i, e_i)$；并存入集合 TC'；

步骤3.3：遍历 TC' 中每个元素 tc_i，如果 Tc 包含 tc_i，则将 tc_i 报修时间前12小时至设备维修结束时间段内 eq 的运行监测数据及其故障概率加入集合 DX，并以每1分钟一次的频率标记每条监测数据的故障概率，即报警时到维修结束的设备监测数据的故障概率为1.00，然后向前概率逐渐递减，报警前12小时数据的故障概率为0。每个故障情形可提取至少720组（每1分钟采集一次数据，12小时有720个数据）训练数据，作为故障预测算法的训练数据。

进一步地，设备在故障发生阶段的类型也有不同，可分为早发性、中发性和晚发性三类。中发性故障的风险在故障发生中段概率最高,如图8.38(a)所示(实线表示风险概率与时间关系,虚线表示风险概率变化速度);晚发性故障的风险概率在故障发生临近时最高,如图8.38(b)所示;而早发性故障的风险恰好相反,如图8.38(c)所示。建筑大部分故障的风险以晚发性为主。

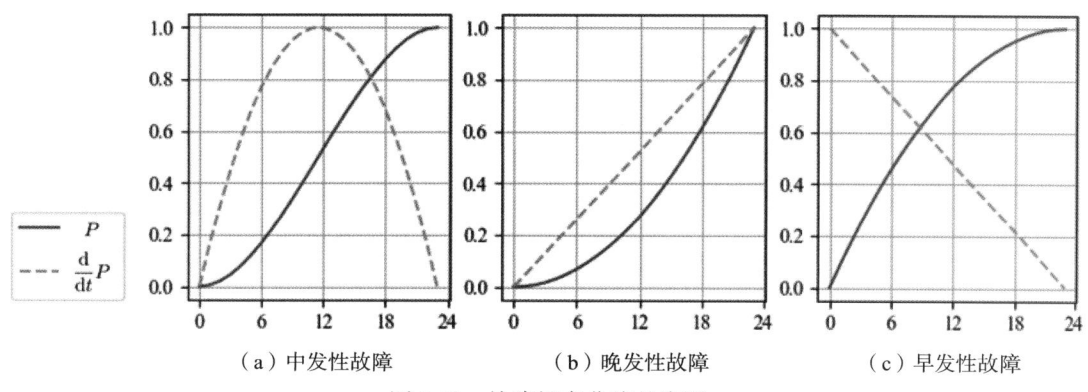

(a)中发性故障　　　　(b)晚发性故障　　　　(c)早发性故障

图8.38　故障概率曲线的类型

步骤3.4:对不同类型参数采用以下预处理方法:数值变量采用Min-Max归一化,如送风温度、能耗值,如公式(8-11)所示;有明确上下限$[X_0, X_1]$的数值变量,如冷热水阀强制值、空气湿度,做归一化处理,如公式(8-12)所示。状态值变量和分类变量全部转换为One-hot向量,该向量长度为总的状态数,如公式(8-13)所示。将所有变量在同一维度拼合起来,即构成输入向量Input。

$$x^* = \frac{x - x_{\min}}{x_{\max} - x_{\min}} \tag{8-11}$$

$$x^* = \frac{x - X_0}{X_1 - X_0}, \text{ if } \forall x, x \in [X_0, X_1] \tag{8-12}$$

$$\begin{aligned} V(x) = \vec{k}_{1 \times N} \quad &\text{where} \quad k_x = 1, \text{ others} = 0 \\ &\text{and} \quad x \in \{k_i, i = 1, \cdots, N\} \end{aligned} \tag{8-13}$$

步骤3.5:每个时间点的输出Output,为$(n_t + 1)$维向量,其中n_t为故障类型的总数,Output按以下方法确定:1)若当前故障为第x类,则Output的第x个元素等于1;2)最后的1维变量表示当前时刻的故障概率p_i;3)其余元素为0。若设备故障有10种,则Output总维数为11。

步骤4:AI模型训练与测试,具体包括以下步骤。

步骤4.1:数据前处理。对待分析设备eq的数据集DX,进行数据清洗和标准化等预处理工作;然后运用主成分分析法选择重要属性值,去除不相关监测量。

步骤4.2:模型选择。由于LSTM(Long Short-Term Memory)算法能有效避免常规RNN的梯度消失问题,可以处理长周期的序列数据,因此本书选择LSTM网络模型,其基本结构如图 8.39 所示。LSTM 的特点是在算法训练时，每个序列时刻 t 向前传播的参数除了隐藏状态 $h(t)$ 外，还加了另一个隐藏状态 $C(t)$，即细胞状态。

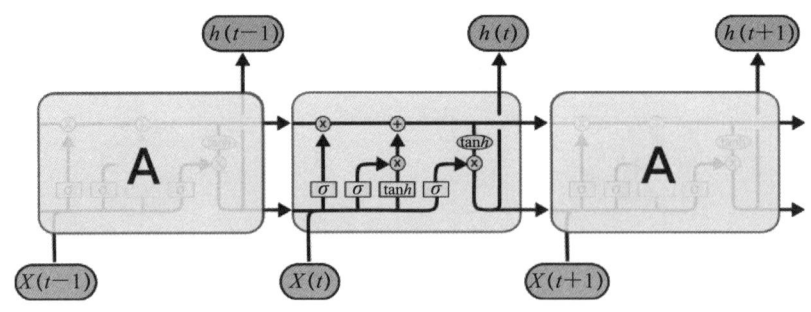

图 8.39　LSTM 算法的基本结构

LSTM 在序列时刻 t 还包括遗忘门、输入门和输出门，具体说明如下。

1）遗忘门是控制以一定的概率遗忘上一层的细胞状态 $C(t-1)$；

2）输入门负责将上一细胞状态 $C(t-1)$ 处理为当前细胞状态 $C(t)$；

3）输出门负责根据 $C(t)$ 和 $h(t-1)$ 计算隐藏状态 $h(t)$。$h(t)$ 由 $o(t)$ 和 $k(t)$ 两部分组成。$o(t)$ 由上一时刻序列的隐藏状态 $h(t-1)$ 和本序列数据 $x(t)$ 以及激活函数得到；$k(t)$ 由隐藏状态 $C(t)$ 和 $\tanh$ 激活函数组成。

LSTM 算法的反向传播算法的思路和 RNN 的反向传播算法思路一致，也是通过梯度下降法迭代更新所有的参数。该方法通过隐藏状态 $h(t)$ 的梯度向前传播反向误差。

步骤 4.3：模型设计。针对每个设备 eq_i，建立一个 LSTM 模型 m_i^s，模型包括输入层、输出层和全连接层三个层次，如图 8.40 所示。其中输入是 eq_i 的运行参数 P_i，输出是故障概率和类型，使用 Softmax 算法归一化得到设备的故障概率值。其中全连接层的隐藏元数量取为 32，时间窗取为 $m=35$，优化器为 Adam Optimizer，损失函数取 MAE（Mean Absolute Error，平均绝对误差），即模型预测值与样本真实值之间距离的平均值，其余参数，如激活函数、遗忘率、随机静默率等，在初始化时取为 LSTM 的默认值。

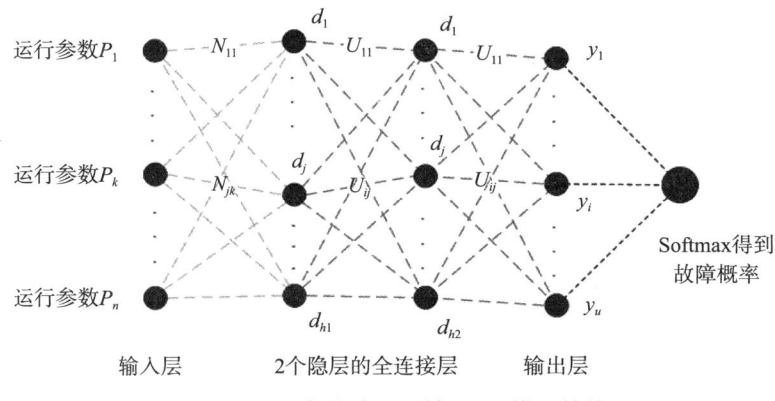

图 8.40　设备故障预测神经 AI 模型结构

步骤 4.4：模型训练。使用 minibatch 训练方法，每训练 20 个样本后计算损失和更新权重，并进行下一个 batch 的训练。通过观察损失函数的值变化决定终止条件，约需要 1000 个训练周期。故障预测模型的训练曲线如图 8.41 所示，最终的训练样本拟合度为 98.8%。

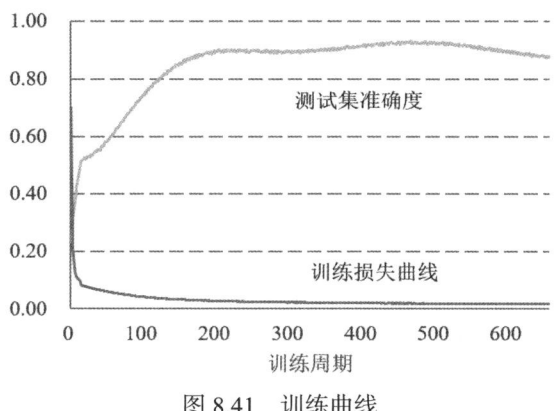

图 8.41　训练曲线

步骤 4.5：测试验证。训练完成后，使用测试数据集对该模型进行测试验证。测试结果如图 8.42 和图 8.43 所示，能够识别各类故障的发展过程。最终，故障类型诊断的准确率可达 95%，故障概率的平均准确率可达 87%。

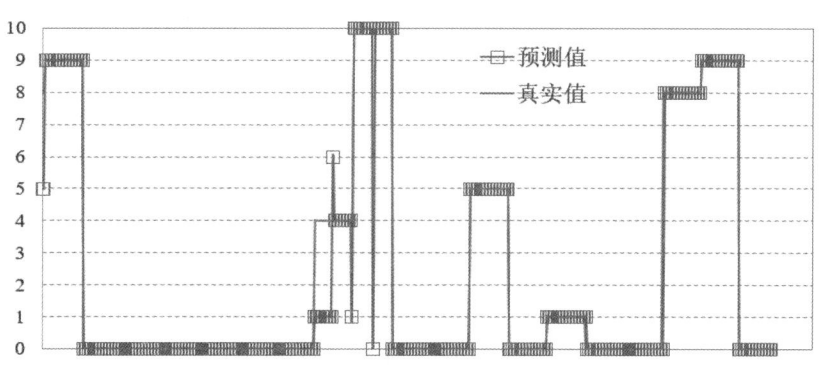

图 8.42　故障类型诊断结果

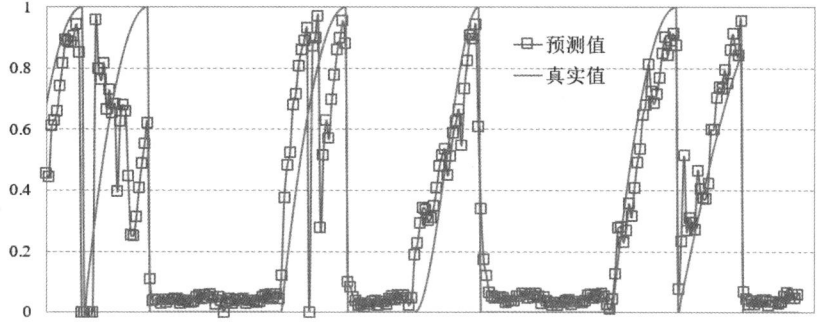

图 8.43　故障概率评估结果

8.4.3 设备性能智能评估算法

本书以电梯为例,介绍基于数字孪生的设备性能评估算法。该方法充分利用数字孪生模型中各个电梯的运行监测数据、运维数据和能耗数据等,进行设备性能评估,无需专家打分,可操作性和准确度较高。包括以下步骤。

步骤1:提取运行数据和用电量数据。具体包括以下步骤。

步骤1.1:从数字孪生模型中提取待分析电梯的电源故障、异常报警、当前楼层、警铃信号、检修状态、火警信号、厅门闸锁、井道安全、运行方向等运行监测数据。提取运行监测数据频率至少每分钟1次。

步骤1.2:结合模型中楼层标高信息,计算电梯的每小时运行里程。具体方法为,将每次电梯所在的楼层位置与上次位置作比较,计算该时间段内的运行高度,然后累加一小时内的所有运行高度即得到运行里程。

步骤1.3:提取为电梯供电回路的实时用电量数据,并将电梯用电回路的用电量根据所供电的电梯运行里程进行加权分配,获得各个电梯的用电量。

步骤2:采用快速傅里叶变换(FFT)对运行数据和用电数据中各个变量的时序数据进行处理,分离各变量的常态曲线 CN,并计算异常特征曲线 CA。具体包括以下步骤。

步骤2.1:令 $X=\{x_i\}$ 表示一个月内的一个变量的监测数据序列,一个典型的序列如图8.44的左上图。做傅里叶变换后得到 X 的频域序列 $Y=\{y_i\}$。

步骤2.2:对所有 y_i 求模长,并进行从大到小的排序;然后取第 k 个的模长作为过滤的限值 T。优选的 $k=\lceil 0.1N \rceil+1$,其中 N 为 X 序列的长度。

步骤2.3:将 Y 中所有模长小于 T 的元素设为0,但位置不变化。然后将此时的 Y 作傅里叶变换的逆变换,得到常态曲线 CN,如图8.44的左下图。

步骤2.4:采用公式(8-14)计算异常特征曲线,典型的 CA 曲线如图8.44的右下图。

$$CA_i = \frac{\max(\vec{d}_i)-\min(\vec{d}_i)}{s(\vec{d}_i)}, \ \vec{d}_i=(d_{i-W+1},\cdots,d_i) \tag{8-14}$$

其中 max、min 为序列最大值和最小值,s 为序列的样本标准差,公式为

$$s(\vec{d}_i)=\sqrt{\frac{1}{W-1}\sum_{k=0}^{W-1}(d_{i-k}-\bar{d})^2} \tag{8-15}$$

步骤2.5:求原始曲线与 CN 的差值,记为 $D=\{d_i\}$,如图8.44的右上图。

步骤2.6:对各个变量的 CN 曲线做归一化。对于大部分变量,采用如公式(8-16)所示的 min-max 归一化方法。其中状态值变量的 min 取0;max 使用滑窗的方法统计估计,时间滑窗为24h。对于运行时间这类参数,以比率来衡量,即运行率=(上升+下降)/(停止+上升+下降);然后输入 Sigmoid 惩罚函数,过高的运行时长则会有较高

的函数值，见公式（8-17）。

$$x^* = \frac{x - x_{\min}}{x_{\max} - x_{\min}} \tag{8-16}$$

$$x^* = \frac{B}{1 + e^{-Ax}} \tag{8-17}$$

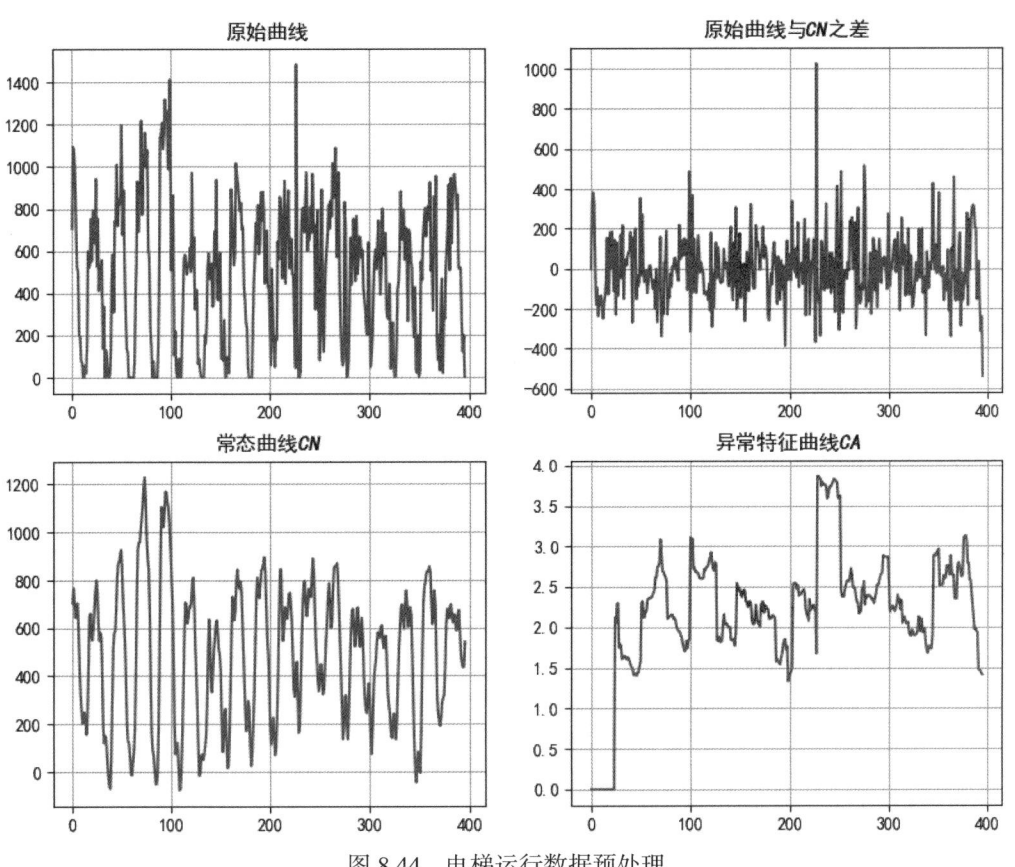

图 8.44 电梯运行数据预处理

步骤 3：使用层次分析法计算电梯的常态化性能得分 SN。具体包括以下步骤。

步骤 3.1：建立层次分析法模型，如图 8.45 所示，包括变量层、中间层与目标层三层。最底层为变量层，即步骤 2 计算获得的各传感器监测数据的 CN 值。中间层为设备分项评分指标，包括运行强度、安全指数、故障指数、管理指数、能耗指数。目标层为设备的常态化性能得分，得分数值越高则表明运行状态越好，而得分越低则表明电梯运行状态越差。

步骤 3.2：采用 1～9 标度法，构造变量层比较矩阵，确定变量层构成中间层各指标的权值。如中间层安全指数由警铃信号、火警信号与厅门闸锁等变量层数据加权计算得到，其中警铃信号、火警信号与厅门闸锁构成安全指数的权重分别为：0.165、0.539、0.296。

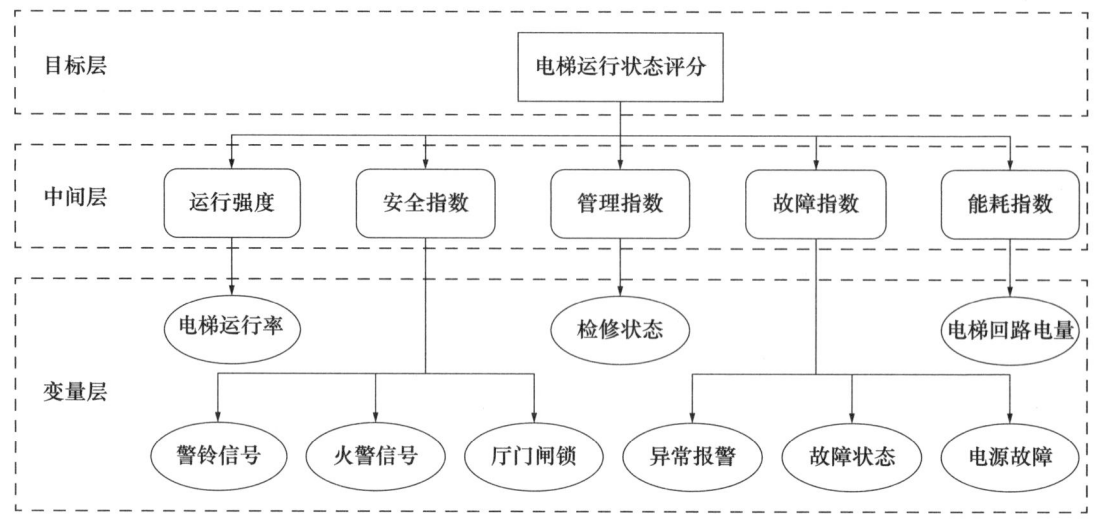

图 8.45 电梯运行状态评价层次划分

步骤 3.3：采用主成分分析法（PCA）确定中间层构成目标层的权重。根据主成分分析法（PCA）计算中间层样本的主分量，并将第一分量的向量作为各个变量的绝对强度，归一化后作为各中间层构成目标层的权重值。例如，按上述方法计算得到的运行强度、安全指数、管理指数、故障指数以及能耗指数构成电梯性能评分的权重分别为：0.288、0.041、0.103、0.217、0.351。采用 PCA 方法可以识别指标间的相关性，自动把主成分里强相关的多个指标对应的权重适当减小，从而消除相关性带来的影响，突出相异指标的作用。PCA 方法可以降低主观因素，消除指标之间的相关性，避免重复打分，增强结果的准确性。

步骤 4：根据异常特征曲线 CA 计算电梯的异常值得分 SA。

具体算法为，设一个月内 CA 序列中值大于 2.5 的点数量为 N_A，序列总长 N，则异常值得分按公式（8-18）计算。例如电梯运行里程 CA 中，某个月的序列总长为 720，大于 2.5 的点数量为 98 个，则此时的运行里程异常值得分为 74.6。最终的 SA 为所有变量 SA 的算术平均值。

$$SA = \left(1 - \frac{N_A}{N}\right)^2 \times 100 \quad (8\text{-}18)$$

步骤 5：根据 SN 和 SA，训练自动化的支持向量机（SVM）评价模型，执行实时的电梯状态性能评价。具体包括以下步骤。

步骤 5.1：以 24 小时为滑窗计算周期，计算所有电梯的常态化性能得分和异常值得分；然后采用凝结聚类（Agglomerative Clustering），按照 SN 和 SA 两个维度的评分值，将电梯性能划分为四类（四个象限）：① 运行良好；② 异常值较多需注意；③ 常态性能差；④ 整体性能差。如在某次测试中，所有电梯的性能评价分类见表 8.7，划分结果如图 8.46 所示。如当 $SN \geq 76$，且异常值得分 $SA \geq 76$，该情形下判定电梯性能为良好，其余情况做类似判定。

典型的电梯性能分类　　　　　　　　　　　表 8.7

性能类型	常态化性能得分 SN	异常值得分 SA
性能良好	≥ 76	≥ 76
异常值较多需注意	≥ 76	< 75
常态性能差	< 75	≥ 76
整体性能差	< 75	< 75

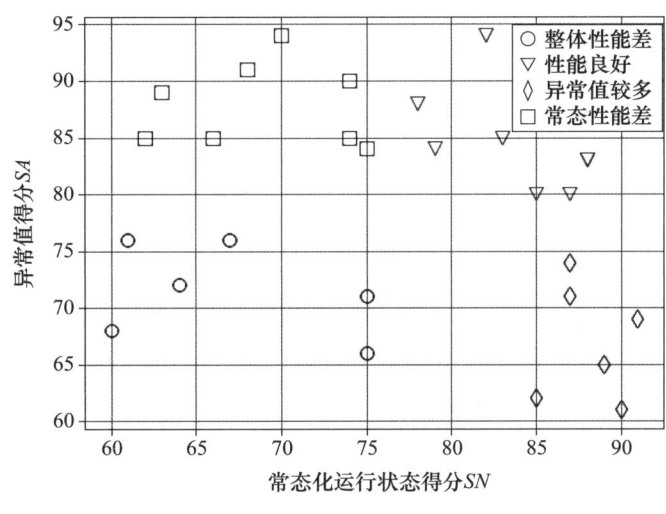

图 8.46　电梯性能评分实例

步骤 5.2：为了提升分类的准确度，需要把分类规则抽象为一个自动化的数学模型。包括以下步骤：1）将聚类的结果整理为支持向量机（SVM）模型的训练数据；2）由管理人员标记每部电梯的评分是否准确，若不准确从训练数据中删除；3）将两类得分与相应的性能类型输入 SVM 进行训练；4）输出 SVM 模型。

步骤 5.3：将 SVM 模型持久化存储为文件，部署到智慧运维系统，进行设备性能实时评估。智慧运维系统实时监测电梯运行数据，计算常态化性能得分和异常值得分后，输入步骤 5.2 计算的 SVM，即可输出各个电梯的性能评估结果，并定时推送至电梯管理人员辅助日常工作。

本方法通过挖掘电梯运行系统、报警系统、检修记录以及能耗等多源数据的规律，实现电梯的常态运行安全性和异常状态的评价，尽早排除安全隐患，保障设备平稳运行。

8.4.4　维保质量量化评价算法

维保质量评价是识别维保质量是否到位，支持设备维保精细化管理的有效方法。基于故障数据的维保质量量化评价算法通过建立设备维保工单与设备报修工单之间的关联，分析设备维保前后的故障报修情况，识别维保质量不到位的情况，具有实际应用价值。本算法具体流程如图 8.47 所示，包括以下步骤。

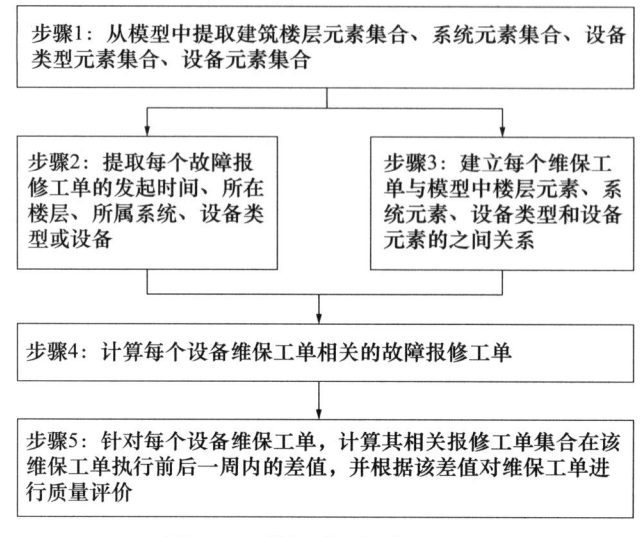

图 8.47　维保质量评价流程图

步骤 1：从模型中提取建筑静态数据。

静态数据包括楼层元素集合 $F=\{f_i\}$、系统元素集合 $S=\{s_i\}$、设备类型元素集合 $E=\{e_i\}$、设备元素集合 $C=\{c_i\}$。以某建筑为例，$F=\{1F、2F、\cdots、13F\}$，$S=$ {建筑、结构、暖通空调、给水排水、电气、弱电}，$E=$ {自动门、水池、水龙头、空调箱}，$C=$ {自动门 1#、自动门 2#、空调箱 AHU-13F-01}。

步骤 2：提取故障维修数据。

从模型中提取每个故障维修 r_i 的发起时间 t_i、所在楼层 f_i、所属系统 s_i、所属设备类型 e_i。如故障维修 $r_1=$ {外科楼 13F 自动门坏} 发起时间 t_1 是 2019 年 7 月 16 日，所属楼层 $f_1=$ "外科楼 13F"，所属系统="建筑"，所属类型="自动门"。具体方法详见本书 8.4.1 节。

步骤 3：提取设备维保数据。

从数字孪生模型中提取每个设备维保任务 w_j 的执行时间信息 t、服务的楼层元素集合 F_j、系统元素集合 S_j、设备类型集合 E_j。如某自动门维保任务 w_1 服务的楼层元素集合 $F_1=$ {外科楼 12F、外科楼 13F}，服务的系统元素 $S_1=$ "建筑"，服务的设备类型元素="自动门"，执行时间是 2019 年 7 月 13 日。

步骤 4：计算每个维保任务所有相关故障维修集合 R_j，具体包括下步骤：

步骤 4.1：针对每个维保任务 w_j 服务的楼层元素集合 F_j、系统元素集合 S_j、设备类型集合 E_j，从 F_j、S_j、E_j 中各取一个元素组成三元组集合 $Tc_j=\{tc_j\}$；其中 $tc_j=\{f_j、s_j、e_j\}$，f_j 属于 F_j、s_j 属于 S_j、e_j 属于 E_j。如图 8.48，自动门维保任务 w_1 对应的三元组集合

$Tc_1 = \{$(外科楼13F、建筑、自动门)、(外科楼12F、建筑、自动门)、……$\}$;

步骤4.2：针对故障维修 r_i，根据所在楼层 f_i、所属系统 s_i、所属设备类型 e_i，形成三元组 $tc_i = \{f_i、s_i、e_i\}$；如自动门故障维修 r_2 对应的三元组集合 $Tc_2 = \{$(外科楼13F、建筑、自动门)$\}$；

步骤4.3：针对每个设备维保任务 w_j，循环遍历所有故障维修 r_i，如果 r_i 对应的三元组 Tc_i 与维保任务的三元组有交集，即 $Tc_jTc_i \cap Tc_j \neq \emptyset$，则认为故障 r_i 与维保任务 w_j 有关，将 r_i 加入到维保任务 w_j 的 R_i 中。如图 8.48 所示，将自动门维保任务 w_1 相关的报修工单识别为 $R_1 = \{r_2, r_1\}$。

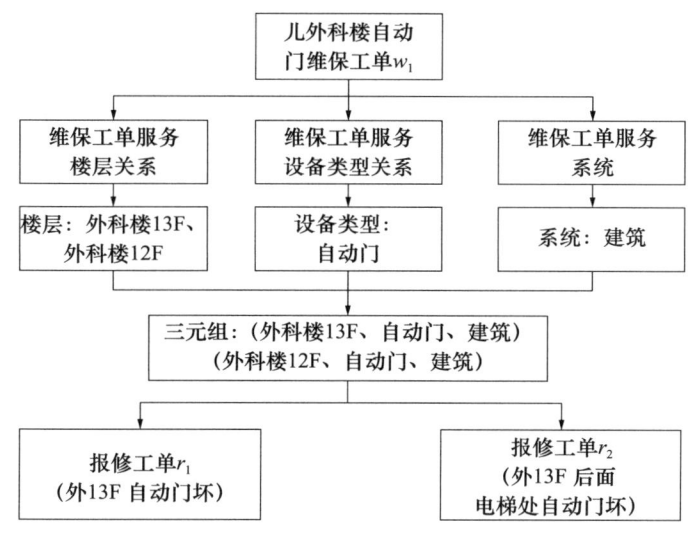

图 8.48 手术室自动门维保任务与故障维修匹配关系

步骤5：根据故障维修数据对每种类型设备的维保工作进行评价。基本思路是如果维保任务执行之后的报修次数明确低于执行前的报修数量，则认为维保任务评价较高，反之，较低。具体包括以下步骤：

步骤5.1：首先筛选出该类型设备的所有维保任务。

步骤5.2：根据步骤4的结果计算维保任务相关故障报修集合 R_j 中元素 r_j，在每次维保任务执行之前 T（T 可选择为维保周期的 1/4）时间段内的维保数量为 M，每次执行后 T 时间段内的维保数据为 N。

步骤5.3：评价值 v_j 采用公式（8-19）计算，评分越高越好。

$$v_j = \frac{M+1}{N+1} \tag{8-19}$$

步骤6：对维保单位进行评分。针对每个维保公司或班组，通过对其维保的各种类型设备维保工作质量的加权评分，计算维保公司评分。具体包括以下步骤：

步骤6.1：计算维保公司维保的设备类型集合 $E = \{e_j\}$。

步骤 6.2：对集合中的每个设备类型 e_j 给出重要性系数 q_j，例如非常重要的取为 3，重要的取为 2，次要的取为 1。

步骤 6.3：采用 Softmax 方法计算归一化总得分 V（范围为 0～1），由此获得该设备类型集合的定量评估依据，计算公式见式（8-20）。

$$V = \sum_j \frac{v_j \exp(q_j)}{\sum_j \exp(q_j)} \tag{8-20}$$

步骤 6.4：以 1 分制对维保质量进行评价，运维管理人员可以对评分小于 0.8 的维保单位进行针对性的监督管理。

8.5 建筑运行智慧节能算法研发

建筑低碳智慧运维算法主要包括耗能系统运行策略优化算法和能耗异常识别算法两方面。

8.5.1 建筑耗能系统运行策略优化算法

建筑耗能系统运行策略优化算法核心是利用"人员 - 空间 - 系统"的耦合关系，实时根据空间内环境参数计算人员舒适性指标，根据耗能系统参数计算能耗指标；然后以舒适性指标和能耗指标的加权值为优化目标，采用迭代优化算法寻找最优的耗能系统运行参数。本书以空调系统为例，介绍建筑耗能系统运行策略优化算法，主要包括空调系统设定参数与能耗计算模型构建、空调系统设定参数与舒适性计算模型构建、控制策略强化学习模型研发和应用验证四个步骤。

8.5.1.1 空调设定参数与能耗计算模型

在空调运行策略迭代优化过程中，需要估算不同策略的能耗值，用于评估策略的优劣。虽然已有的能耗模拟软件可以根据空调设定参数精确计算能耗值，但计算时间较长，不适合在运行策略优化算法中使用。因此，需要构建根据空调设定参数快速估算能耗的计算模型。

（1）理论分析

通过文献调研，列出影响空间能耗的主要参数，见表 8.8。

空调定量数学模型参数　　　　　表 8.8

参数	物理意义
T_s	设定温度
v	空气流量（与风速档位有关）

续表

参数	物理意义
T	环境温度
T_{eff}	出风口与设定温度偏差
η	空调能效系数
ρ	空气密度
c_{m}	空气质量热容
P	空调的瞬时功率
P_0	系统其他功率
E	总能耗

根据供冷／供暖能量守恒及空调能效关系，可以列出单空调瞬时能量方程

$$\eta P = \rho c_{\text{m}} v \Delta T \tag{8-21}$$

其中 ΔT 的物理意义是空调出风口温度与环境温度的差，即

制冷情形：$\Delta T = T - (T_{\text{s}} - T_{\text{eff}})$

制热情形：$\Delta T = (T_{\text{s}} + T_{\text{eff}}) - T$

合并常数为 β，可得到瞬时功率表达式：

$$P = \beta v \Delta T \qquad \beta = \frac{\rho c_{\text{m}}}{\eta} \tag{8-22}$$

总能耗 E 为所有 N 台空调的瞬时功率在某时间段上的积分，加上空调系统的其他功耗，考虑到环境采样和控制指令都是离散的，把 t_0 到 t 的积分写成 n 个时间间隔 Δt_i 上的求和，见式（8-23）。

$$E = \sum_N \int_0^t P(t) \mathrm{d}t + P_0 t = \beta \sum_N \sum_{i=0}^n v \Delta T \Delta t_i + P_0 t \tag{8-23}$$

由上述推导可知，总能耗与空调的设定参数 v 和 ΔT 成线性关系。但从数据分析发现，在空调制冷制热初期，设定温度与环境温度差距较大时，实际能耗会有所增大。因此需在线性的基础上，附加二次项作为补偿，见式（8-24）。

$$E = \beta_2 \sum_N \sum_{i=0}^n [T_{\text{s}} - T(t)]^2 \Delta t_i + \beta \sum_N \sum_{i=0}^n v \Delta T \Delta t_i + P_0 t \tag{8-24}$$

得到的理论关系式有四个未知参数：β、β_2、T_{eff}、P_0。其中 β、β_2 和 P_0 通过二元线性回归确定；T_{eff} 是未定的名义参数，本书采取的方法是通过参数扫描，取令线性回归的效果最好、决定系数 R^2 最大的 T_{eff} 为其真值。

（2）线性拟合

在上述理论推导基础上，通过对实测数据的拟合，计算未知参数，构建计算模型。基于模型获取室内温度传感器监测的环境温度数据 $T(t)$，从空调系统读取空气流量 v

和设定温度 T_s，从能耗监测系统获取空调系统能耗数据。设定时间间隔 $\Delta t_i = 1\text{min}$，提取至少一年的监测数据。

参数 T_{eff} 在 0~8℃ 范围扫描，执行二元回归分析，如图 8.49 所示。当 $T_{\text{eff}} = 3℃$ 时，回归效果最好。此时回归得到 $\beta = 0.0555$，$\beta_2 = 0.126$，$P_0 = 1.86\text{kW}$，带入公式（8-19），得到空调设定参数与能耗的计算公式。

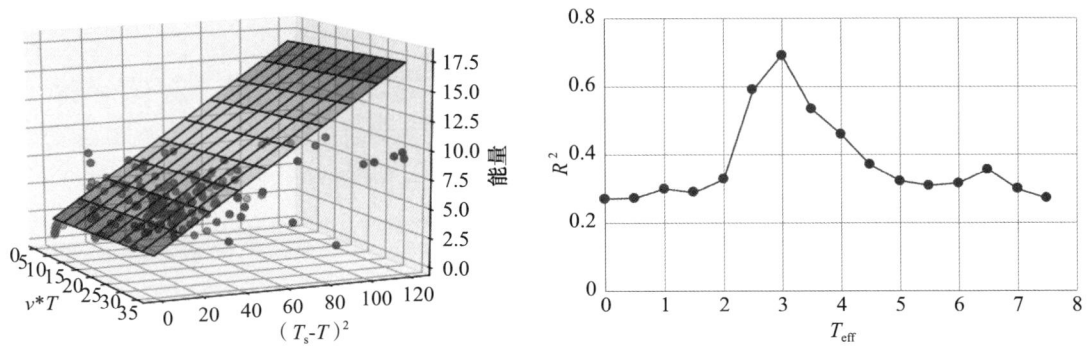

图 8.49　空调设定参数与能耗计算模型的回归求解

8.5.1.2　空调设定参数与环境舒适性计算模型

空调设定参数是通过影响室内环境参数间接影响环境舒适性，因此需要建立空调设定参数与室内环境参数的计算模型，再构建室内环境参数与环境舒适性的计算模型。

（1）空调设定参数与室内环境参数计算模型

由于空调设定参数与室内环境参数的关系受空调功能与室内空间规模的影响较大，因此需要针对不同规模空间，采集实测数据，通过线性拟合构建计算模型，提高准确度。另外，针对部署了多个空调的大型空间，需要根据空调布置位置和实际应用需求，将空间划分为多个子空间，计算每个空调对其所在的子空间室内环境参数与空调设定参数的影响关系。由于制冷制热情况类似，本书以制热模式为例进行介绍。具体方法如下。

将某子空间 K 的空调对空间内不同区域制热效果简化为一维热传导模型，即变温速率等于温度梯度，列出环境温度变化的微分方程。制热时，空间 K 处的温度微分方程见式（8-25）。

$$\frac{dT(t)}{dt} = k\Delta T = k[T_s + T_{\text{eff}} - T(t)] \tag{8-25}$$

其中 k 为空间的综合导热系数，表征空调对该空间的调节效果好坏程度。分离变量积分，得到环境温度 $T(t)$ 与时间为对数线性关系，见式（8-26）。

$$\ln\left(\frac{T_s + T_{\text{eff}} - T_0}{T_s + T_{\text{eff}} - T(t)}\right) = kt \tag{8-26}$$

在上述理论推导基础上，以时间 t 为自变量，以 T_s、T_{eff}、T 等参数为因变量，建立一元线性回归模型 $\ln[f(T)] = kt + \varepsilon$。然后，通过在各类空间安装温度传感器，采集环境温度变化 $T(t)$。最后应用监测数据进行线性拟合，得到 k 和 ε 的拟合值。某医院病房的两个床位的回归结果如图 8.50 所示。

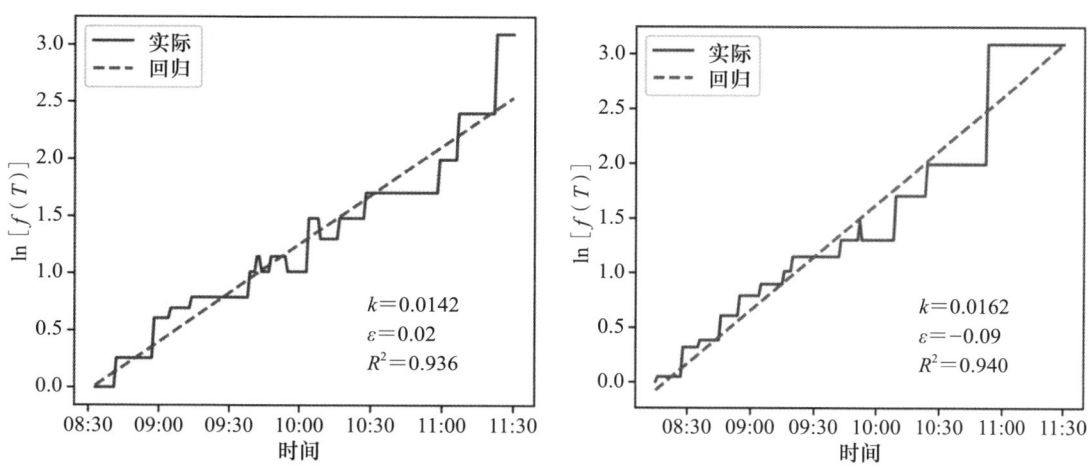

图 8.50　两个床位的空调设定与温度回归

将某医院病房的所有床位的综合导热系数 k 制成等高线图，如图 8.51 所示。可见 VRV 空调 4-9 范围内，靠近敞开走廊的床位调节效果差，且距离空调较远床位的 k 值更小，符合区域的空间特点。

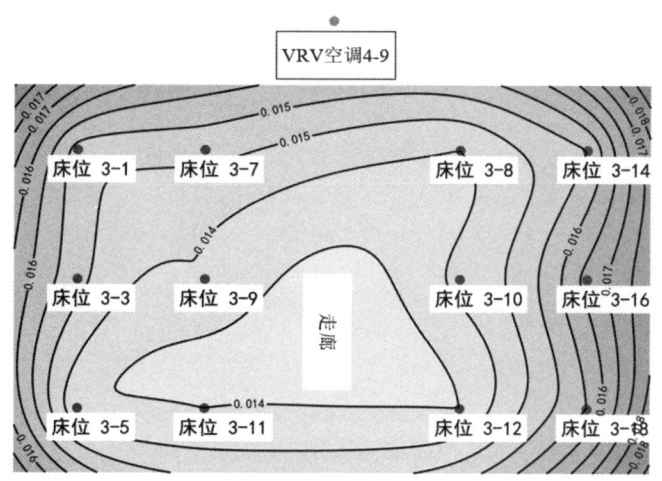

图 8.51　综合导热系数局部等高线

（2）舒适度指标 $SPMV$

根据室内环境舒适度相关标准，舒适度指标 PMV 计算公式见式（8-27）。

$$PMV = (0.303\mathrm{e}^{-0.036M} + 0.0275) \cdot TL[T(t), v, M, W, p_a, T_r, T_{cl}, R_{cl}] \quad (8\text{-}27)$$

其中人体热负荷函数 TL 计算相当复杂，它不仅与环境温度 $T(t)$ 和风速 v 有关，还涉及人体的新陈代谢 M，对外所做的机械功率 W，环境空气中水蒸气分压力 p_a，房间的平均辐射温度 T_r，服装外表面温度 T_{cl}，服装热阻 R_{cl}。该计算公式涉及的变量多，关系复杂，实际应用比较困难，且建筑空调系统仅能提取设定温度和风速等参数，缺失大量计算所需参数。因此，公式（8-27）不宜直接用于空调控制策略优化中，需合理简化。为此，本书提出一种采用实测数据线性拟合得到的简化计算指标 SPMV（Simplified-PMV）。根据式（8-28），SPMV 主要影响因素是环境温度 $T(t)$ 和风速 v。

假设
$$SMPV = \alpha T(t) + \beta v + \gamma \tag{8-28}$$

首先，根据调研分析，选定 $R_{cl} = 0.55$clo（夏季）、$R_{cl} = 0.90$clo（冬季），$M = 70W/m^2$。然后，在正常运行的较为舒适的环境中，通过微调设定温度和风速，采集一系列实测参数，计算相应的 SPMV 值。采用多元线性回归方法，拟合 SPMV 值与 $T(t)$ 和 v 的关系。最终得到简化的舒适度指标 SPMV 的拟合公式：

制热模式下：$SPMV = 0.27T(t) - 0.41v - 6.27$

制冷模式下：$SPMV = 0.37T(t) - 0.82v - 9.45$

如图 8.52 所示，回归的均方误差为冬季 0.02，夏季 0.04，R^2 为 0.95 和 0.96。因此，在一般环境中，SPMV 可较好地逼近原始 PMV 指标。例如，冬季空调制热令室内温度达到 28℃，并设定一档风，此时 $SPMV = 0.88$，符合偏热的体感。而原始 PMV 的准确值为 0.87，非常接近。又如，夏季空调制冷，使得室内温度降到 25℃，开启二档风，此时 $SPMV = -1.84$，也符合明显过冷的体感。而原始 PMV 的准确值为 -1.77，故简化公式仍基本上符合。

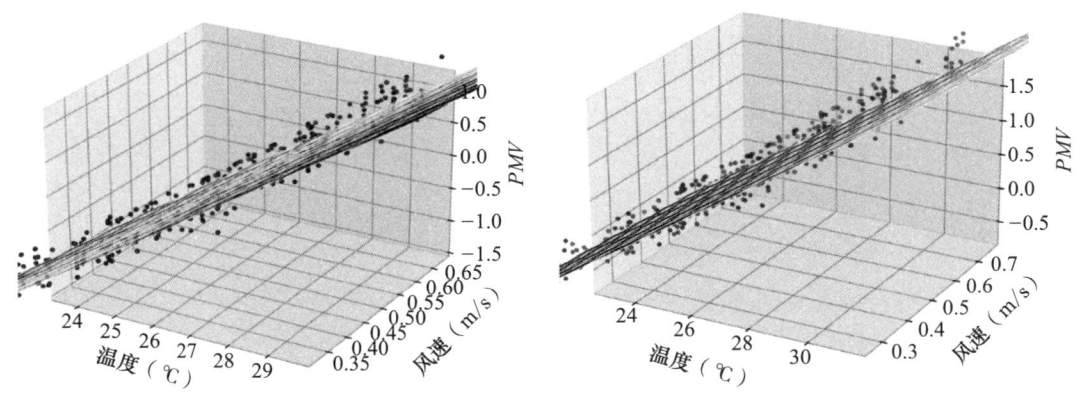

图 8.52 环境参数与舒适性的拟合求解结果

8.5.1.3 基于强化学习的空调控制策略优化算法

基于学习的空调控制策略优化算法需要根据环境状态和用户反馈及时调节空调的温度和风速等设置参数，以达到舒适度和能耗的综合最优，这是一个典型的强化学习问题。因此，可以使用 SARSA 和 DQN 算法构建优化 AI 模型。这两种算法都基于 Q-learning 框架，通过每一步的学习来估计每个"状态－动作"的价值，并根据该价值来进行决策。SARSA 是一种基于"状态－动作"的强化学习算法，使用一个 Q 表格来存储每个"状态－动作"的 Q 值。而 DQN 利用一个深度神经网络来近似 Q 函数，从而能够处理高维状态空间。

首先定义动作集合 S、状态观测值 Ob、奖励值 R。其中动作集合包括空调的所有控制指令，如 $S=\{$温度升；温度不变；温度降；风速1档；风速2档；风速3档$\}$。状态观测值 $Ob=\{$设定温度；设定风速；每个子空间的温湿度$\}$，奖励值 R 按照式（8-29）计算：

$$R = -E - \frac{\sigma}{N_p} \sum_i SPMV_i^2 \qquad (8-29)$$

其中 N_p 为总人数，σ 是平衡节能与舒适度的因子，本书取 $\sigma=10\text{kW}\cdot\text{h}$。式（8-29）中关于 SPMV 的负平方项表达了过冷或过热均会使奖励值降低。

然后建立描述空调策略智能体与环境交互的强化学习框架，如图 8.53 所示，其中环境响应使用了前述 3 个数学模型，神经网络选择 3 层全连接前馈神经网络，其结构如图 8.54 所示。

最后使用 DQN 和 SARSA 算法分别训练策略器，目标是使得一定时间范围内的运行控制策略的奖励值 R 的总和最大。在强化学习的训练中，使用 ε-greedy 算法来优化策略器的选择，使之逐渐倾向于选择 R 值最大的动作，同时以概率 ε 保持探索其他控制指令的能力。

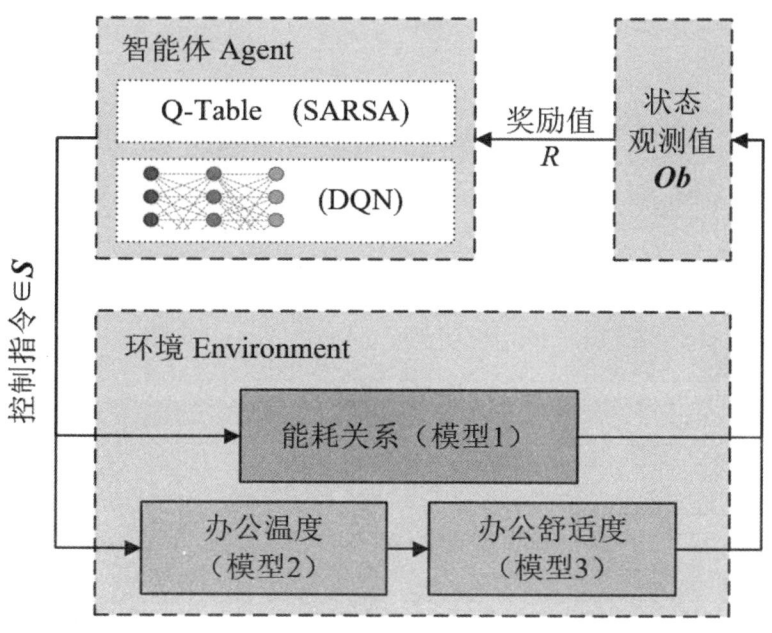

图 8.53 空调策略优化的强化学习框架

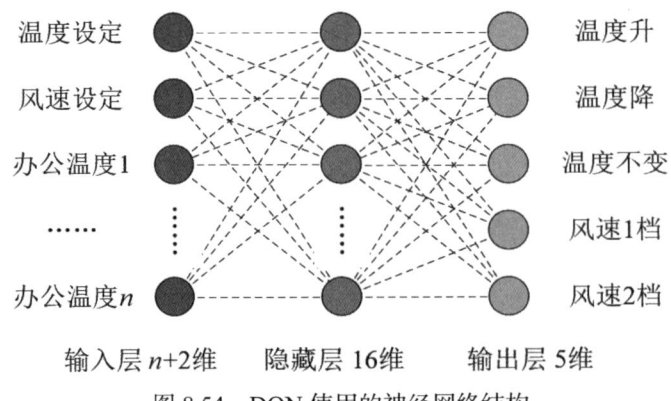

图 8.54 DQN 使用的神经网络结构

训练收敛得到两个空调控制策略器，部署到智慧运维系统。智慧运维系统再结合空调实际运行计算最优的温度和风速设定，并进行空调控制。

8.5.1.4 应用测试

在上海市某医院大型病房空间进行应用测试。该空间包含 4 台 VRV 空调、12 个床位，总面积 120m^2。两个策略器在中等配置的 GPU 服务器上训练了 5 小时。在病房搭建了一套实现智能控制的硬件系统。例如，9 号 VRV 空调在某个上午的制冷控制情况如图 8.55 所示。其中：长划线表示二档风速设定，短划线为一档风速设定，无线条的时刻为怠速运行。经过智能体的节能策略的调控，1 小时后基本将温度稳定在 26.5℃ 左右。

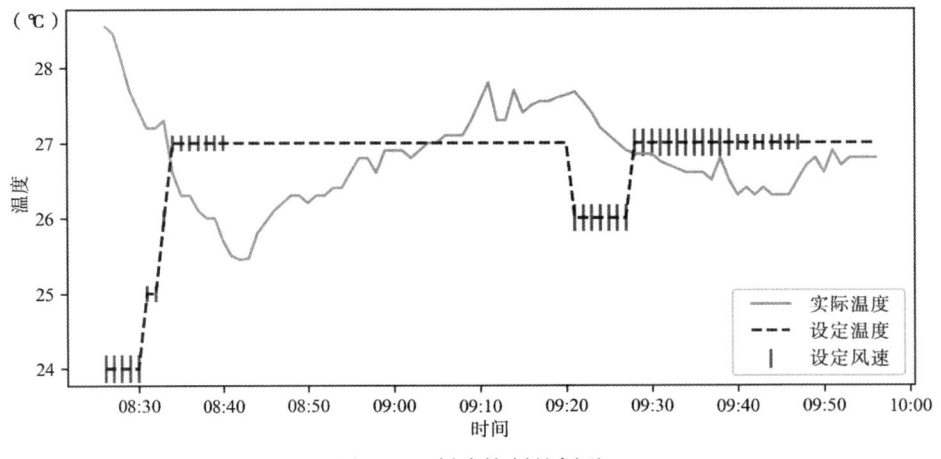

图 8.55 制冷控制的例子

图 8.56 所示为某日制热控制的实测情况。初始环境温度较低，空调设定温度为 28~30℃ 且开二档风（图 8.56a）。随着温度上升，策略令设定温度逐步下降至 26℃，且适时回到一档风（图 8.56b），实现节能与舒适的综合优化。

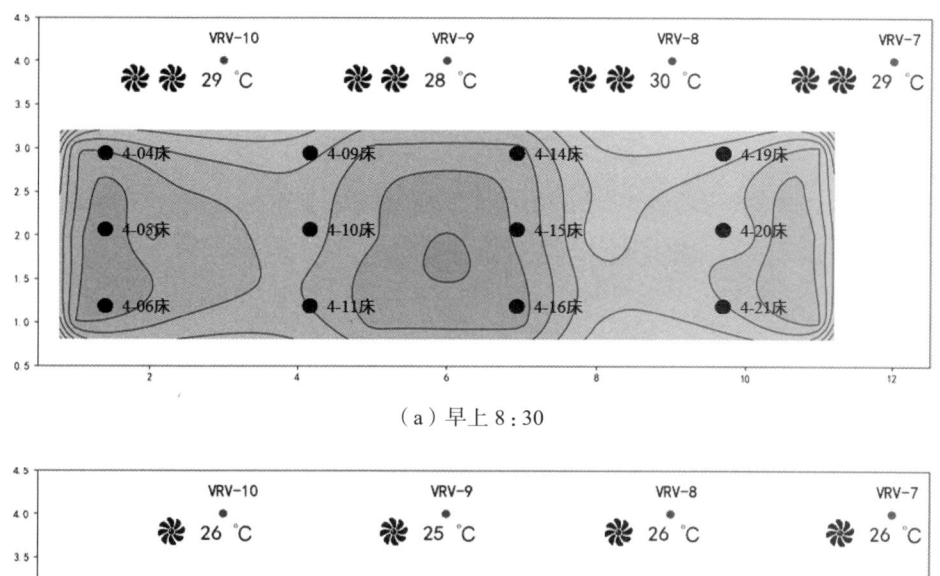

（a）早上 8:30

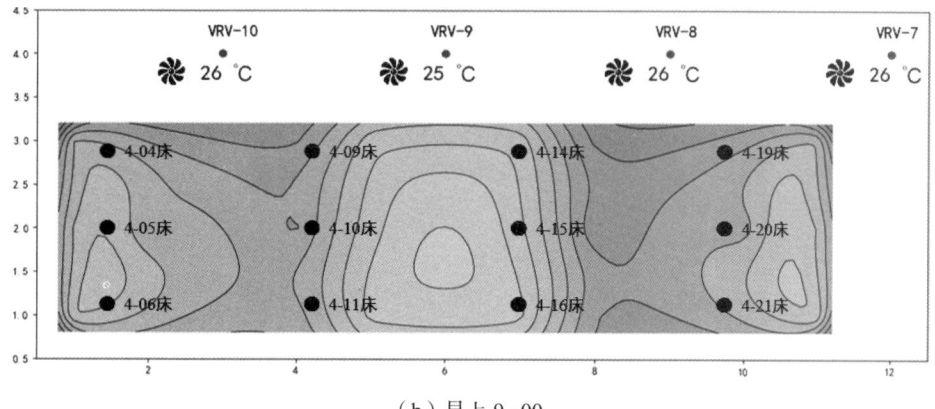

（b）早上 9:00

图 8.56　制热控制策略及其效果

在该空间进行了空调智能控制策略的对比实验。从早上 8:00 开始持续运行策略，不间断至下班，实时监测能耗量和室内环境温度，并在每个上午 11 点和下午 16 点调查满意度。选择 12 天进行运行策略控制，其余 8 天作为对照组，共计 146 个小时。实验结束后采用统计检验方法，对比能耗情况和舒适度变化。对比实验组和对照组的每小时空调能耗分项计量，结果见表 8.9。

智能控制策略的能耗统计分析对比　　　　表 8.9

室外气温	数据量	能耗均值		p 值	90% 置信上界	节能比例
		运行策略	人工控制			
低于 17℃	32	8.92	12.74	0.033	−0.89	7.0%
20~17℃	39	5.65	9.11	0.076	−1.08	11.9%
20~22℃	47	3.32	8.08	0.000	−2.65	32.8%
高于 22℃	28	3.51	3.33	0.835	+1.26	—

结果表明，在外温低于 22℃时，开启智能控制策略具有 90% 的置信度能减少 7%~

33%的能耗。在本案例中使用智能控制策略，空调系统每月可省电500kW·h，为0.36吨碳当量。在满意度方面，经问卷调查表明人工控制和智能控制的满意率均为90.3%左右，无显著差异。可见，基于强化学习的空调智能控制策略算法能够在不降低舒适度和用户满意度前提下，有效减少空调能耗。

8.5.2 基于能耗数据的用能异常智能识别算法

能耗异常智能识别算法的核心思想是将各个用能回路的每天监测数据与历史用能特征进行对比分析，识别出异常的情况。具体包括用能数据预处理、用能特征聚类分析和异常用能识别三个步骤。

步骤1：用能数据预处理

用能监测系统采集的用能数据往往存在异常值、重复值、跳跃值等脏数据，需要修正以保证后续分析的可靠性。但由于用能数据高达每天几十万条，人工修正工作量大，必须采用自动修正的方式。本书采用线性回归拟合的方法进行修正，其优势是可以将近期历史数据纳入时间序列数据集，从而避免近期内用能趋势大幅改变导致的拟合失真问题。具体包括以下步骤。

步骤1.1：将用能监测数据根据其监测时间和所属回路进行分窗，计算相邻两个读数的时间分窗和用能量差值。

步骤1.2：根据时间窗内的数据和历史数据进行回归拟合，拟合公式如下：

$$Y = \beta_0 + \beta_1 X + \mu \tag{8-30}$$

采用最大似然法进行参数估计，参数计算公式如下：

$$\beta_0 = \frac{\sum X_i^2 \sum Y_i - \sum X_i \sum X_i Y_i}{n \sum X_i^2 - (\sum X_i)^2} \tag{8-31}$$

$$\beta_1 = \frac{n \sum X_i Y_i - \sum X_i \sum Y_i}{n \sum X_i^2 - (\sum X_i)^2} \tag{8-32}$$

步骤1.3：利用可决系数R^2进行拟合优度检验，当其值小于0.5时认为该次回归拟合优度过低，计算公式如下：

$$R^2 = \beta_1^2 \left(\frac{\sum x_i^2}{\sum y_i^2} \right) \tag{8-33}$$

步骤1.4：个别监测值的置信区间估计，在$(1-\alpha)$的置信度下，Y_0的置信区间计算公式如下：

$$\hat{Y}_0 - t_{\frac{\alpha}{2}} \times S_{\hat{Y}_0 - Y_0} < Y_0 < \hat{Y}_0 + t_{\frac{\alpha}{2}} \times S_{\hat{Y}_0 - Y_0} \tag{8-34}$$

步骤1.5：判断新的用能数据是否在置信区间之内，一般当其处于95%置信区间之内，认为该读数是正确的读数；对于不在置信区间的数据，删除原始读数，直接根据前后时间的读数通过线性差值进行代替。

步骤 2：基于 K-means 的用能特征分析

有了各用能回路的高质量原始数据后，需要对用能回路进行无监督分类，将上百条用能回路归纳为少数几类用能特征，方便对比分析。具体包括以下步骤。

步骤 2.1：根据各个回路的监测数据 S，计算其正则化曲线 $C=\{c_i\}=\{s_i/\overline{S}\}$，$\overline{S}$ 为 S 中所有监测值的平均值。

步骤 2.2：从 C 中选取 k 个元素作为初始聚类中心，k 可取 3 到 10 之间某个整数，并应使聚类结果的轮廓系数最大。

步骤 2.3：遍历并计算每个回路到聚类中心的距离，其中关于 C 的距离标度采用欧式距离，即第 i 个和第 j 个回路的距离按式（8-35）计算。

$$d_{ij}=|R_i-R_j|+\sqrt{\sum_k(c_i^k-c_j^k)^2} \tag{8-35}$$

步骤 2.4：分配所有回路到与其距离最小的中心，形成 k 个聚类"簇"。如果分配结果与上次迭代相同，则进入步骤 2.5；否则进入步骤 2.3。

步骤 2.5：重新计算每个聚类的平均点，形成新的聚类中心。如果所有聚类新的中心与上次完全相同，则进入步骤 2.6；否则回到步骤 2.3。

步骤 2.6：得到聚类结果后，每个簇中心的正则化曲线即可代表该类用能曲线。进一步计算每个中心用能曲线的典型用能参数，包括能耗均衡率 B、峰谷差率 D、日峰荷小时数 H，代表此类的用能特征。

聚类算法每个迭代复杂度仅为 $O(N)$，是非常快的，总迭代数一般小于 N（回路总数）。实际操作中由于这些正则化曲线的类型比较明确，迭代一般在 20 次之内收敛。

步骤 3：基于密度分析的用能异常识别

在得到各个回路的平均用能规律后，通过对比实时监测数据与典型用能规律，可以检测能耗的异常点。采用基于密度的离群点检测法识别出局部的异常点，作为重点管理的回路。具体包括以下步骤。

步骤 3.1：采用公式（8-36）计算 C 中每个能耗值和与对应的正则化能耗曲线相同时刻附近的 24 个点的平均距离，称为局部距离 d^{local}。

$$d^{\text{local}}=|R_i-R_j|+\sqrt{\sum_k(c_i^k-c_j^k)^2} \tag{8-36}$$

步骤 3.2：对每个能耗值，采用公式（8-37）计算和与它最近的 24 个点的局部距离的平均值，称为 k 最近邻距离 d^n。

$$d^n=\frac{1}{24}\sum_{k=1}^{24}d_k^{\text{local}} \tag{8-37}$$

步骤 3.3：对每个能耗值，采用公式（8-38）计算 k 最近邻距离与局部距离的比值，即密度 L_d。

$$L_d=d^n/d^{\text{local}}=\sum_{k=1}^{24}d_k^{\text{local}}/24d^{\text{local}} \tag{8-38}$$

将所有数据的 L_d 从小到大排序，排在前列的即为挖掘到的用能异常点。异常点的用能量、故障主体、维修数量等状态偏离了用能的普遍规律，是潜在的不正常行为，需要重点关注。由于该算法假定用能数据的平均情况是正常的，因此该算法的准确性依赖医院建筑用能数据的长时间积累。在某医院建筑的实际应用结果表明，本方法正确率较高，并且只需要依赖运维管理设置报警阈值，应用方便。

8.6 智慧安防与应急算法研发

在智慧安防和应急方面，本书介绍一种通过模型与视频监控虚实融合的室内人员定位与人员轨迹追踪算法。该算法的特点是充分利用模型中视图与视频监控画面的映射关系，实现亚米级、无感式人员定位，支持特殊人员轨迹追踪。该方法具体包括以下步骤。

步骤 1：提取室内空间和摄像机信息，具体包括两个步骤。

步骤 1.1：从模型中提取各个房间 r_i 的墙面 $W_i = \{w_{ij}\}$、顶面 t_i、地面 l_i 的几何信息，以及地面上的固定家具 $FN_i = \{fn_{ij}\}$ 的几何信息，如图 8.57 所示，$W_1 = \{$墙面 w_1、墙面 $w_2\}$，顶面 t_1，地面 l_1，$FN_i = \{$固定家具 fn_1、固定家具 $fn_2\}$ 等。

步骤 1.2：提取各个房间 r_i 的摄像机 c_{ij} 的信息，包括：摄像机 c_{ij} 安装的位置坐标 $c_{ij} = (lx_{ij}, ly_{ij}, lz_{ij})$，摄像机 c_{ij} 朝向 $vc_i = (vx_i, vy_i, vz_i)$ 和焦距 cf_{ij}，其中，lz_{ij} 是相对房间地面的高度。如图 8.57 所示，摄像机 c_{11} 的坐标 $c_{11} = (0, 0, 3.2)$，朝向 $vc_{11} = (1, 1, -0.2)$。

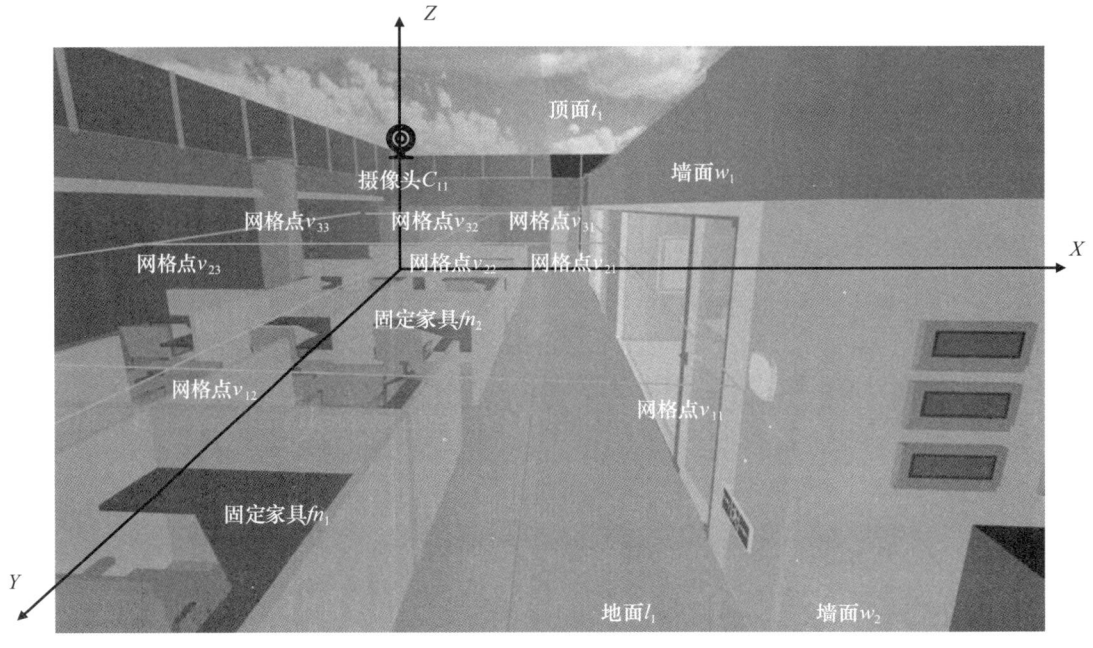

图 8.57 空间与摄像机模型

步骤 2：基于模型建立空间路线图，具体包括以下四个步骤。

步骤 2.1：针对每个房间 r_i，将房间 r_i 的地面 l_i 复制，并垂直向上移动一人高 Hp，形成人脸活动平面 F_i。其中，Hp 可以选择为 1.6m。

步骤 2.2：采用一组等间距 d 的 X 和 Y 向垂直线对人脸活动平面 F_i 进行网格化处理，记录每个网格点（即 X 和 Y 线交点）的坐标 $V_i = \{v_{ij} = (vx_{ij}, vy_{ij}, Hp)\}$；$d$ 可选择为 0.1m；如图 8.57 所示，对人脸活动平面 F_1 进行网格化处理，网格点坐标包括 $V_i = \{v_{11}, v_{12}, v_{13}, v_{21}, v_{22}, v_{23}, v_{31}, v_{32}, v_{33}\}$。

步骤 2.3：根据 V_i 中各个点 v_{ij} 的平面坐标和房间墙面、家具的几何信息，将位于固定家具或墙面上的点 v_{ij} 标记为不可站人点，其他为可站人点。如图 8.57 所示，v_{13}, v_{23}, v_{31}, v_{32} 和 v_{33} 为不可站人点，其他点为可站人点。

步骤 2.4：将网格点坐标 V_i 中所有可站人的点 v_{ij} 加入空间路线图 $G_r = \{V_r = \{v_{ijr}\}, E_r = \{e_{ijr}\}\}$。边集合 E_r 是 V_r 中任意两个可直接连通的点组成的边 e_{ijr} 的集合；一个点最多和其上、下、左、右、右上、右下、左上、左下八个点连通；若两个点连线经过固定家具或墙体，则标记为不连通，从 E_r 中删除；如图 8.57 所示，$G_r = \{\{v_{11}, v_{12}, v_{21}, v_{22}, v_{31}, v_{32}\}, \{(v_{11}, v_{21}), (v_{21}, v_{31}), (v_{11}, v_{12}), \cdots\}\}$。

步骤 3：建立网格点与像素点的映射关系，具体包括以下三个步骤。

步骤 3.1：根据摄像机坐标 $c_i = (lx_i, ly_i, lz_i)$，相机朝向 $vc_i = (vx_i, vy_i, vz_i)$ 和焦距 cf_i，在模型中 c_i 位置建立一个相机，朝向设置为 vc_i，焦距设置为 cf_i；

步骤 3.2：在模型中模拟摄像机的视角，渲染一个视图，计算网格中各个交点 $v_{ij} = \{vx_{ij}, vy_{ij}, Hp\}$，与其对应的摄像机画面的像素点坐标 $m_{ij} = (mx_{ij}, my_{ij})$；

步骤 3.3：记录点坐标 v_{ij} 与像素点坐标 m_{ij} 的映射关系 $M = \{(v_{ij}, m_{ij})\}$，如图 8.58 所示，$M = \{(v_{11}, m_{11}), (v_{12}, m_{12}), (v_{21}, m_{21}), (v_{22}, m_{22}), (v_{23}, m_{23}), \cdots, (v_{33}, m_{33})\}$。

步骤 4：基于人脸抓拍的人员定位，具体包括以下四个步骤。

步骤 4.1：采用部署在后台服务器的成熟人脸抓拍算法，实时分析各个摄像机的画面；

步骤 4.2：将识别的各个摄像机的人脸画面，记录为 $f_{kq} = （人员 f_k，时间 t_{kq}，摄像机 c_{kq}，画面坐标 fm_{kq}）$，并根据人脸的相似性进行汇聚，形成各个人员的抓拍画面数据集合 $FT = \{ft_k = (f_k, \{f_{kq}\})\}$。其中，$ft_k$ 记录了人员 f_k 的轨迹信息，并根据时间 t_{kq} 从早到晚进行排序。如图 8.59 所示，$FT = \{ft_1 = (f_1, \{(f_1, 2022-09-26\ 12:01:52, c_1, m_{11}), (f_1, 2022-09-26\ 12:02:30, c_1, m_{31})\})\}$；

步骤 4.3：针对每个人员 f_{kq}，从映射关系 M 中计算距离坐标 fm_{kq} 最近的元素 (v_{kq}, m_{kq})，将 v_{kq} 作为 f_{kq} 的实际位置点，加入到 $f_{kq} = （人员 f_k，时间 t_{kq}，摄像机 c_{kq}，画面坐标 fm_{kq}, v_{kq}）$，则 $FT = \{ft_1 = (f_1, \{ft_{11} = (f_1, 2022-09-26\ 12:01:52, c_1, m_{11}, v_{11}), ft_{12} = (f_1, 2022-09-26\ 12:02:30, c_1, m_{31}, v_{31})\}), ft_2 = (f_2, \{f_{21} = (f_2, 2022-09-26\ 12:01:52, c_1, m_{11}, v_{11}), f_{22} = (f_2, 2022-09-26\ 12:02:30, c_1, m_{31}, v_{31})\})\}$。

图 8.58 摄像机的监控画面

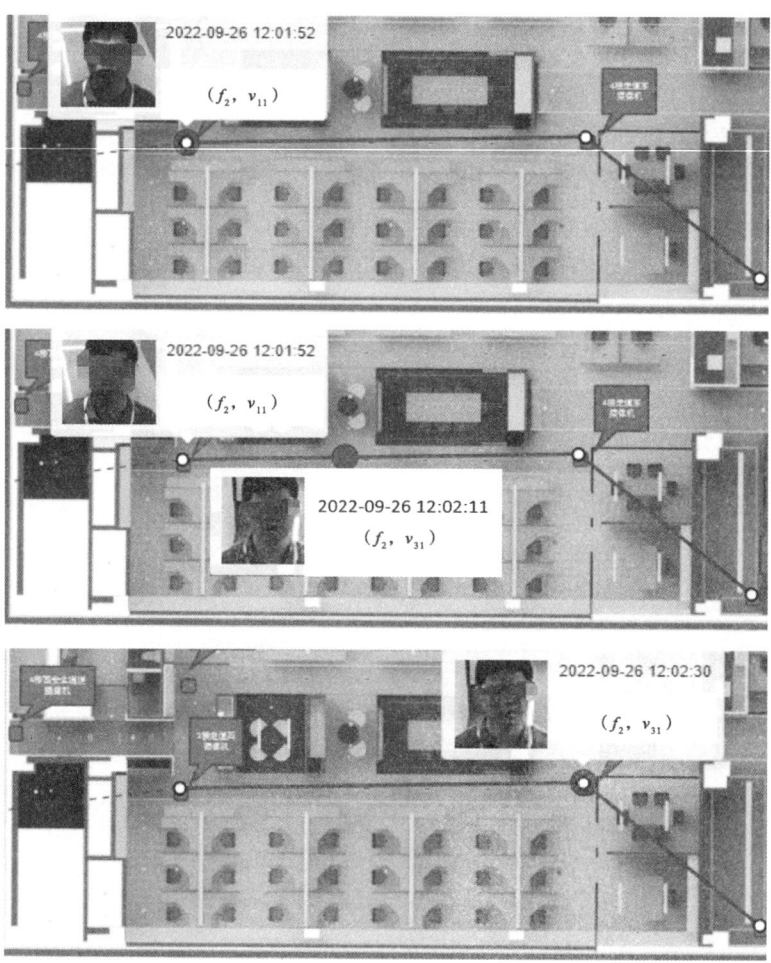

图 8.59 基于人脸识别的人员定位与轨迹绘制

步骤5：计算特殊人员的定位和轨迹，具体包括以下六个步骤。

步骤5.1：录入特殊人员的人脸图片 f'_k；

步骤5.2：采用成熟的人脸比对功能，从 FT 中识别出对应的元素 ft_k；

步骤5.3：遍历 ft_k 中每个元素 f_{kq}，以图8.59中 ft_2 为例，包括 f_{21}，f_{22}；

步骤5.4：根据空间路线图 G_r，采用最短路线算法 Dijkstra 确定从 f_{kq} 的网格点 v_{kq} 到下一个时刻 f_{kq+1} 的网格点 v_{kq+1}，并记录经过的网格点 $VP_{kq} = \{v_{kqp}\}$，$p = 1, 2, \cdots,$ P，其中，P 为从 v_{kq} 到 v_{kq+1} 经过的网格点的数量；如图8.58所示，从 f_{21} 的 v_{11} 到 f_{22} 的 v_{31} 要经过 v_{21}，则 $VP_{21} = \{v_{21}\}$；

步骤5.5：假定人员 f_k 以平均时长 $tp_{kq} = \dfrac{t_{kq+1} - t_{kq}}{P + 1}$ 经过 VP_{kq} 中每个点 v_{kqp}，并将 VP_{kq} 每个点的信息 $f_{kqp}=$（人脸 f_k，时间 $t_{kq} + p*tp_{kq}$，摄像机 c_{kq}，/，v_{kqp}）加入到 ft_k 中 f_{kq} 和 f_{kq+1} 之间；如图8.59所示，$tp_{21} = 19s$，将 VP_{21} 加入到 $ft_2 = (f_2, \{f_{21} = (f_2,$ 2022-09-26 12:01:52，c_1，m_{11}，v_{11}），（f_2，2022-09-26 12:02:11，c_1，/，v_{21}），$f_{22} =$ （f_2，2022-09-26 12:02:30，c_1，m_{31}，v_{31}）}）；

步骤5.6：遍历完 ft_k 中各个元素后，输出人员 f'_k 经过的网格点，根据经过网格点的时间顺序形成人员轨迹。如图8.59所示，展示了人员 f_2 从 v_{11} 到 v_{21}，再到 v_{31} 的路线。

应用表明，本方法针对目前基于视频监控人员抓拍的人员定位方法存在的精度不足问题，提出一种基于模型和视频监控虚实融合的人员室内定位和路线追踪方法。该方法充分利用建筑内存在的大量视频监控数据，不增加额外硬件成本，实现了按图搜人、无感式人员定位和轨迹追踪。该方法还解决了人员轨迹穿越墙、固定家具等障碍物的错误情况，在特殊人员定位追踪、区域人员密度分析等方面具有实用价值。

8.7 系统部署与交付

智慧运维系统开发完成后，应在指定的服务器和网络环境中进行系统部署、测试和交付，从而保障医院运维管理人员可以在日常工作中使用智慧运维系统。

8.7.1 系统部署

系统部署主要是将智慧运维系统安装在医院提供的硬件环境中，并导入BIM等静态数据，对接楼宇自控、智慧安全等系统获得动态数据，构建数字孪生模型。系统部署的工作流程如图8.60所示，具体介绍如下。

（1）现场服务器安装，具体包括：

1）服务器采购、上架与布线；

192 基于数字孪生的医院建筑智慧运维技术与系统

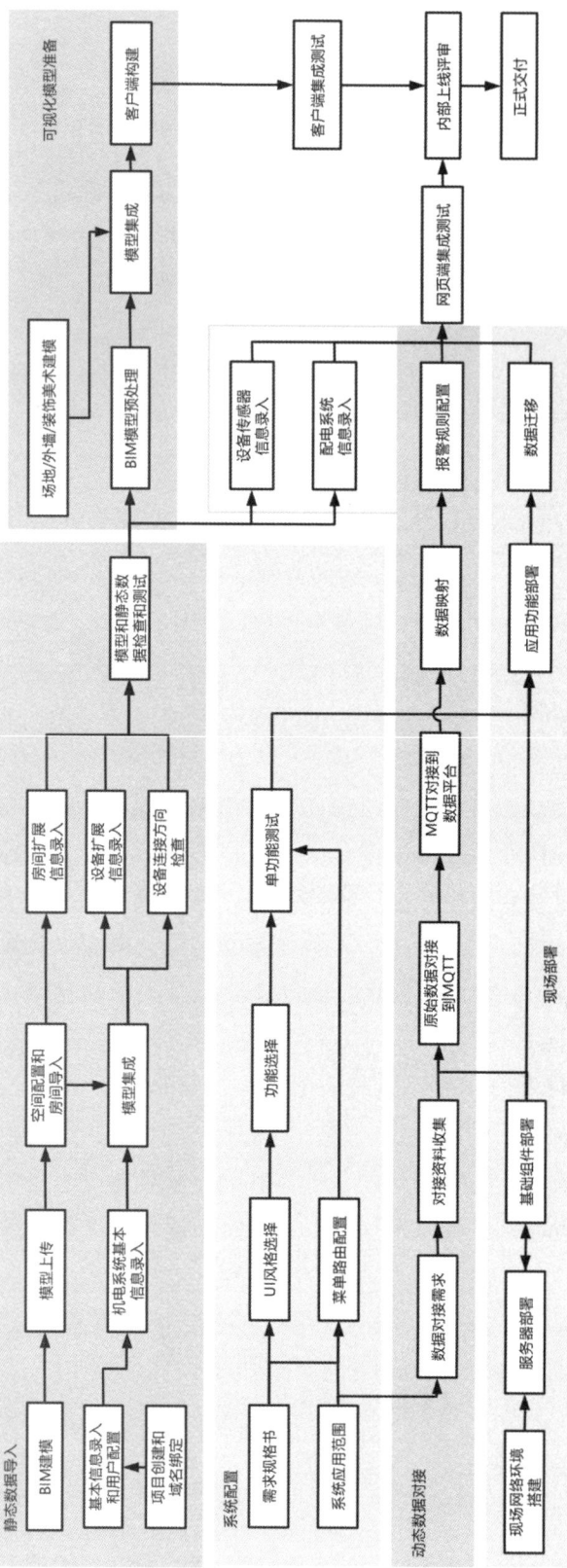

图 8.60 智慧运维系统部署工作流程

2）根据医院需求和现场条件，在指定位置完成智慧运维系统的服务器安装、配置，完成网络环境验证；

3）完成配套软件的安装。

（2）智慧运维系统安装与配置，具体包括：

1）根据需求规格书，配置所需要的每个系统功能；

2）根据 UI 界面要求，对系统的界面风格进行配置；

3）根据系统应用服务范围和部门权限划分，配置系统菜单路由。

（3）模型导入和轻量化交互模型生成，具体包括：

1）上传各个专业、各个楼层的模型文件；

2）自动转化生成用于轻量化查看的三维可视化模型；

3）通过预渲染生成各个运维场景的可视化交互模型；

4）若项目内有多个楼宇，则根据运维需要对模型进行集成。

（4）静态信息录入和权限配置，具体包括：

1）基于模型提取空间基本信息，包括楼宇名称信息，每个楼层的名称和标高信息，房间编号，面积等信息；

2）导入房间功能类型、维护要求、防火分区、墙顶地做法等房间扩展信息；

3）基于模型提取机电系统与设备信息，包括系统名称、设备名称、设备所在房间、设备所属系统等信息；

4）导入机电设备扩展信息，包括设备的类别、规格型号、制造商、供应商、维护要求、使用手册等信息；

5）自动生成机电系统的运行机理模型；

6）数据审核，包括空间、设备和系统的名称、编号和位置等信息是否正确；

7）配置医院运维的组织架构，包括各部门负责人、各班组负责人等用户，并配置各个用户的权限；

8）设置系统管理员账号，用于模型导入、系统对接等实施工作。

（5）动态信息接入，具体包括：

1）打通智慧运维系统服务器与智能化系统的服务器的网络连接；

2）通过大数据平台配置，按照一定频率接入智能化系统的动态监测数据；

3）根据传感器编号将智能化系统的数据与 BIM 中设备、系统、房间和楼层等元素关联，实现数据融合；

4）配置预警规则，支持自动预警；

5）根据需求添加自定义的动态数据分析图表和报表。

8.7.2 系统测试

智慧运维系统功能比较复杂，对系统进行全面测试是系统交付前的必要步骤。系统测试一般包括内部测试和外部第三方测试两种。建议在内部测试后，委托有资质的第三方进行一次全面测试，并提供测试报告。系统测试包括功能测试、性能测试和安全测试三方面。

功能测试主要是验证智慧运维系统提供的各项功能是否达到系统设计要求。测试过程应明确测试目标、测试环境、输入数据、测试步骤、预期结果等。测试环境应该与正常使用环境类似。输入数据应覆盖系统使用的各种情况。

性能测试主要是确保系统在正常使用情况下的各项性能满足性能需求，包括系统响应速度、支持的并发数量、支持的数据存储量等。

系统安全测试是对智慧运维系统的安全性的整体评估，确保系统的数据安全符合行业规范和业主需求。系统安全测试一般由具有测试资质的第三方进行，并出具安全测试报告。

8.7.3 系统交付

系统测试完成后，智慧运维系统建设方应通过培训与交底等工程将智慧运维系统交付给医院。系统建设方应针对不同类型用户分别组织培训与交底会议，将系统功能的使用场景、使用方法、注意事项等向使用方明确交底。

然后，医院应组织各个系统用户对智慧运维系统进行试运行。各类用户应登录系统，尝试使用系统完成相关工作。若使用过程中发现系统问题或需要优化的内容，可以反馈给系统建设方，由系统建设方进行完善和更新。

系统交付1年内，应该属于试运行阶段，系统建设方和使用方应共同合作提升系统的稳定性、实用性和数据准确性。在这期间，若建筑空间布局、机电管线布置等发生局部变化，各参与方应及时更新模型和数据。

第 9 章 应用案例

本书所述的医院建筑智慧运维技术在上海市东方医院、上海市新华医院、深圳南山医院、上海市中医医院、浦东人民医院等 10 多个医院进行了深度应用。本书以上海市东方医院、上海市新华医院为例，详细介绍系统应用的内容和效果，供读者参考。

9.1 上海市东方医院应用案例

上海市东方医院于 2018 年率先在本部新大楼尝试使用智慧运维系统，并于 2020～2022 年间逐步推广到浙江嘉兴平湖分院区和青岛胶州分院区，是国内首批应用建筑智慧运维技术的大型医院。本书以本部新建大楼为例，介绍东方医院智慧运维应用的主要内容和实际效果。

9.1.1 医院建筑概况

上海市东方医院本部位于上海市浦东新区陆家嘴地区，是一所现代化高端医院。除本部外，东方医院还包括位于浦东新区三林地区的南院区和正在建设的东院区，是一个典型的大型现代化医院。另外，上海市东方医院牵头的东方医院集团还包括青岛胶州分院区、浙江嘉兴平湖分院区等外地分院。

上海市东方医院本部新大楼总建筑面积 83162m^2，包括地上 24 层、地下 2 层，如图 9.1 所示。新大楼主要功能包括门诊、急诊、医技和病房等，最大病床数 400 张，日门诊量 800 人。该工程由上海建工四建集团有限公司承建，于 2019 年 6 月竣工交付。新大楼总体配置较高，机电系统主要包括暖通空调系统、供配电系统、给水排水系统、电梯系统（带监测模块）、消防系统、医用气体系统（带监测模块）、污水处理系统（带监测模块）、蒸汽锅炉系统（带监测模块）、柴油发电机系统（带监测模块）和智能化系统等。其中，智能化系统包括 BA 系统、电力监测、能耗计量、室内环境监测、机房环控系统、视频监控系统、安防报警、人脸识别系统、电子巡更、人数监测等 30 多个子系统。

图 9.1　东方医院效果图（左侧为新大楼，右侧为老大楼）

9.1.2　建筑智慧运维应用内容

在东方医院新大楼运维中，主要使用智慧运维系统进行建筑设备管理、空间管理、建筑能耗管理、安全与应急管理等方面的管理工作。本项目还建设了医院建筑智慧运维指挥中心，支持医院建筑运维相关部门的集成化、主动式管理，如图 9.2 所示。具体应用情况介绍如下。

图 9.2　东方医院建筑智慧运维指挥中心

9.1.2.1　设施设备智慧运维管理

东方医院设施设备智慧运维管理不但应用于通用建筑设备，还应用在医用气体系统和医院污水处理系统等医院专用设备，应用面广。具体介绍如下。

（1）建筑设备智慧运维管理

1）运行管理

东方医院后勤部门首先应用数字孪生模型实时监控暖通空调系统、给水排水系统和电气系统等机电系统的运行状态和故障状态等信息，如图9.3所示，实现远程化、可视化运行管理。新大楼运维人员还使用智慧运维系统统一控制空调等建筑系统，如下班时间，统一、远程关闭公共区域的空调机组和新风机组，提高了运行便利性。智慧运维系统还会根据各个设备的维保计划自动发起设备维保工作，推送给相关运维班组，保障预防性维保工作完成率。

图9.3　东方医院设备运行管理

2）故障维修处理

当设备出现报警或预警时，运维人员可在模型中查看报警设备的编号、位置、运行状态、上下游设备溯源以及维修手册等相关文档等信息。运维管理人员可以根据故障预警发起故障维修任务，并分配给相关的维修人员。若报警的设备是空调箱、排风机、水泵等重点设备，运维人员还会在设备精细模型上查看报警的具体组件，是过滤网压差过大还是风机故障等，如图9.4所示；同时还可以查看系统自动推送的故障设备附近的视频监控画面，了解现场实时情况，如图9.5所示，辅助制定维修方案。

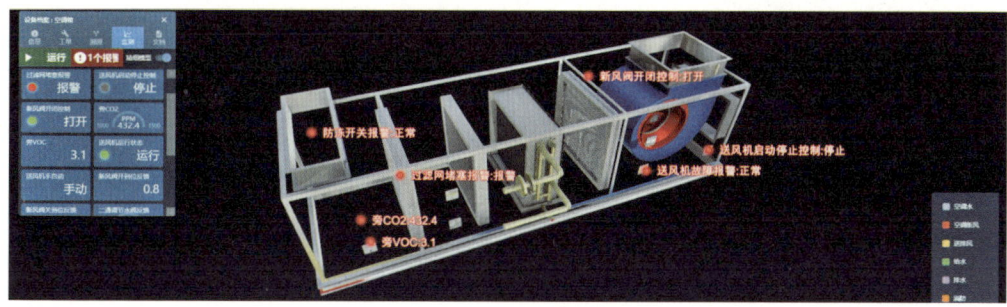

图9.4　设备精细模型

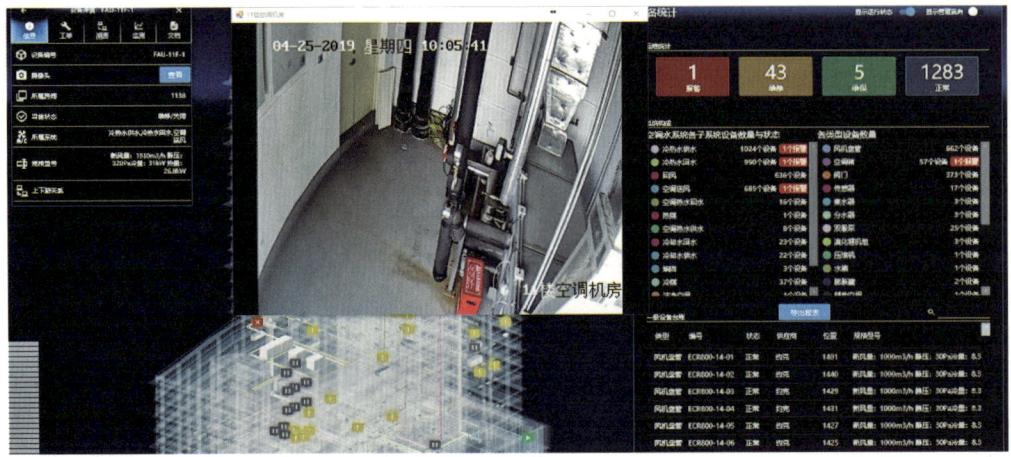

图 9.5　调取报警设备附近的摄像头画面

运行 1 年后，东方医院新大楼智慧运维系统还根据净化空调、空调机组、电梯等设备的运行数据，建立了关键设备故障预测模型，定期计算关键设备的故障概率。实际应用中，多次发现使用强度较高的空调机组和故障概率超过 0.8 的电梯，运维系统会立即将故障预警设备的信息推送给维保人员，提醒他们进行提前维护和检查，如图 9.6 所示。维保人员到现场检查后，根据实际情况对预测结果进行反馈，发现确实存在电梯轿厢距离结构安全距离不足和空调箱过滤网堵塞等问题，避免了设备故障。

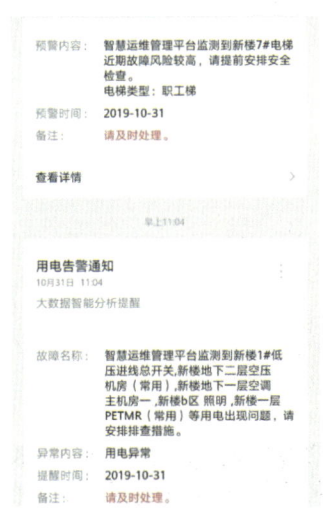

图 9.6　设备预警消息推送

（2）污水处理系统智慧运维管理

污水处理系统是大型医院必须配置的专用系统，一般包括沉淀池、净化池、加药泵、次氯酸钠储罐、生化风机、预曝气风机、排泥泵、排水泵、臭气风机、污泥回流泵、流量计等设备以及污水管道。使用数字孪生模型可以对污水处理系统进行虚拟培训、运行监控和处理后水质远程监测与故障处理等应用。

1）虚拟培训

污水处理系统运行机理较为复杂，现场环境恶劣，传统使用纸质图纸等资料进行培训效率低。运维管理人员可以使用 BIM 模型对具体操作人员进行可视化培训，介绍系统的主要设备操作方法、各设备之间的逻辑关系和运维管理要求，提升运维管理人员理论水平和维修维护人员的操作能力。

2）运行监控

污水处理系统智能化程度较高，智能运维系统可以通过开放协议与其 PLC 控制器对接，集成设备运行状态数据。如图 9.7 所示，运维人员可在模型中查询设备运行状态、预警状态，沉淀池和净化池的液位等信息，实现可视化的运行管理。如可以查询一级处理系统、二级处理系统和深度处理系统中各个水泵的运行状态和水池的液位。进一步地，根据管理规定在模型中配置沉淀池和净化池的液位预警值以及应急处理流程。当液位超过阈值时，智慧运维系统会自动报警，并推送给相关人员，提升应急管理效率；当沉淀池的液位超过三级预警值时，通知后勤部门负责人现场指挥；当超过二级预警值时，通知主管副院长现场指挥；当超过一级预警值时，启动应急预案，调动应急水泵，上报院长处理。

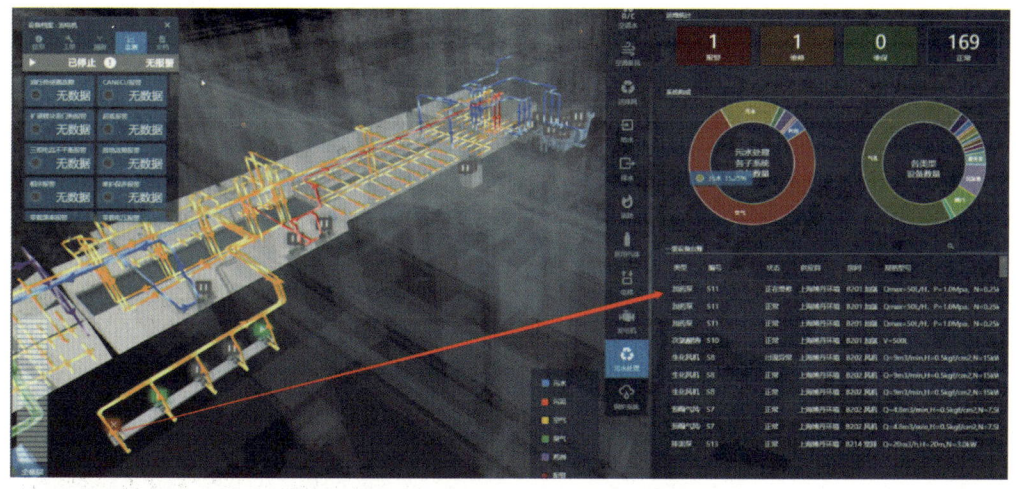

图 9.7 基于模型的污水处理系统运维管理

3）水质远程监测

确保处理后的污水最终达到市政污水排放标准是医院污水处理系统管理的核心工作之一。若发现处理后污水水质未达标，则需要回流二次消杀。通过安装水质采集器，对溶解氧、出水余氧、COD、氨氮、pH 等进行实时采集，动态分析处理后的水质报告，对异常值进行实时报警，如图 9.8 所示。若水质不满足要求，智慧运维系统可以根据各个设备和水池的运行监测参数，辅助运维人员分析可能出现问题的设备，并基于模型查询该设备的位置和上游、下游设备，提升维修维保效率。

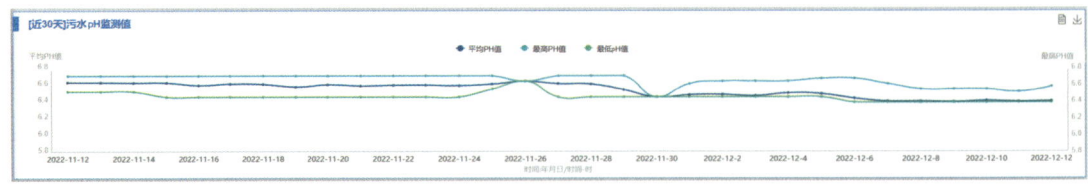

图 9.8　污水处理后的水质监测

（3）医用气体系统运维管理

医用气体系统包括氧气系统、压缩空气系统、氮气系统、麻醉笑气系统和真空吸引系统等子系统。医用气体系统智慧运维的对象包括中央机房设备、楼层站点设备、末端设备和医用气体管道等。目前医用气体系统的运维主要依靠人工进行管理，缺少对管道、设备的实时监测和主动维护，可靠性有待提升。基于模型可以对医院气体系统进行运维培训、运行监测和故障处理、维保管理等工作。

1）运行监测与故障处理

通过与医用气体系统对接，基于模型可以查询中央机房、站点等设备的运行状态、故障状态、当前压力和剩余气体量等参数，如图 9.9 所示，并可设置气压等参数的阈值，实现自动预警分析。如当中央供气系统压力不足时，可以基于模型分析影响范围，实时推送通知给维修人员，并基于模型分析需要启动的备用设备，从而降低故障影响。

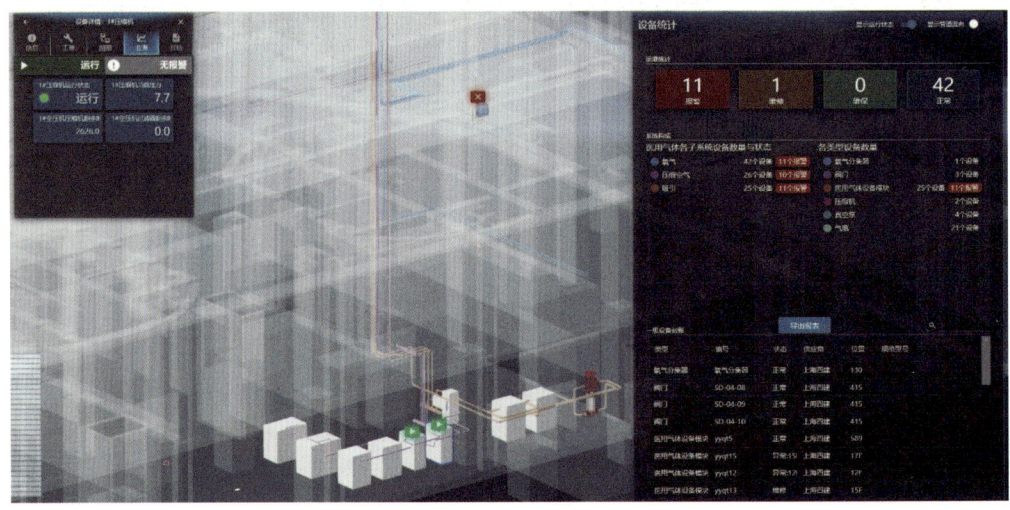

图 9.9　医用气体监测系统

2）维保管理

基于模型录入医用气体设备维保计划，支持在线发起、分配、反馈和关闭维保任务，实现维保工作工单化、精细化管理。进一步地，还可以根据设备运行和维修历史数评估医用气体管路的健康情况，优化维保计划。

9.1.2.2 建筑运行节能管理

东方医院新大楼安装的智能电表有 200 多个，支持对每个楼层的空调、照明、插座、动力和医疗设备的单独计量。东方医院能耗管理部门使用智慧运维系统定期查看各个供电回路服务的区域和设备，以及实时用电情况；并且，每个月使用智慧运维系统分析每个楼层的空调、照明、动力等用电情况，识别用电较多的系统或区域，然后通过精准化的节能监管降低建筑能耗。运维人员还使用智慧运维系统的能耗异常识别功能，识别能耗超标或异常的用能回路，包括同时开窗和开空调、晚上不关空调等异常情况，如图 9.10 所示。智慧运维系统还会主动将能耗超标的回路信息推送给运维人员，如图 9.11 所示，提醒其进行主动式巡检和精细化管理。

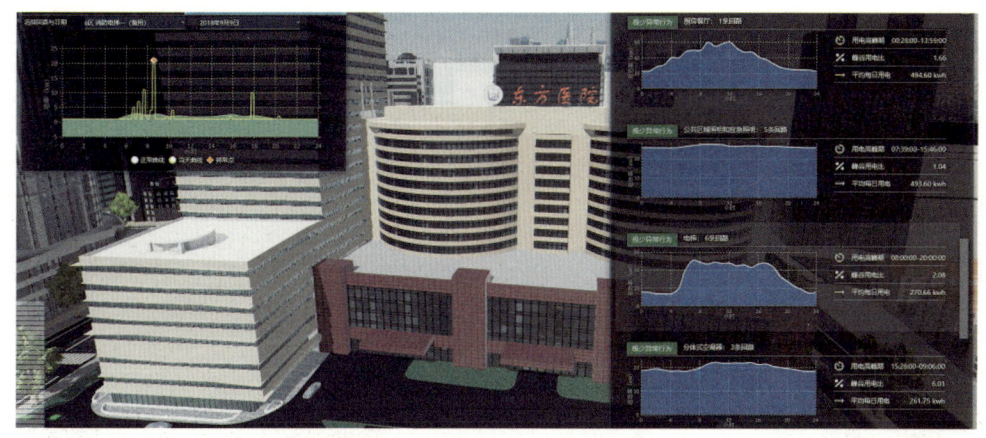

图 9.10 能耗异常点识别

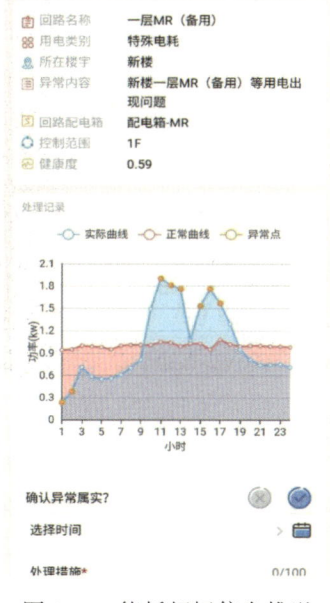

图 9.11 能耗超标信息推送

9.1.2.3 建筑空间运维管理

东方医院资产管理部门使用智慧运维系统查询各个楼层的房间布局和使用功能，了解各个楼层的主要使用科室。资产管理人员还综合应用照明用电监测数据、门禁刷卡数据和人体感应数据分析各个科室所占用空间的使用效率，若发现有使用率较低的房间，主动向使用部门了解情况，加强管理，提高房间使用率。

东方医院基建管理部门在维修管理中使用模型查询各个房间的墙顶地做法和使用的材料，以及各个房间的插座、照明和空调配置情况，辅助房间改造决策。基建管理部门还使用智慧运维系统监测信息机房、智慧运维指挥中心等重点机房的实时温度、湿度及UPS设备等运行数据，避免安全隐患，如图9.12所示。

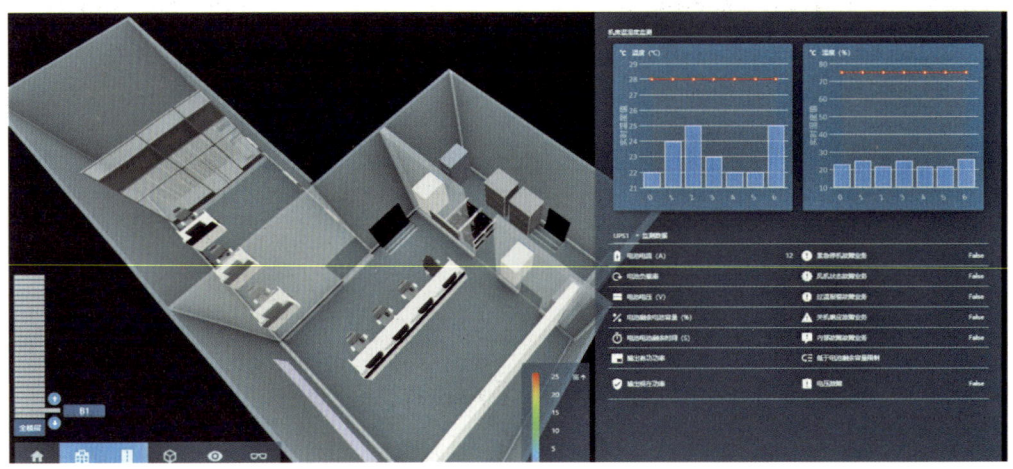

图 9.12　机房环控系统

9.1.2.4 安防与应急管理

在日常状态下，东方医院安保部门主要使用视频监控大屏进行安全管理。但在应急状态下，安保部门会使用智慧运维系统进行应急处理。特别是需要应急疏散时，安保部门会使用智慧运维系统计算最佳的应急疏散路线，并指引相关人员进行快速疏散。

东方医院新大楼疏散指引的两个例子如图9.13所示。起始点为8楼和15楼的两个房间。其中，左图是在仅考虑静态风险源时的疏散路线，右图是考虑瞬时人流密度、烟雾报警等动态危险情况的疏散路线。可以看到在2～4层有动态危险区域影响下，15楼病房的路线在低层有一个明显的避开危险区域的决策，即疏散出口由东北出入口变成了南侧配镜房的出入口，经过的楼梯不相同。8楼输血科的路线则变化不大，接近最短疏散距离。另外，智慧运维系统可在模型中模拟人员应急疏散路线，辅助应急疏散培训、风险分析和决策，如图9.14所示。

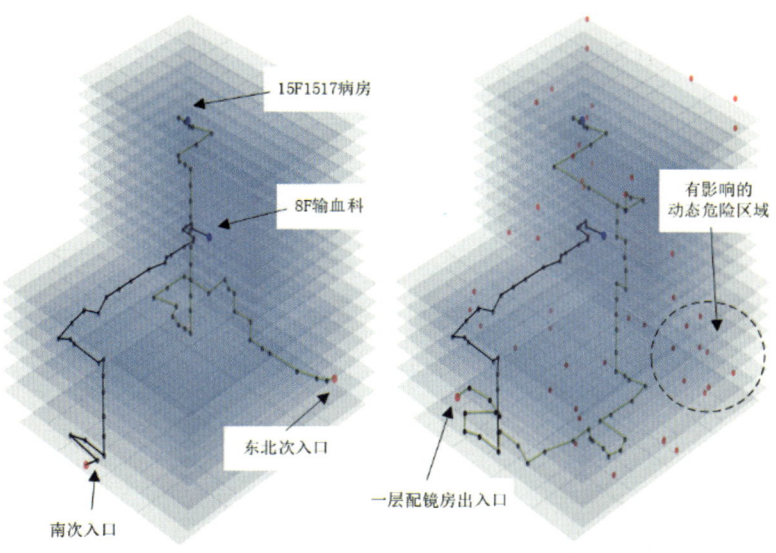

图 9.13 疏散指引的实例

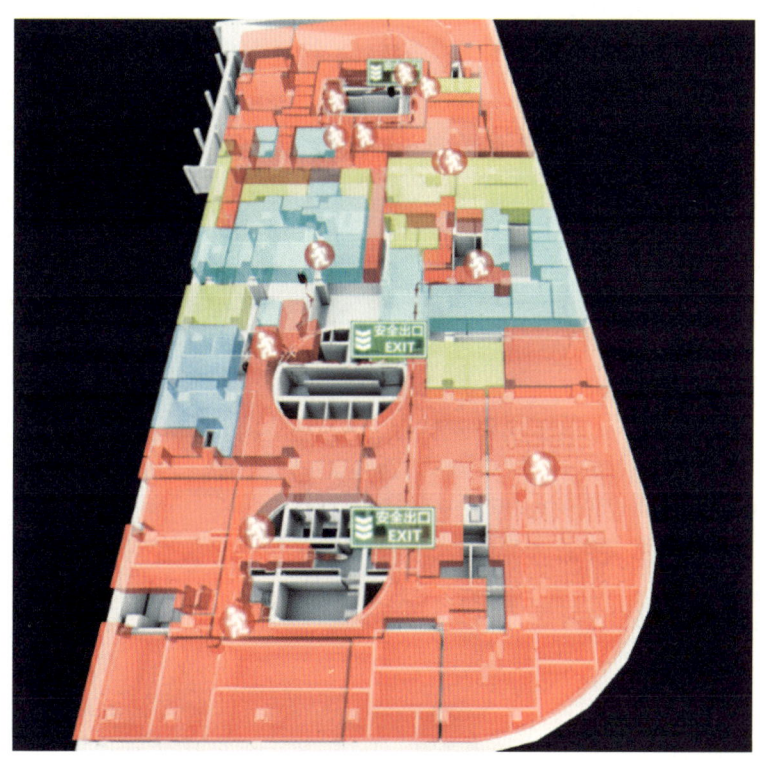

图 9.14 疏散路径模拟

9.1.3 应用效果

本书结合实际数据对东方医院智慧运维系统应用的经济和社会效益进行分析,具体介绍如下。

9.1.3.1 经济效益分析

通过对东方医院使用智慧运维系统两年以来的数据进行深入分析,发现智慧运维系统可以带来以下经济效益:1)通过反复故障挖掘和主动式维护维修,第二年故障报修数量比第一年减少了12%;2)通过主动维护管理,降低了设备的故障,第二年运维工作量比第一年减少了14%。具体分析过程如下。

(1)故障报修工作量分析

每年的故障报修的同比变化量 r 的计算公式如下。

$$r = \frac{\sum_{i=1}^{12} S_i - \sum_{j=1}^{n} b_j}{\sum_{i=1}^{12} S'_i} - 1 \tag{9-1}$$

其中,S_i 为当年第 i 个月的工单数量,S'_i 为前一年第 i 个月的工单数量;b_j 为第 j 个当年使用智慧运维系统而前一年未使用智慧运维系统的区域的故障数量,在计算时需扣除。智慧运维系统于2019年开始运行,2020年全面应用。根据东方医院后勤部门提供的2019~2020年的医院故障报修数量,2019年,故障报修数量为1488件,2020年报修数量为2130件,其中828件是老楼的报修数据。按照式(9-1)的计算方法,同比变化为:

$$r = \frac{2130 - 828}{1488} - 1 = -0.125 = -12.50\% \tag{9-2}$$

即2020故障报修数比2019年减少12.50%。

(2)建筑设备运维工作量计算

医院建筑每年的设备运维工作量同比变化量 d 按下式计算:

$$d = \frac{T_1 - T_0}{T_0} \times 100\% \tag{9-3}$$

其中,T_1 为今年设备运维工作总时长,T_0 为前一年设备运维工作总时长。每年的设备运维工作总时长 T 按下式计算:

$$T = \sum_{i=1}^{N} m_i \cdot t_i + q \sum_{i=1}^{N} m_i \tag{9-4}$$

式中,N 为参与维保工作的单位总数,m_i 为第 i 个单位的维保单量,t_i 为该维保单位的维保项目的单件时长,q 为医院管理人员处理一单维保所需的管理工作时长。

根据医院后勤部门提供的数据,2019年维保总件数为152,2020年维保总件数为130;2019年维保总时长为300h,2020年维保总时长为256h。根据表9.1,2019年的设备运维工作总时长 T_0 为:

$$T_0 = 300 + 0.25 \times 152 = 338h$$

2020 年全面应用阶段,由于降低设备运维工作量,运维工作总时长 T_1 为:
$$T_1 = 256 + 0.25 \times 130 = 288.5 \text{h}$$
同比变化: $r = (288.5-338)/338 \times 100\% = -14.64\%$

即东方医院新大楼 2020 年的设备运维工作量比 2019 年减少 14.64%,具体计算数据见表 9.1。

设备运维工作量对比　　　　　表 9.1

项目	2019 年	2020 年
(1) 维保单量	152	130
(2) 单件管理时长	0.25	0.25
(3) 管理总时长=(1)×(2)	38	32.5
(4) 维保工作时长	300	256
(5) 工作总时长=(3)+(4)	338	288.5
同比: −14.64%		

数据来源:东方医院后勤部

9.1.3.2 社会效益分析

本项目是国内首个在大型三甲医院的新建综合性医疗建筑的运维中应用智慧运维技术的建筑,具有显著的社会效益。具体包括探索了数据驱动的智慧运维方法,实现了从被动向主动的建筑运维模式突破,并推广至全生命期 BIM 应用。

(1) 探索了数据驱动的建筑智慧运维模式

依托东方医院建筑运行大数据,形成了一系列智慧运维 AI 算法和应用场景,包括基于语义分析的反复故障智能识别和主动式改造决策、基于设备故障预测的主动式维保、基于报修数据的设备维保单位智能评价与续约决策、基于长短时神经元网络的能耗异常挖掘与精细化节能管理等,探索了大量数据驱动的建筑智慧运维模式,为数字孪生驱动的建筑智慧运维探索提供了方向。

(2) 实现了医院建筑运维模式突破

本项目基于数字孪生和人工智能技术,实现了医院建筑从被动式运维管理向主动式运维管理的转变。具体包括,通过故障预测和主动式维保,减少突发故障;通过反复故障挖掘,支持设备设施维修效果评价和大修改造决策,提升建筑运维满意度;通过能耗异常监测,支持主动式、精细化节能管理。

(3) 推广了建筑全生命期 BIM 应用

本项目探索了从建造到运维的全生命期 BIM 应用模式。应用表明,全生命期 BIM 应用一方面减少了医院建筑智慧运维系统建设的时间和成本,另一方面也提高了交付的建筑数字资产的质量和效率,证明了高质量的竣工模型对医院等公共建筑运维的价值巨大。本项目的全生命期 BIM 应用获得了中国图学会"龙图杯"BIM 大赛综合组一等奖，并入选了 2020 年国家国资委数字化转型典型案例、2021 年度中国施工企业协会数字化建设与应用优秀案例，推动了全生命期 BIM 应用模式的发展。

9.1.4 应用推广

通过新大楼的智慧运维实践，东方医院认识到数字孪生技术在医院建筑运维中的价值，因此，东方医院在青岛胶州医院和平湖东方医院等分院都推广了智慧运维技术，探索了大型新建医院建筑和既有医院建筑智慧运维的价值，也探索了对于异地分院的远程、智慧化管控的可行方案。

9.1.4.1 青岛东方医院应用推广

同济大学附属东方医院青岛胶州医院（以下简称青岛东方医院）是一所集医疗、急救、预防、保健、科研、教学、康复于一体的现代化、高品质的综合性三级医院，总建筑面积 1690000m^2，共规划床位 1000 张，如图 9.15 所示。该项目的智能化系统包含 BA 系统、能耗计量、视频监控系统、机房环控系统、人脸识别系统、电子巡更、安防报警、电力监测、人流车流监测等 20 个子系统。

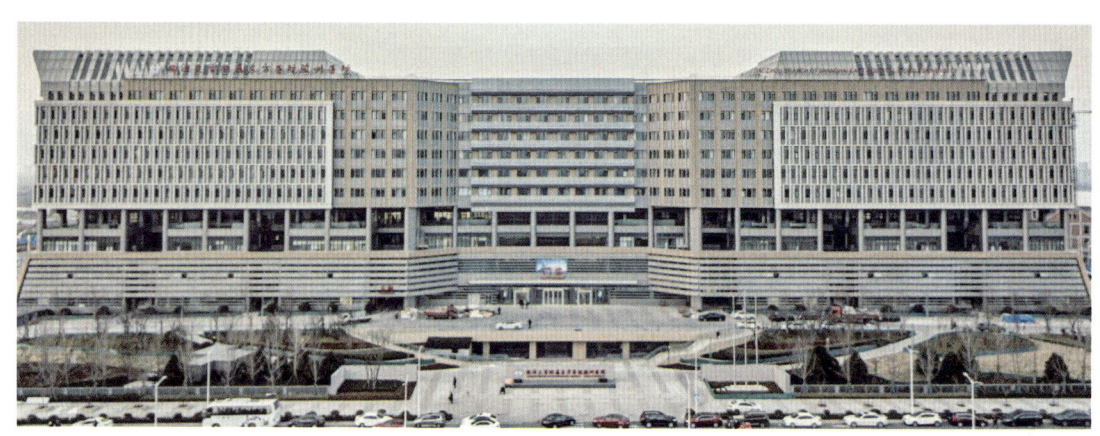

图 9.15 青岛东方医院实景图

考虑到异地院区统一管理需求，东方医院领导将智慧运维系统应用于青岛东方医院中，建立了数字化、智慧化的医院后勤管理体系，实现对医院空间、设备、安全防范等的集成化、可视化管理。青岛东方医院智慧运维系统于 2022 年 8 月底上线，得到了山东省住房和城乡建设厅领导和东方医院领导的高度认可，如图 9.16 所示。同时，智慧运维系统也获得了公安机关认证的信息安全三级等保证书。

青岛东方医院是山东省内第一家将数字孪生技术应用于医院建筑运维的项目。通过数据与管理的融合，打造了基于模型的建筑智慧运维和服务模式，并实现了与上海本部的在线化、集成化、统一化管理,提高了医院后勤、资产和安保等方面的管理效率。

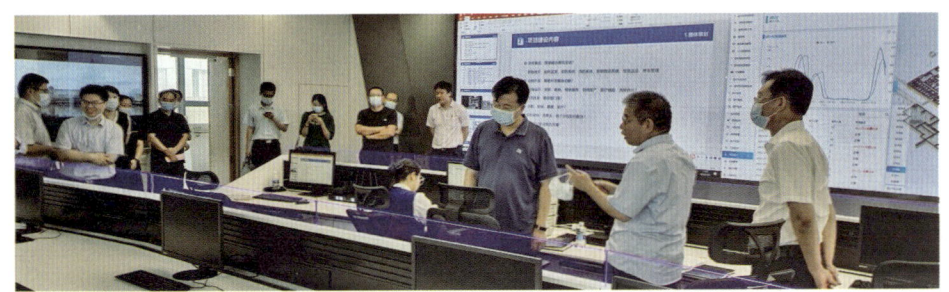

图9.16　山东省住房和城乡建设厅领导到项目调研

9.1.4.2　浙江平湖东方医院应用推广

浙江嘉兴平湖第二人民医院,即上海市东方医院嘉兴港区医院(以下简称平湖东方医院),占地面积47952m^2,建筑面积18200m^2,是一所二级乙等综合性医院。医院承担着嘉兴市滨海新区217km^{2}内各种医疗、保健、科研、教学及急救工作。平湖东方医院于2019年开始改造,改造总面积19836m^2,包括院区门诊、住院楼、医技楼、综合楼、宿舍楼、食堂及辅助用房等建筑外立面翻新、内部功能优化和给水排水、暖通空调、建筑电气、智能化等改造工程。

为了与东方医院本部智慧运维系统对接,实现异地远程管控,平湖东方医院探索了在既有建筑改造过程中,建设智慧运维系统的方法,为后续既有建筑智慧化升级改造提供了经验。应用表明,通过前期策划、医院牵头、总包参与和各系统供应商的通力配合,既有医院的智慧运维建设可以顺利实施。建设的系统界面如图9.17所示,集成了20多个子系统,支持设备设施运维、节能管理、空间管理和安防管理,有效提升了运维管理效率。

图9.17　平湖东方医院应用案例

9.2 上海新华医院应用案例

上海交通大学医学院附属新华医院（简称新华医院）于2019年先在既有儿外科楼应用建筑智慧运维系统，并在2020年6月，拓展到新建儿科综合楼，实现儿科区的全覆盖。2021—2023年，新华医院又在外科大楼、门诊楼、急诊楼等成人医疗区改造中，将智慧运维系统拓展到成人区建筑中。新华医院是一个典型的包括新建和既有建筑群的全院区建筑智慧运维应用案例，本书将介绍新华医院智慧运维系统应用的主要内容和应用效果，为大型医院的院区智慧运维系统应用提供参考。

9.2.1 医院建筑概况

9.2.1.1 医院院区概况

新华医院创建于1958年，学科设置齐全，特色鲜明，共有内、外、妇、儿等临床、医技科室及诊疗平台60多个。新华医院占地面积109亩，总体建筑面积257000m^2，包括设施一流的儿科综合楼、儿外科楼、急诊大楼、门诊大楼、外科大楼、医疗保健综合楼、妇儿楼、口腔皮肤科楼和医技楼等，为病人提供了优美、舒适的就医环境，如图9.18所示。

图9.18 新华医院院区鸟瞰

9.2.1.2 既有儿外科楼概况

新华医院儿外科楼于2014年竣工，是现代化的专科大楼，总建筑面积为16519m^2（地上8层，地下2层），床位168张，如图9.19所示。该建筑使用了BA系统、视频监控系统、报修服务系统、能耗监测系统、消防控制系统、电梯监控系统、医用气体监控等智能化系统，但这些系统由后勤保障部、保卫部和资产管理部等多个部门管理，相对独立。为了提升儿外科楼的精细化管理水平，医院从2017年开始探索基于数字孪生的设备运维管理、节能管理、空间管理和安防管理等方面的智慧化管理。

9.2.1.3 新建儿科综合楼概况

新华医院儿科综合楼新建工程，如图9.20所示，总建筑面积57670m^2，地上18层，地下3层，总床位数800张，门急诊总量为6000人/d。儿科综合楼由上海建工四建集团有限公司承建，于2020年6月份正式投入使用。儿科综合楼包括儿科门诊、急诊、手术室、住院病房和检验室等，空间布局复杂。机电系统包括常规建筑机电系统，以及医用气体、气动物流、轨道小车等医院专用系统，设备类型多。建筑运行状态感知系统包括视频监控系统、BA系统、人脸识别系统、电子巡更、安防报警、电力监测、人流监测、能耗计量、移动式设备定位等，整体智能化水平较高。

图9.19 儿外楼效果图　　　　图9.20 儿科综合楼实景图

9.2.1.4 医院建筑运维现状分析

新华医院建筑运维管理的总体水平较高，已有系统包括医院后勤智能化管理平台、1665报修服务系统、医院建筑能耗监测系统、资产管理系统和视频监控系统等。其中后勤智能化管理系统是上海申康医院发展中心根据统一标准建设的设备监测系统，主要用于监测和管理医院既有建筑的变配电、暖通空调、锅炉热力等重点设备的运行状态。1665报修服务系统主要用于医院后勤故障报修和处理。因此，为了建立数字孪生模型，智慧运维系统需要接入后勤智能化、报修服务等系统的数据，这涉及到大量系统对接和数据映射工作，实施难度较高。

9.2.2 建筑智慧运维应用内容

智慧运维系统建设完成后，系统建设单位配合医院完成了智慧运维管理体系建设和应用推广，具体包括设施设备运行管理、建筑运行节能管理、智慧安防管理、空间运维管理等。新华医院还专门建设了智慧运维指挥中心，实现了后勤管理部、基建部、安保部和资产管理部的集成化管理和决策，如图 9.21 所示。

图 9.21　新华医院智慧运维指挥中心

9.2.2.1 设施设备智慧运维管理

新华医院后勤管理部使用智慧运维系统进行医院建筑运维培训、设施设备运行与维修管理、设备维保管理、设备故障预测与主动式维护以及移动式设备管理，有效提升了设备管理效率。

（1）建筑运维培训

为了让智慧运维系统融入到医院建筑运维管理工作中，系统建设单位对运维管理相关人员进行了多个批次的针对性培训，建立了基于模型的运维管理制度。一方面，通过给医院中高层管理者进行培训，让运维管理人员充分了解智慧运维的理念，并能熟练通过运维管理系统布置和分配相关任务，形成相关分析报告，如图 9.22 所示。另一方面，通过对运维操作人员进行培训，让运维操作人员熟悉自己业务所涉及的模块功能，并能熟练操作，推动在线化管理流程。特别是对新建筑、新设备不熟悉的新到岗运维人员，应用智慧运维系统能快速提升他们对建筑布局、管线走向、系统运行逻辑、设备运行状态和维护维修操作的直观认知，方便新员工快速进入工作状态。

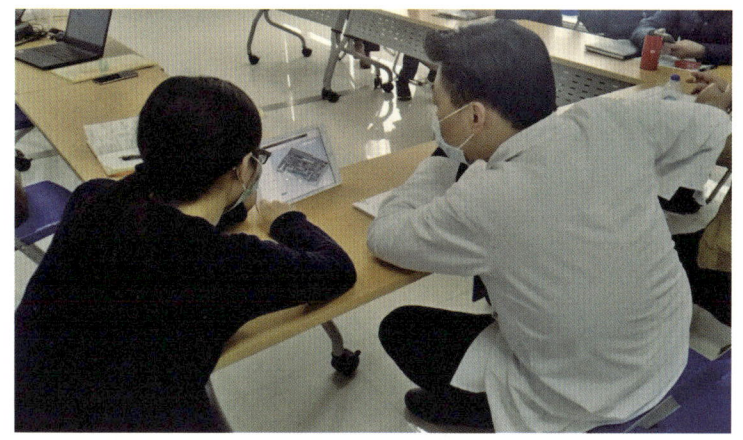

图 9.22　基于模型的运维管理培训

（2）设施设备运行与维修管理

运维管理人员使用智慧运维系统实时远程监测设备运行状态。若监测到设备预警，系统会根据设备位置和类型自动发起和分配故障报修，并推送给相应维修班组，如图 9.23 所示。运维人员还会使用系统分析检索故障设备的上、下游逻辑控制关系和故障影响范围，确定故障处理紧急程度，如图 9.24 所示。然后维修班组进行现场处理，并使用手机端录入维修过程信息。最后运维指挥中心人员通过电话进行回访，或邀请报修人员通过移动端进行评价，完成工单闭环处理。运维管理人员还会使用智慧运维系统生成设备运行周报、月报等，上报医院领导。运维人员在设备日常巡检过程中，也会在模型中录入设备状态数据。若在巡检过程中发现问题，可以在移动端发起故障报修，记录详细的故障信息，并由指挥中心管理人员根据故障位置和区域分配给相应班组。

图 9.23　故障设备信息推送

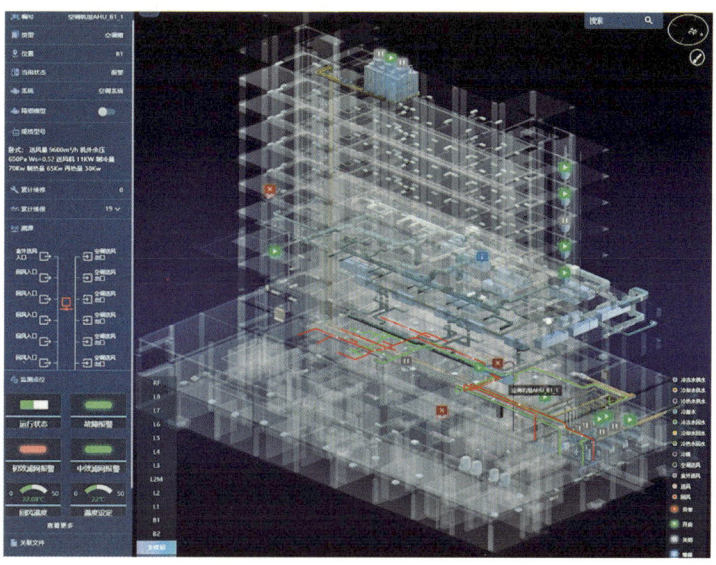

图 9.24　单个设备的溯源

（3）设备维保管理

新华医院应用智慧运维系统实现了设备维保的在线化管理，包括设备维保计划的工单化管理、维保工单自动推送、维保现场照片上传和处理以及维保工单评价等。除了新华医院常驻的维保单位上海吉晨物业外，新华医院的 21 家外包维保单位也使用智慧运维系统的移动端进行维保任务处理，如图 9.25 所示。维保工作覆盖新华医院的空调系统、通风系统、洁净空调系统、变配电系统、电梯、医用气体系统、蒸汽系统、弱电系统和污水处理系统等。

图 9.25　使用移动端进行维保管理

新华医院 2021 年度应用智慧运维系统完成的设备维保管理工作统计情况如图 9.26 所示，包括驻场的维保任务 200 项，总完成量 200 项，完成率 100%；外包维保工作 4391 项，按时完成量 4155 项，完成率 95%。

另外，针对建筑设备维保工作质量难以量化评价的问题，新华医院使用智慧运维系统对维保质量较差情况进行智能识别。如图 9.27 所示，系统自动识别出大量电梯、自动门维保单位维保后一周内相关设备仍出现故障的情况。如某干保楼"8# 电梯"维保后 3 天内出现了 2 次故障，如图 9.28 所示。急诊楼"6# 电梯"一个月共完成维保 2 次，第一次维保完成后 9 天内发生故障 2 次，第二次维保完成后 5 天内发生故障 2 次。针对以上分析结果，运维管理人员对维保单位提出改进意见，将干保楼（1～9 号电梯、干污电梯）、综合楼（综 5、6 电梯）、急诊楼（所有电梯）、外科楼（尤其外污、外食、外双、外手术等电梯）和儿科楼（儿 1 和儿污电梯）列为重点维保维修对象。

图 9.26 设备外包维保情况

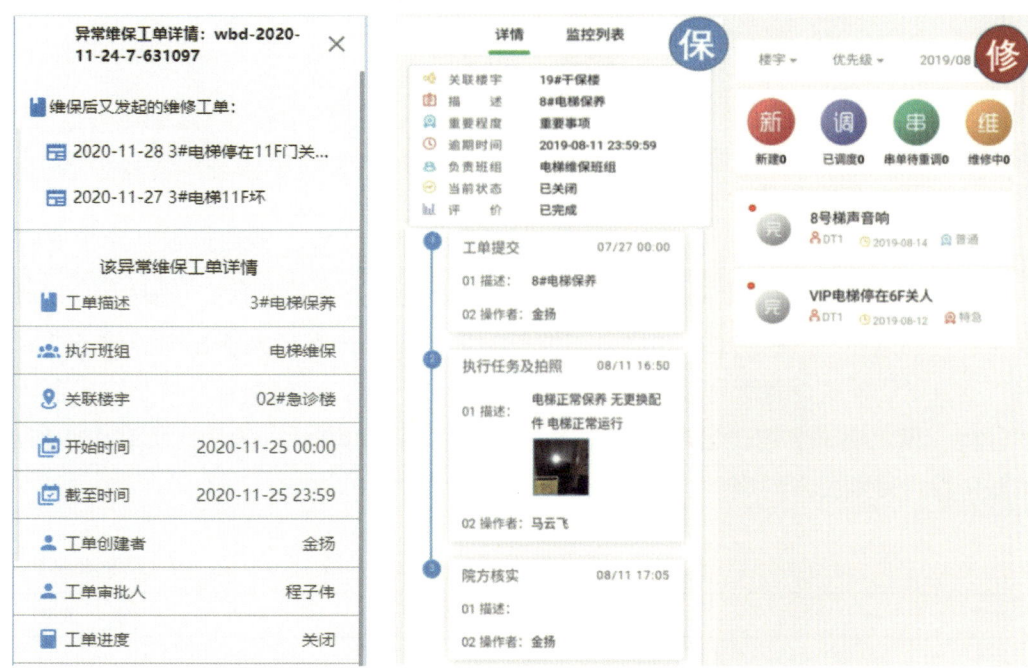

图 9.27 电梯异常维保任务　　图 9.28 干保楼电梯维保后出现故障

（4）设备故障预测与主动式维护

新华医院使用设备故障预测功能，根据设备运行状态数据和环境数据自动识别故障概率较高的设备，提前进行维保。以净化空调机组为例，智慧运维系统总共提取了 183 次故障报修的数据，以及 512 次正常运行数据，进行净化空调机组故障预测。系统智能识别到过滤网压差、送风温湿度或振动幅度超过阈值等情况，预测空调可能出现积灰、堵塞、螺丝松动等故障 25 次，提醒运维人员去主动巡查、清洁、润滑或紧固螺丝，避免空调出现制冷或制热效果差的问题，减少了报修和应急事件工作，如图 9.29 所示。

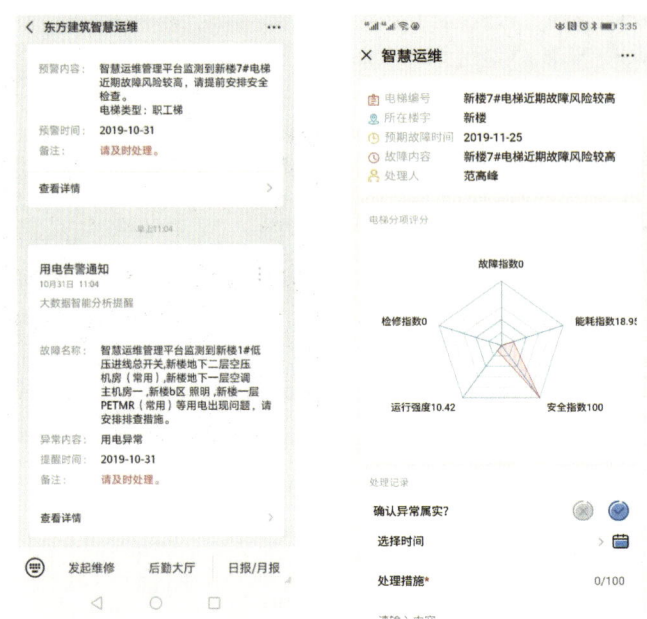

图 9.29　故障智能识别和消息推送

（5）移动式设备管理

新华医院在儿科综合楼 5 楼应用了移动式设备定位与智能管理技术，实现对转运床、监护仪、呼吸机等 60 个高价值移动式设备的智能定位、一键盘点和使用效率分析，见表 9.1。实际应用表明，通过对移动式设备的室内定位技术，大幅缩减了设备的查找时间，提升了移动式设备管理效率，如图 9.30 所示。另外，通过对移动式设备监测大数据的分析，还发现了个别转运床一直在同一个房间，很少转运的情况，如图 9.31 所示。可见儿科综合楼刚投入使用时，转运床处于富余状态。

使用室内定位的手术区移动式设备　　　　　　　　　　　　　表 9.1

科室	名称	数量	科室	名称	数量
麻醉科	注射泵	7	手术室	转运床	6
	麻醉机	5		蒸汽灭菌器	2
	监护仪	9		内窥镜	15
心脏科	血液回收机	2		高清摄像机	1
	血液分析仪	2		分析仪	1
	心肺机	1		电刀	4
	吸引器	2		除颤仪	2
	水箱	1			

图 9.30　移动式设备智能定位与快速盘点

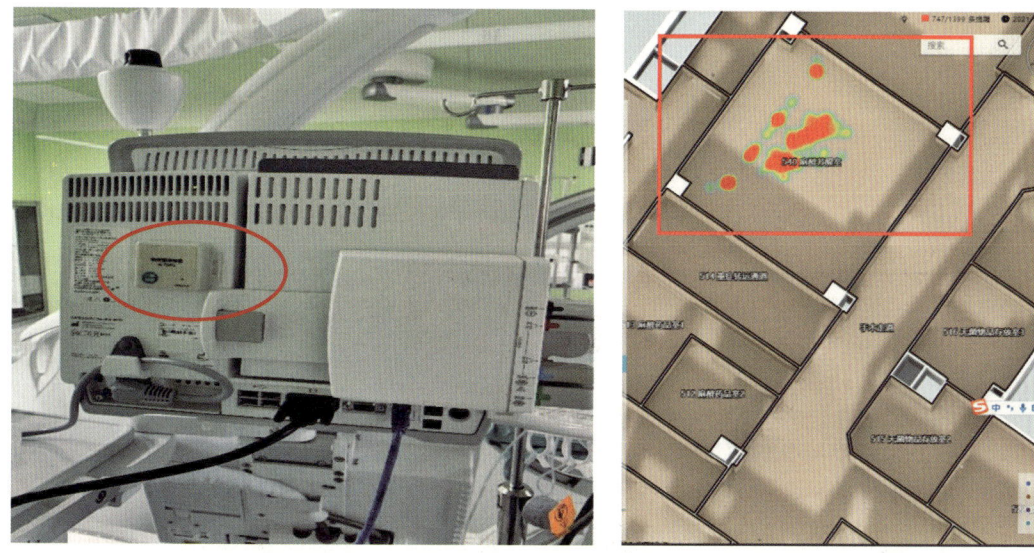

图 9.31　应用室内定位技术发现某转运床长期处于静止状态

9.2.2.2　建筑运行节能管理

新华医院后勤管理部经常应用智慧运维系统查询各个建筑的用电和用水情况,并应用能耗异常识别算法,及时发现开空调开窗和水管阀门未关等能源浪费问题。如智慧运维系统智能识别到了"五楼空调系统"回路在某天下午用能明显超过正常情况,如图 9.32 所示。通过实地检查,发现五楼大会议室存在中午同时开窗和开空调的情况。

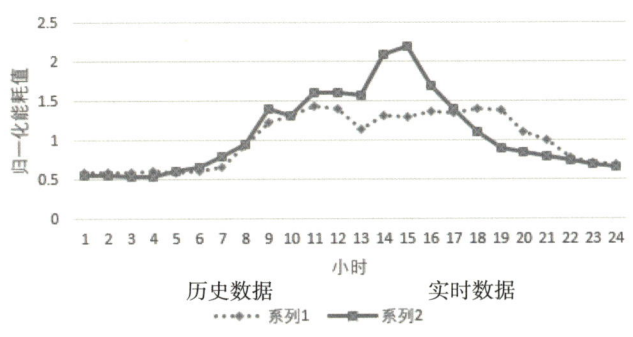

图 9.32 某用电回路的能耗异常行为

新华医院还使用智慧运维系统智能识别到儿科综合楼空调供回路用水突然增加，并主动通知空调运维班组进行现场巡查。现场巡查发现儿科综合楼屋顶空调补水管网的阀门未关闭，如图 9.33 所示。从出现问题到解决问题时间仅用半小时。这不但减少了水资源浪费，同时还避免了因为屋顶积水导致的其他问题，提升了运维管理效率和水平。

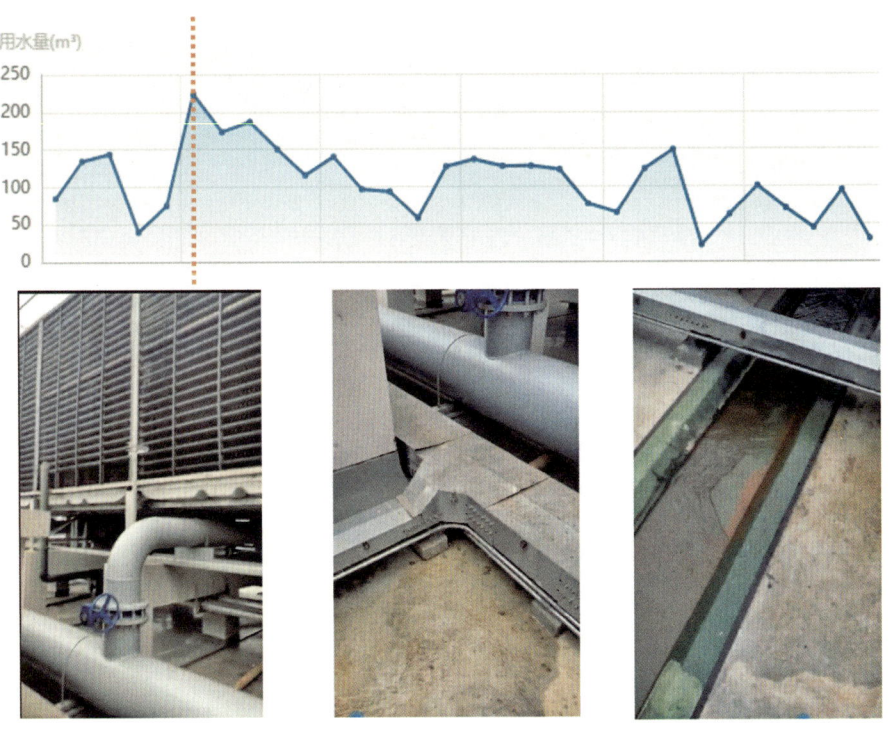

图 9.33 智能识别空调水回路能耗异常

9.2.2.3 建筑空间运维管理

（1）空调分配管理

新华医院资产管理部基于模型完成了儿科综合楼资产验收，建立了三维房间电子台账,并应用智慧运维系统对各楼层的房间进行分配、盘点和管理,如图 9.34 所示。

图 9.34　儿科综合楼房间分配管理

(2)大中修决策

新华医院基建部使用数字孪生模型代替传统的建筑图纸查询工程信息,辅助大中修和改造决策。在建筑维修和改造决策中,工程部门还使用数字孪生模型查询各个房间的墙顶地做法、楼面荷载和防火分区等,减少了大量资料查阅时间。基建部 2020 年还使用高频反复故障挖掘功能,对 2019 年一整年的 21071 条报修工单数据,合计约 78 万字符的维修描述进行了详细分析。分析发现,新华医院不仅故障维修总量大(每月 2000 条左右),重复高频工单也较多(每月 10~20 组)。通过对重复高频工单的识别和定位,决定了 5 处需要大修的区域,包括某手术室的更衣室、某门诊区的照明系统和某急诊区的座椅等。通过大修改造后,新华医院 2021 年单月比 2020 年单月故障量下降 10% 左右,其中反复故障下降 50% 以上。

1)综合楼 1F 西药房的更衣室反复工单识别

通过反复故障分析发现,新华医院综合楼 1F 西药房的更衣室频繁出现故障报修,如图 9.35 所示,包括台盆漏水、墙面渗水等问题。再结合该建筑的大修改造历史信息和空调耗电信息分析发现,该房间门窗、吊顶、卫浴设施已经 10 年没有大修,设施已经老化。为了提高医护人员的使用体验,基建管理部门将该区域列入 2021 年的大修改造项目,通过局部改造解决顽疾问题,提升建筑性能。大修改造的方案如图 9.36 所示。

渗水	[逾期] 综1F 西药房女更衣室顶上漏水	2021-3-29
台盆	[逾期] 综1F 西药房女更衣室水斗漏水	2020-12-17
台盆	[逾期] 综1F 西药房女更衣室水斗下面漏水	2021-1-4
qt	[逾期] 综1F 西药房女更衣室引流管漏水厉害	2020-9-27
渗水	[逾期] 综1F 西药房女更衣室天花板漏水	2021-4-21
渗水	[逾期] 综1F 西药房女更衣室墙面渗水	2021-4-12

图 9.35　更衣室设施老化智能识别案例

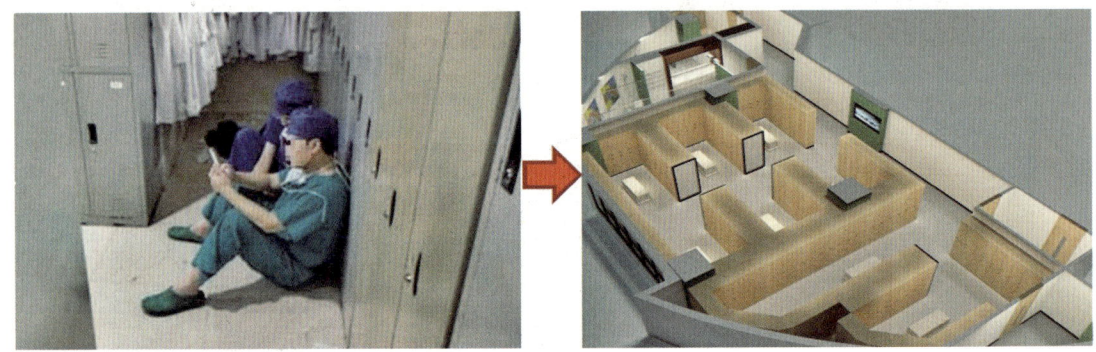

图 9.36　更衣室更新改造方案

2）门诊输液区照明系统老化智能识别

通过反复故障分析发现，门诊输液室出现高频反复故障——灯管不亮或损坏，2019 年共出现了 15 次，如图 9.37 所示。考虑到门诊输液室是人员密集场所，照明故障可能影响护士输液和病人体验，需要快速解决。经专业班组现场分析，可能原因是该批灯管的质量不佳导致。后来，通过主动更换门诊区所有灯管彻底解决了该问题，提升了医护人员和病人的使用体验。

01/04/2019 08:30:11	俞	杨	5	电	门诊输液室坏了好几根灯管.(下午人少点去处理)
01/20/2019 08:24:20	俞	翟	0	电	输液登记处.顶灯灯管损坏
01/26/2019 09:16:22	杨	翟	6.4	电	输液室靠近里面墙壁.第二排.顶灯灯管俩只不亮
02/21/2019 09:18:29	俞	陈	6.4	电	门急诊通道小儿输液室门口一根灯管不亮
02/27/2019 08:55:49	俞	杨	6.8	电	门诊小儿输液室(1)坏一日光灯
03/16/2019 09:31:34	杨	翟	0.9	电	输液室最里面一间.有三根灯管不亮
05/16/2019 08:40:07	俞	张	5.7	电	门诊一楼输液室4盏格栅灯不亮
05/18/2019 10:44:09	杨	陈	7.4	电	门急诊通道(至小儿输液室)清洗灯板
05/22/2019 08:18:08	杨	张	8.4	电	门诊输液室二盏格栅灯不亮
06/21/2019 08:17:13	俞	杨	32	电	门诊输液室坏了几根灯管.下午输液人少时修理.
07/09/2019 08:20:45	俞	陈	1.5	电	门诊输液室有好几根灯管不亮
07/20/2019 10:46:07	俞	陈	0	电	门急诊输液室里面一根高亮度长灯管不亮.晚点来维修
07/30/2019 08:45:23	俞	钱	7.7	电	急诊输液室33号座位上方一根日光灯管不亮
08/15/2019 09:24:03	俞	钱	7.4	电	急诊输液室有一根灯管不亮
08/23/2019 13:07:23	钱	钱	3.6	电	门诊小儿输液室(1)门口和输液室内灯管不亮

图 9.37　门诊输液室照明高频反复故障智能识别

（3）空间优化决策

近年来专病中心布局模式被更多的大型医院选择，旨在避免传统门诊模式带来的就诊流程繁琐、路线长等问题。新华医院改造过程中,以消化专病中心为研究对象,分析专病中心模式与传统模式的就诊流程与空间流线,测算两种模式下的患者就诊时长、区域客流密度。应用表明在该院区采用专病中心模式更优,使得平均就诊时长缩短18.86%,客流密度峰值下降4.88%,为医院空间优化决策提供了支持。具体应用介绍如下。

1)消化专病中心就诊流程分析

专病中心模式以病种为单位进行布局规划,将某个病种诊疗所需的主要医护、检查等资源集中布置。在消化疾病的检查项目中,消化内镜应用最为广泛,是大多数消化系统疾病确诊的重要标准。在传统门诊布局模式下,消化内镜与呼吸内镜、泌尿内镜等组成内镜科,内镜科与消化门诊相互独立,大量的患者客流在两个区域间流通。为提升医患双方的诊疗体验,并拓展传统消化内镜的诊疗能力,该院区提出基于诊疗中心模式的布局方案,一方面将消化门诊与消化内镜检查区域整合到三层,形成消化专病中心;另一方面拓展传统消化内科的诊疗范围,加入了 ERCP、超声介入、胶囊内镜等区域。消化专病中心能应对大多数患者的看诊与检查需要,且内镜检查不需要额外的登记缴费等环节,因此对于患者的就诊过程,相较传统门诊模式,其特点表现为空间上集中,流程上更为细分。患者就诊流程如图 9.38 所示。

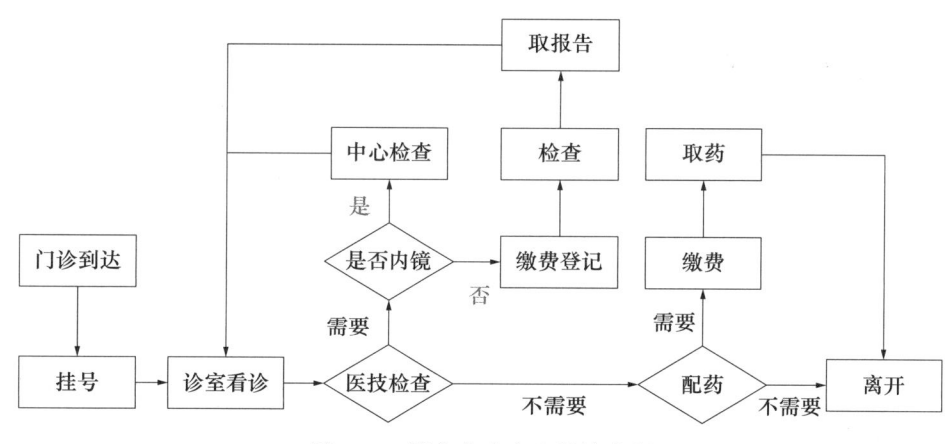

图 9.38 消化专病中心就诊流程

2)空间与流程建模

基于上述人流分析,分别构建两种布局模式下消化疾病患者在院内的空间和流程,包括到达、排队、接受医疗服务、离开楼宇等动作。建模内容包括就诊与检查环节之间的患者流线,患者从其他区域进入到楼宇中,到各区域接受医技检查,最后通过各出入口离开楼宇。空间建模部分定义了仿真运行的空间约束、边界条件等,如图9.39和图9.40所示。

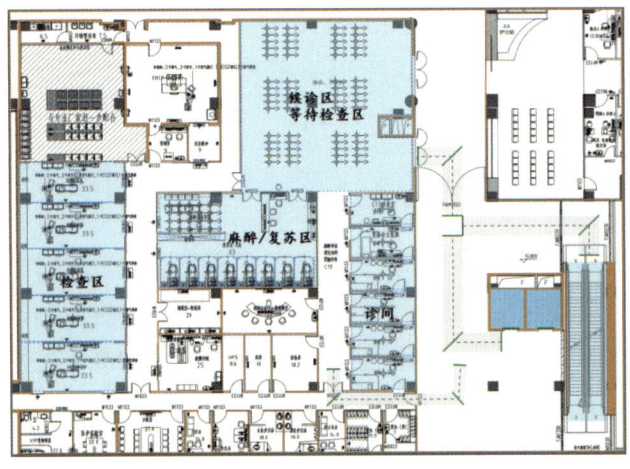

图 9.39 消化专病中心空间标记

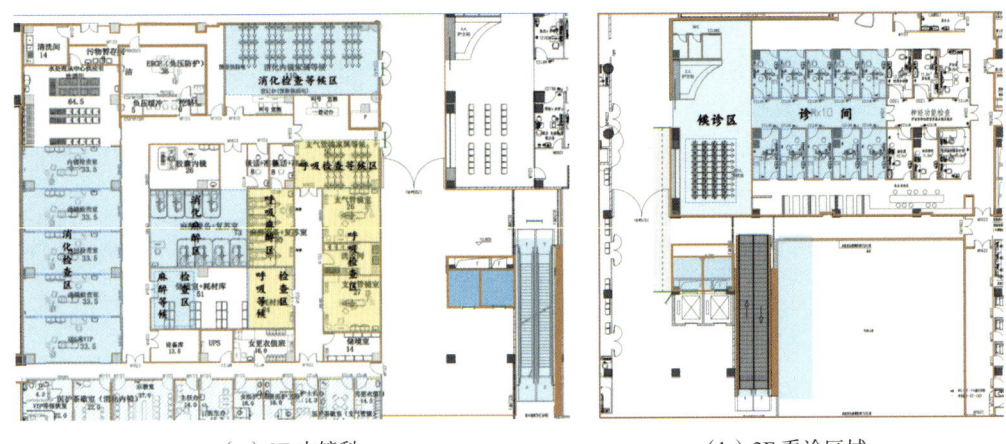

（a）3F 内镜科　　　　　　　　　　（b）2F 看诊区域

图 9.40 传统门诊布局空间建模

3）仿真分析

新华医院主要从患者就诊的便利性和布局流线的合理性两个方面评价布局方案，其评价指标包括平均看诊时长和客流密度峰值。首先根据系统监测的日门急诊量及消化相关科室医疗策划方案确定仿真模型的初始输入参数：消化疾病诊疗患者数在 260~400 人/d，患者陪护率为 40%，看诊、检查环节的时长参数的初始值汇总见表 9.2。

初始时长参数　　　　　　　　　　表 9.2

序号	参数名称	参数值
1	诊室看诊	8min
2	医技检查	16min
3	麻醉苏醒	5min
4	挂号	5min

续表

序号	参数名称	参数值
5	缴费登记	5min
6	取报告	3min

输入上述初始参数，运行仿真模型，待模型运行稳定后，连续采集运行4h的仿真数据，计算初始输入参数下两方案评价指标，见表9.3。利用仿真软件绘制三楼主要研究区域的客流密度图。仿真结果表明，在正常日门诊量下，消化专病中心模式相较传统门诊模式就诊便利性更佳，平均看诊时长缩短6.42min。在客流密度方面，如图9.41所示，传统门诊模式出现了4处深黄色区域，即密度较高，可见专病中心模式更不容易出现排队和拥堵现象。

初始模型评价指标 表 9.3

参数名称	专病中心	传统门诊
平均看诊时长 T_0	27.62min	34.04min
客流密度峰值 d_0	0.78人/m²	0.82人/m²

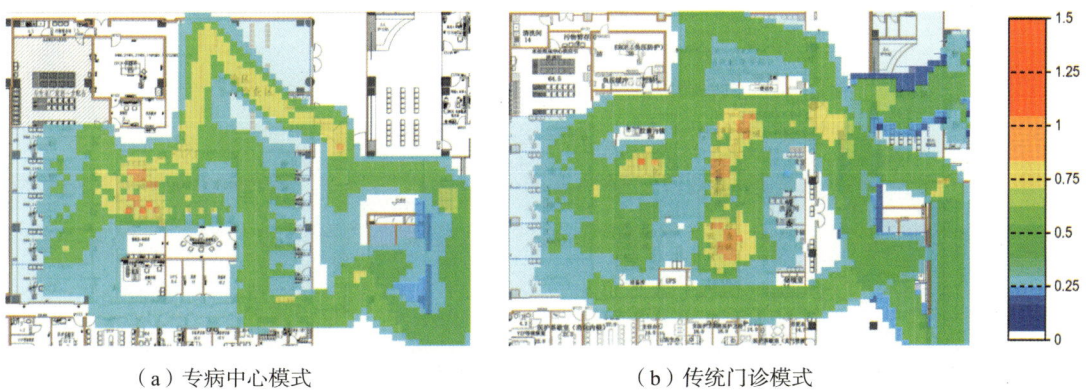

(a) 专病中心模式　　　　　　(b) 传统门诊模式

图 9.41　客流密度仿真分析图

9.2.2.4　安防与应急管理

（1）智慧安防管理

新华医院安保部使用智慧运维系统在三维模型中快速定位和查看各个视频监控的点位布置，调取视频监控画面。安保部还使用数字孪生模型监测儿科综合楼各个出入口的人流情况，如图9.42所示，当出入情况超过预计人数时，自动推送预警消息给安保人员，实现主动式安防管理。实际应用中，智慧运维系统曾经智能识别到某污物通道进入人数超过阈值的情况，主动提醒安保人员查看。安保人员调取该出入口的摄像头，如图9.43所示，发现存在不少外部人员为了避开测温和健康码查询等防疫程序，从内部出入口进入医院。因此，安保部通过主动派人管理该出入口，规避了人员交叉感染等风险。

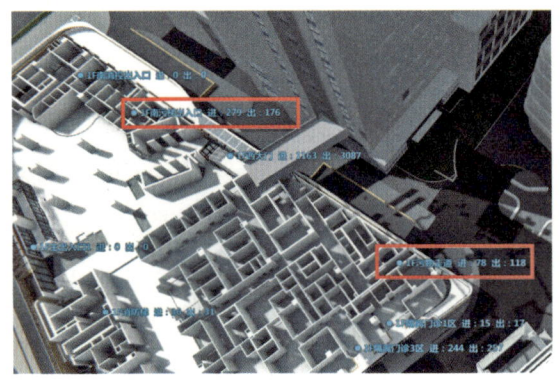
图 9.42 出入口人流统计分析与预警

图 9.43 视频监控联动应用

（2）智慧应急管理

在应急管理方面，新华医院也应用了基于 BIM 和视频监控虚实融合的特殊人员定位与轨迹追踪技术，如安保人员会使用智慧运维系统查看盗窃嫌疑人、医闹和遗失儿童等特殊人员在医院的行走轨迹，如图 9.44 所示，辅助安全保障和防疫管理，减少了人员排查时间。

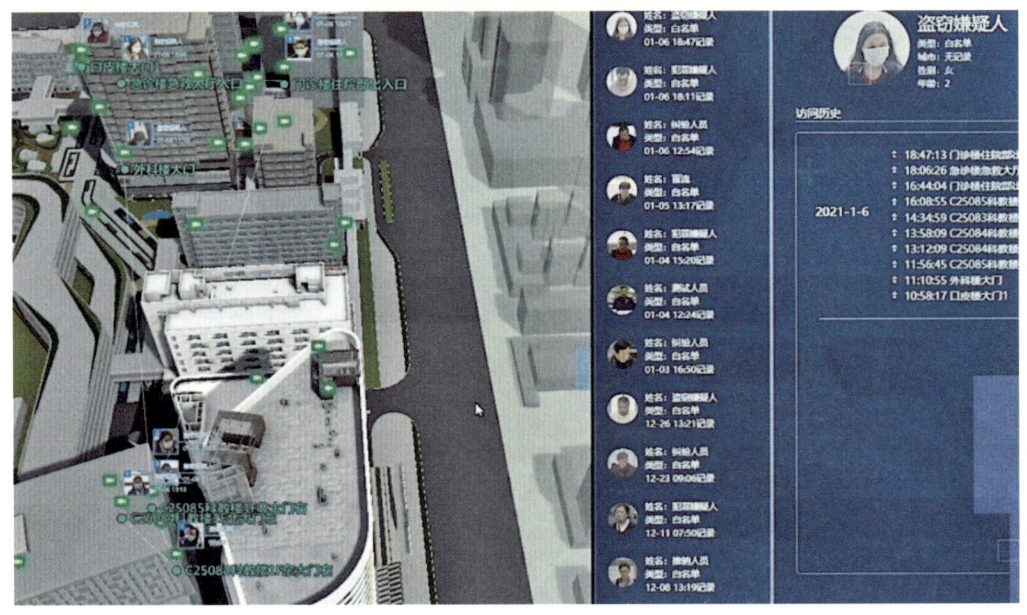
图 9.44 基于人脸识别的特殊人员轨迹追踪

在台风、暴雨等自然事件应急处理中，基建部门还使用智慧运维系统查询院区地下管网平面位置、标高、流线和实时流量，以及各个检修点的位置，如图 9.45 所示，包括污水管、供水管、强电桥架等，辅助院区应急管理。

图 9.45　院区地下管道模型

9.2.3　应用效果

9.2.3.1　经济效益分析

通过分析新华医院使用智慧运维系统两年多的数据发现，智慧运维系统的经济性主要体现在：1）通过主动式维护减少了故障报修 10% 左右，其中反复故障减少 20% 以上；2）通过可视化、集成化管理，设备维保工作量下降 10% 左右；3）通过精细化节能管理减少了用电量 5% 以上。具体介绍如下。

（1）故障报修数据对比分析

根据新华医院楼宇 2020～2021 年的故障数据，计算发现通过设备故障预测与反复故障处理，"27# 儿外楼"和"28# 儿科综合楼"的单位面积故障维修总量和反复故障情况均明显少于其他楼宇。其中，儿外楼单位面积故障数比其他楼宇少 10% 以上，反复故障减少 22.0% 以上。儿科综合楼单位面积故障数比其他楼宇少 34.5% 以上，反复故障减少 29.7% 以上。并且，2021 年儿外科楼和儿科综合楼的故障维修数量比 2020 年分别下降了 8% 和 10%。

（2）设备运维工作量对比

根据各维保单位工作数量和时长统计，可见通过应用智慧运维系统，2021 年的儿外科楼设备运维工作量比 2020 年减少 12.0%，见表 9.4。

其中，2020 年的设备运维工作总时长

$$T_0 = 7992 + 0.25 \times 2900 = 8717 \text{h}$$

设备运维工作量对比　　　　　　　　　　表 9.4

	2020 年	2021 年
（1）维保单量	2900	2633
（2）单件管理时长	0.25	0.25
（3）管理总时长=（1）×（2）	725	658.25
（4）维保工作时长	7992	7008
（5）工作总时长=（3）+（4）	8717	7666.25

2021 年运维工作总时长为：

$$T_1 = 7008 + 0.25 \times 2633 = 7666.25 \text{h}$$

同比变化：

$$r = \frac{7666.25 - 8717}{8717} \times 100\% = -12.05\%$$

（3）楼宇能耗对比

新华医院能耗监测系统统计了 2021 年 1～12 月的各个主要楼宇的用电情况。对比发现，通过异常能耗识别和主动式、精细化节能管理，"27# 儿外楼"和"28# 儿科综合楼"的单位面积能耗比急诊楼、外科楼、科教楼等少 26.7% 以上，效果显著。

9.2.3.2 社会效益分析

新华医院是国内首个全院区主要建筑全面使用智慧运维系统的大型综合性三甲医院，实际应用价值得到了医院和社会各界的高度认可。其社会价值具体包括以下几方面。

（1）探索了大型医院群分阶段实施智慧运维技术的可行方案

本项目探索了在新老建筑数量超过 10 栋的大型三甲医院分阶段推进智慧运维技术实施的可行方案，解决了院区、建筑和设备的多层级数字孪生模型构建和异构数据融合的难题，实现了数据驱动的智慧运维，提升了运维效率和质量。

（2）论证了数字孪生技术应用于既有建筑运维的可行性和实用性

本项目成功构建了儿外科楼、门诊综合楼、急诊楼等既有建筑的数字孪生模型，探索了既有建筑智慧运维系统应用的技术路线，论证了数字孪生技术在既有建筑运行、维护、节能、安防和空间优化等方面的实用性。

（3）形成了医院建筑智慧运维应用标准

通过总结新华医院、东方医院、青岛胶州医院、深圳南山医院等医院的建筑智慧运维技术实践经验，上海建工四建集团和新华医院牵头编制了协会标准《医院运维建筑信息模型应用标准》T/CECS 1096—2022，如图 9.46 所示。这是国内首部医院运维 BIM 应用标准。该标准明确了智慧运维系统建设对 BIM 模型、智能化系统数据互用的基本要求，提出了空间管理、设备管理、能耗管理、安防管理等方面的应用要求，为广大医院在运维阶段应用 BIM 技术提供了参考。

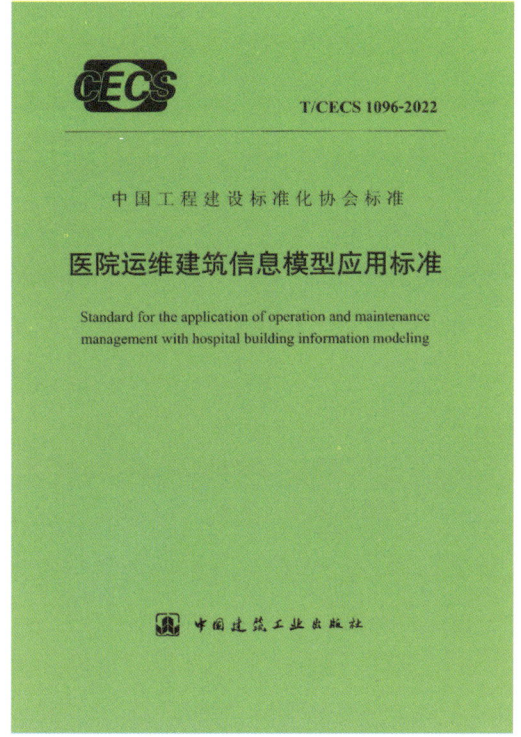

图 9.46　医院运维 BIM 应用标准

第 10 章　展望

随着《医院智慧管理分级评估标准》的不断贯彻，相信越来越多的医院会推进智慧医院建设，而建筑智慧运维技术作为智慧管理的重要组成部分，需要不断向深度应用方面发展。

（1）探索医院物流运送和医疗废弃物智慧管理技术

根据《医院智慧管理分级评估标准》，智慧运维系统应进一步融合物流运送、餐饮服务等后勤服务系统以及医疗废弃物管理、信息基础设施管理等信息系统的数据，形成医院运维管理大数据平台，赋能医院后勤服务，提高运维管理水平。其中，医院物流运送涉及建筑内病人运送、药物运送和餐饮运送等各方面工作，对医院建筑运维影响较大。医疗废弃物智慧管理包括实时监管各个科室、各个空间的医疗废物产生数量、运输路线、处理成本，优化存储空间和运输路线，可有效提升建筑安全性。

（2）研发更普适的建筑运维智慧节能减碳技术

在"碳达峰碳中和"的国家战略下，医院建筑的节能压力越来越大。如何应用数字孪生模型优化建筑空调、照明、动力等耗能系统运行策略，精准识别开窗开空调、长明灯等能源浪费行为，达到节能减碳效果是建筑智慧运维的重要发展方向。但由于不同地域的建筑能源供给结构和建筑能耗负荷不同，建筑耗能系统智能控制影响因素多，智慧节能减碳技术的准确度和普适性仍需不断提升[74]。

（3）开发智慧运维 AI 算法，扩展智慧运维的范围

由于目前运维数据量和维度有限，成熟的智慧运维算法主要局限在反复故障维修挖掘、设备维保质量量化评价、关键设备故障预测和能耗异常识别等方面，覆盖面仍较小。未来，可以结合《医院智慧管理分级评估具体要求》，充分利用智慧运维系统融合的海量、多维度大数据，引入语义分析、图像识别等人工智能算法研发医院后勤运行成本分析、状态评估和主动预警等 AI 算法，扩展智慧运维的范围，进一步提升运维可靠性。

（4）建立医院智慧运维系统应用效益评价体系

目前，医院建筑智慧运维成功案例仍较少，应用时间仍不长，尚未能建立智慧运维系统应用效益的评价体系，这不利于智慧运维技术的应用推广。特别地，医院智慧运维系统投资额度较大，如何科学地评价智慧运维系统投资的性价比至关重要[75]。因此，

未来需要结合医院智慧运维的实际数据,研究和建立医院智慧运维系统应用效益评价体系。

(5)拓展建筑智慧运维应用广度

文献调研发现,近几年来,新建的图书馆[76]、少儿图书馆[77]、博物馆、体育馆[10,78]、交通枢纽[79]等复杂公共建筑普遍碰到了"运维难度不断提高""运维工作量不断增加"和"运维要求不断提升"等共性问题,因此都在探索使用智慧运维技术。未来,建筑智慧运维技术应面向公共建筑运维的共性需求和个性需求,不断提升技术和系统的广度。如针对图书馆的智能还书和图书分拣系统等专用系统的设施设备智慧化管理;面向博物馆的展厅和展柜微环境管理;面向科技展馆的多媒体活动空间和互动体验空间的空间智慧运维管理;面向大型交通枢纽的人员定位与轨迹追踪、客流仿真与密度分析以及空间决策优化等技术。

参 考 文 献

[1] Standards Policy and Strategy Committee. Facility management — Vocabulary:BS EN ISO 41011: 2017 [S]. 瑞士：ISO, 2017.

[2] 郑展鹏，窦强，陈伟伟，等．数字化运维［M］．北京：中国建筑工业出版社，2019．

[3] 中华人民共和国住房城乡建设部．医院建筑运行维护技术标准：GB/T 51454—2023［S］．北京：中国建筑工业出版社，2023．

[4] 国家卫生健康委办公厅．医院智慧管理分级评估标准体系（试行）［R/OL］．（2021-03-15）［2024-05-20］．nhc.gov.cn/yzygj/s3594q/202103/10ec6aca99ec47428d2841a110448de3.shtml.

[5] 陶飞，刘蔚然，刘检华，等．数字孪生及其应用探索［J］．计算机集成制造系统，2018，24（01）：1-18．

[6] 于勇，范胜廷，彭关伟，等．数字孪生模型在产品构型管理中应用探讨［J］．航空制造技术，2017（07）：41-45．

[7] Grieves M .Virtually Perfect: Driving Innovative and Lean Products through Product Lifecycle Management[M]. 2011.

[8] 陶飞，刘蔚然，张萌，等．数字孪生五维模型及十大领域应用［J］．计算机集成制造系统，2019，25（01）：1-18．

[9] 陶飞，张辰源，戚庆林，等．数字孪生成熟度模型［J］．计算机集成制造系统，2022，28（05）：1267-1281．

[10] 刘占省，史国梁，杜修力，等．基于数字孪生的智能运维理论体系与实现方法［J］．土木与环境工程学报（中英文），2020：1-13．

[11] 金明堂．数字孪生在智慧建筑中的应用探索［J］．建设监理，2021（06）：8-10．

[12] 中华人民共和国住房城乡建设部．建筑信息模型应用统一标准：GB/T 51212—2016［S］．北京：中国建筑工业出版社，2016．

[13] 陈双全．土木工程智慧运维［EB/OL］．（2023-01-29）［2024-05-20］．https://www.zgbk.com/ecph/words?SiteID=1&ID=567994&Type=bkzyb&SubID=237821.

[14] 陈兴海，丁烈云．基于物联网和BIM的建筑安全运维管理应用研究——以城市生命线工程为例［J］．建筑经济，2014，35（11）：34-37．

[15] 张玉彬，赵奕华，李迁，等．基于BIM竣工模型的医院智慧运维系统集成研究［J］．工程管理学报，2019，33（02）：141-146．

[16] 李晨，柴建军，王宗洋．BIM技术在医院建设与运维管理中的应用与设想［J］．中国医院，2020，24（01）：72-75．

[17] 石苗,吴永仁,管德赛,等. 医院智慧化后勤运维体系构建与应用[J]. 中国卫生信息管理杂志,2020,17(03):342-346.

[18] 程子伟,项兴彬,余芳强. 基于数字孪生的医院建筑机电系统智慧运维管理[J]. 中国医院建筑与装备,2023,24(01):42-45.

[19] 严玉朋,孔丽丽,欧阳浩俊,等. 医院医用气体智慧运维系统的构建与应用[J]. 中国医院建筑与装备,2023,24(04):80-83.

[20] 李秉展,罗紫萍,龙丹冰. 基于机器学习的智慧BIM运维管理系统及BIM+MR的检修应用程序——以医院建筑为例[J]. 土木建筑工程信息技术,2017,9(06):22-27.

[21] 李婷婷,刘锐,常青,等. 浅析基于数字孪生技术的智慧医院后勤运维场景应用[J]. 智能建筑电气技术,2022,16(02):105-110.

[22] 诸葛立荣. 医院后勤院长使用操作手册[M]. 上海:复旦大学出版社,2018.

[23] 中华人民共和国住房城乡建设部,中华人民共和国国家发展和改革委员会. 综合医院建设标准:建标110-2021[S]. 北京:中国计划出版社,2021.

[24] 乔海洋,轩莉,李芒原,等. 基于BIM的医疗设施运维系统应用研究[J]. 建筑结构,2021,51(S1):1229-1233.

[25] 胡振中,彭阳,田佩龙. 基于BIM的运维管理研究与应用综述[J]. 图学学报,2015,36(05):802-810.

[26] 路宾,曹勇,宋业辉,等. 上海医院建筑用能状况分析与节能诊断[J]. 暖通空调,2009,39(04):61-64.

[27] 王珊,肖贺,王鑫,等. 北京市21家市属医院基础用能设备能耗现状及节能建议[J]. 暖通空调,2017,47(02):48-53.

[28] 王云霞. 碳中和背景下北京市医院节能减碳现状及路径分析[J]. 节能与环保,2021(04):34-36.

[29] 舒蝶. 公立医院绩效考核指标体系研究[D]. 上海:复旦大学,2012.

[30] 丁军. 基于典型医院节能诊断的医院建筑碳达峰工作重点探究[J]. 建设科技,2022(19):59-61.

[31] 中华人民共和国住房城乡建设部. 智能建筑设计标准:GB 50314—2015[S]. 北京:中国计划出版社,2015.

[32] 张建忠,李永奎,曹玲燕,等. 国内外智慧医院建设研究[J]. 中国医院管理,2018,38(12):64-66.

[33] 中国建筑科学研究院. 2021建筑智能化应用现状调研白皮书[M/OL].(2017-08)[2024-05-20]. https://max.book118.com/html/2022/0129/5240300022004141.shtm.

[34] 赵峰,王要武,金玲,等. 2021年建筑业发展统计分析[J]. 工程管理学报,2022:1-5.

[35] 余芳强. 基于大数据的医院建筑智慧运维技术研究与实践[J]. 中国医院建筑与装备,2020,21(06):101-104.

[36] 马江雪. 北京市XW医院"一站式"后勤服务满意度调查及评价研究[D]. 北京建筑大学,2020.

[37] 张昱. 浅谈医院后勤社会化服务存在的问题及应对措施[J]. 中国市场,2021(10):100-101.

[38] 陈喆, 许鹏, 徐琦, 等. 既有公共建筑调适潜力分析及调适价值评价[J]. 暖通空调, 2019, 49（09）: 29-36.

[39] 史谐汇.《关于全面推进上海城市数字化转型的意见》重磅发布[J]. 上海节能, 2021（01）: 2-77.

[40] 许璟琳. 基于BIM的医院建筑智慧运维管理研究与开发: 第三届全国BIM学术会议[C]. 北京: 中国建筑工业出版社, 2017.

[41] 顾向东, 吴锦华, 赵文凯, 等. BIM技术在医院建设项目全生命周期的应用[J]. 建筑经济, 2018, 39（01）: 49-52.

[42] 程明, 左锋, 余芳强, 等. 管理视角下的智慧医院系统研究与初步实践[J]. 中国医院管理, 2021, 41（11）: 69-72.

[43] 李玮, 黄良璧. 基于BIM的智慧运维在大型医院的应用研究[J]. 江苏建筑, 2022（05）: 142-145.

[44] 吴璐璐, 赵文凯, 刘祥彪, 等. BIM在国内医疗建筑中的应用与展望[J]. 建筑经济, 2017, 38（11）: 91-94.

[45] 上海市质量技术监督局. 医院后勤设备智能化管理系统建设技术规范: DB31/T 984—2016[S]. 北京: 中国标准出版社, 2016.

[46] 魏建军, 邱宏宇, 张之薇, 等. 上海市级医院后勤智能化管控平台应用实践[J]. 中国卫生质量管理, 2019, 26（02）: 96-98.

[47] 吕天舟. 基于BIM的全生命周期服务在医疗建筑中的应用[J]. 上海建设科技, 2021（04）: 60-62.

[48] 陈梅, 张优优. BIM在医院智慧后勤建设与运维管理中的应用实践[J]. 中国卫生信息管理杂志, 2022, 19（05）: 641-646.

[49] Peng Y, Zhang M, Yu F, et al. Digital Twin Hospital Buildings: An Exemplary Case Study through Continuous Lifecycle Integration[J]. Advances in Civil Engineering, 2020:1-13.

[50] 潘毅, 饶冬东, 陈文伟, 等. 基于BIM的医院智能运维管理平台研究[J]. 中国设备工程, 2021（09）: 36-38.

[51] 范华冰, 李文滔, 魏欣, 等. 数字孪生医院——雷神山医院BIM技术应用与思考[J]. 华中建筑, 2020, 38（04）: 68-71.

[52] 周俊羽, 马智亮. 建筑与市政公用设施智慧运维综述: 第八届全国BIM学术会议论文集[C]. 北京: 中国建筑工业出版社, 2022.

[53] 胡振中, 冷烁, 袁爽. 基于BIM和数据驱动的智能运维管理方法[J]. 清华大学学报（自然科学版）, 2022, 62（02）: 199-207.

[54] Liu Z, Shi G, Meng X, et al. Intelligent Control of Building Operation and Maintenance Processes Based on Global Navigation Satellite System and Digital Twins[J]. Remote Sensing, 2022, 14: 1387.

[55] Lin M, Afshari A, Azar E. A data-driven analysis of building energy use with emphasis on operation and maintenance: A case study from the UAE[J]. Journal of Cleaner Production, 2018, 192.

[56] Yang C, Gunay B, Shi Z, et al. Machine Learning-Based Prognostics for Central Heating and Cooling Plant Equipment Health Monitoring[J]. IEEE Transactions on Automation Science and Engineering,

2020, PP: 1-10.

[57] 韩冬辰. 面向数字孪生建筑的"信息－物理"交互策略研究［D］. 北京：清华大学，2020.

[58] 徐子傲. 基于BIM的公共建筑室内路径寻优方法［D］. 北京：北京建筑大学，2021.

[59] 齐彤华. 基于BIM混合路网的多约束室内路径查询方法研究［D］. 北京：北京建筑大学，2022.

[60] 彭阳，余芳强，杨祺，等. 医院智能应急疏散导航方法与物联网应用研究［J］. 中国安全生产科学技术，2022，18（07）：213-218.

[61] 张亮鸣. 基于物联网的医疗设备精细化管理［J］. 中国信息化，2021（11）：17-18.

[62] 黄柳. 可移动医疗设备管理新课题凸显［J］. 中国医院院长，2021，17（11）：30-31.

[63] 姚杰. 医院能源监管系统设计与调试［J］. 数字技术与应用，2019，37（07）：148-150.

[64] 中国中元国际工程有限公司，中国建筑标准设计研究院，住房城乡建设部科技发展促进中心. 医院建筑能耗监管系统建设技术导则（试行）［M/OL］.（2014-05）［2024-05-20］https://www.renrendoc.com/paper/166376756.html.

[65] 杨昊，余芳强，高尚，等. 基于数字孪生的建筑运维系统数据融合研究和应用［J］. 工业建筑，2022，52（10）：204-210.

[66] 朱晓军，侯国强，柴建军. 设备设施预防性维护保养攻略［M］. 北京：中国市场出版社，2016.

[67] 中国建筑节能协会. 中国建筑能耗研究报告2020［J］. 建筑节能（中英文），2021，49（02）：1-6.

[68] 中华人民共和国住房和城乡建设部. 建筑照明设计标准：GB/T 50034—2024［S］. 北京：中国建筑工业出版社出版，2013.

[69] 中华人民共和国住房和城乡建设部. 安全防范工程技术标准：GB 50348—2018［S］. 北京：中国计划出版社，2018.

[70] 石秀峰. 某中医院院区安全网格化管理施行效果研究［D］. 北京：北京中医药大学，2015.

[71] 左锐，王梦莹，朱声荣，等. 基于数字孪生技术的医院智能展示分析平台建设实践探索［J］. 中国数字医学，2022，17（08）：65-69.

[72] 王樾. 浅析综合医院交通组织优化——以首都医科大学附属北京朝阳医院为例［J］. 中国医院建筑与装备，2020，21（06）：77-79.

[73] 谢磊，陈昌贵. 医院后勤应急管理指南［M］. 北京：中国出版集团研究出版社，2018.

[74] 欧阳东，白振文. 智慧建筑低碳节能管理平台搭建与应用［J］. 智能建筑，2022（06）：51-55.

[75] 陈烨. 基于BIM技术的绿色建筑运营成本测算与应用研究［J］. 建筑经济，2021，42（06）：53-56.

[76] 余芳强. 基于工业互联网平台的图书馆全生命期BIM应用实践［J］. 土木建筑工程信息技术，2022：1-8.

[77] 余芳强. 面向安全运行的文化场馆BIM运维系统开发与实践［J］. 建筑经济，2022，43（S1）：505-510.

[78] 贺洪煜，房霆宸，朱贇，等. 大数据在建筑智慧运维系统中的应用［J］. 建筑施工，2021，43（12）：2600-2603.

[79] 林剑远，张涛. TOD模式综合交通枢纽智慧运维平台研究［J］. 智能建筑，2022（03）：14-18.